これからはじめる
Vue.js
(ビュージェイエス)
実践入門

山田祥寛 著

SB Creative

本書に関するお問い合わせ

この度は小社書籍をご購入いただき誠にありがとうございます。小社では本書の内容に関するご質問を受け付けております。本書を読み進めていただきます中でご不明な箇所がございましたらお問い合わせください。なお、ご質問の前に小社 Web サイトで「正誤表」をご確認ください。
最新の正誤情報を下記の Web ページに掲載しております。

https://isbn2.sbcr.jp/01829/

上記ページのサポート情報にある「正誤情報」のリンクをクリックしてください。
なお、正誤情報がない場合、リンクは用意されていません。

ご質問送付先

ご質問については下記のいずれかの方法をご利用ください。

▶ Web ページより

上記のサポートページ内にある「お問い合わせ」をクリックしていただき、ページ内の「書籍の内容について」をクリックすると、メールフォームが開きます。要綱に従ってご質問をご記入の上、送信してください。

▶ 郵送

郵送の場合は下記までお願いいたします。

〒 106-0032
東京都港区六本木 2-4-5
SB クリエイティブ　読者サポート係

■本書内に記載されている会社名、商品名、製品名などは一般に各社の登録商標または商標です。本書中では ®、™ マークは明記しておりません。
■本書の出版にあたっては正確な記述に努めましたが、本書の内容に基づく運用結果について、著者および SB クリエイティブ株式会社は一切の責任を負いかねますのでご了承ください。

©2019 WINGS Project
本書の内容は著作権法上の保護を受けています。著作権者・出版権者の文書による許諾を得ずに、本書の一部または全部を無断で複写・複製・転載することは禁じられております。

はじめに

本書は、ブラウザー環境で利用できる代表的なアプリケーションフレームワーク（以降、フレームワーク）である Vue.js を初めて学ぶ人のための書籍です。フレームワークを学ぶための書籍ということで、その基盤となる JavaScript 言語についてはひととおり理解していることを前提としています。本書でもできるだけ細かな解説を心がけていますが、JavaScript そのものについてきちんとおさえておきたいという方は、『JavaScript 逆引きレシピ 第 2 版』（翔泳社）、『改訂新版 JavaScript 本格入門』（技術評論社）などの専門書も併せてご覧いただくことをお勧めします。

本書の構成と各章の目的を以下にまとめます。

▶ 導入編（第 1 章〜第 2 章）

そもそも JavaScript でフレームワークとは、という話を皮切りに、Vue.js の特徴を解説して、これからの学習のための環境を準備します。また、初歩的なアプリを開発していく中で、Vue.js アプリを開発するうえで基礎となる構文、キーワード、概念を学びます。

▶ 基本編（第 3 章〜第 6 章）

導入編で Vue.js プログラミングの大まかな構造を理解できたところで、基本編では Vue.js を構成する基本要素——ディレクティブ、コンポーネント、プラグインなどについて学びます。いずれも重要な話題ばかりですが、特にコンポーネントは、本格的なアプリ開発には欠かせない概念です。

▶ 応用編（第 7 章〜第 11 章）

本格的なアプリ開発には欠かせない開発環境 Vue CLI に始まり、ルーティングやデータ永続化などのしくみを学びます。また、最終章ではそれまでの知識を受けて、まとまった応用アプリを開発します。断片的だった知識を最後に総括するとともに、Vue.js 習得のさらなるステップアップの足がかりとしてください。

Vue.js に興味を持ったあなたにとって、本書がはじめの一歩として役立つことを心から願っています。

★　★　★

なお、本書に関するサポートサイトを以下の URL で公開しています。サンプルのダウンロー

ドサービス、本書に関する FAQ 情報、オンライン公開記事などの情報を掲載していますので、
併せてご利用ください。

https://wings.msn.to/

　最後になりましたが、タイトなスケジュールの中で筆者の無理を調整いただいた SB クリエ
イティブの編集諸氏、そして、傍らで原稿管理および校正作業などの制作をアシストしてく
れた妻の奈美、両親、関係者ご一同に心から感謝いたします。

2019 年 8 月吉日　山田祥寛

本書の読み方

▶ 動作確認環境

　本書内の記述、サンプルプログラムは、以下の動作環境で確認しています。

- Windows 10 Pro（64bit）
  - Vue.js 2.6.10
  - Google Chrome 75
  - Microsoft Edge 42
  - Firefox 66
- macOS High Sierra 10.13.6
  - Vue.js 2.6.10
  - Safari 12.1

▶ サンプルプログラムについて

　本書のサンプルプログラムは、著者が運営するサポートサイト「サーバサイド技術の学び
舎 - WINGS」（**https://wings.msn.to/**）－［総合 FAQ ／訂正＆ダウンロード］からダウン
ロードできます。サンプルの動作をまず確認したい場合などにご利用ください。
　ダウンロードサンプルは、以下のようなフォルダー構造になっています。

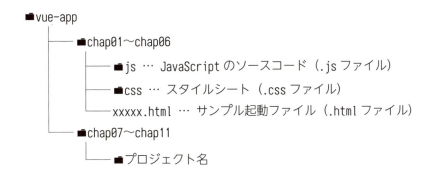

　前半（chap01 〜 chap06 フォルダー）と後半（chap07 〜 chap11 フォルダー）とで構造が異なる点に注意してください。前半のサンプルは .html ファイルをブラウザーで開くだけで実行できますが、後半のサンプルはそのままでは実行できません。詳細は以下の「プロジェクトの実行方法」を参照してください。

　サンプルコードはじめ、各種データファイルの文字コードは UTF-8 です。エディターなどで編集する場合には、文字コードを変更してしまうと、サンプルが正しく動作しない、日本語が文字化けする、などの原因ともなりますので注意してください。

　また、サンプルコードは、Windows 環境での動作に最適化しています。紙面上の実行結果も Windows 版 Chrome 環境でのものを掲載しています。結果は環境によって異なる可能性もあるので、注意してください。

▶ プロジェクトの実行方法

　ダウンロードサンプルの chap07 〜 chap11 フォルダーでは、Vue CLI のプロジェクト単位にサンプルが配置されています。これを実行するには、npm コマンドを実行する必要があります。

　npm コマンドは、本書の第 7 章で導入しますが、早くサンプルを試したいという方は、P.273 の「Vue CLI のインストール」を先に行ってください。

● 実行例

　たとえば第 11 章の reading-recorder プロジェクトを実行したい場合は、以下のようにコマンドを入力します。なお、ダウンロードサンプルは「C:¥data」フォルダーに配置しているものとします。

```
> cd c:¥data¥vue-app¥chap11¥reading-recorder ⏎    ── カレントフォルダーを移動
> npm install ⏎    ── ライブラリをインストール
> npm run serve ⏎    ── アプリを実行
```

これでアプリを実行するための開発サーバーが起動するので、ブラウザーから「**http://localhost:8080**」にアクセスすれば、アプリの動作を確認できます。

他のプロジェクトも同様に、コマンドラインからプロジェクトの最上位（ルート）のフォルダーに移動して、npmコマンドを実行すると、アプリを実行できます。

▶ 本書の構成

● **構文**

構文は、以下のルールで掲載しています。[...]で囲んだ引数は、省略可能であることを表します。

▼ 構文：$emit メソッド

$emit(*event* [,*args*])

event：イベント名
args：親コンポーネントに引き渡すデータ

● **コードリスト**

サンプルのソースコードです。第7章以降のファイル名は「ファイル名（プロジェクト名）」の形式で表記しています。

紙面上は理解する上で最小限のコードを抜粋して掲載しているので、コード全体を確認したい場合にはダウンロードサンプルから対応するファイルを確認してください。紙面の都合で改行している箇所は、⤶で表しています。

● **コマンドリスト**

PowerShell／コマンドプロンプト（Windows）やターミナル（macOS）などのコマンドラインから入力すべきコマンドです。行末の⤶は、コマンドを確定する Enter キーを表しています。

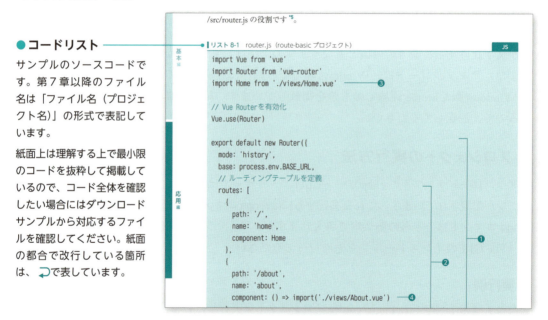

●Note

本文の説明に加えて知っておきたい、注意点や参考、追加情報を表します。**ES20XX** と付与されている Note は、ECMAScript 2015（ES2015）以降で追加された JavaScript の新構文について解説しています。Vue.js の説明ではありませんが、これからのコーディングには不可欠な知識です。

> **Note** 　**分割代入** ES2015
>
> ES2015 の分割代入という機能を利用すれば、スロットプロパティ呼び出しのコードを少しだけ簡単化できます。
>
> ```
> <my-book>
>   <template v-slot:default="{ book }">
>     {{book.title}} （{{book.price}}円）
>   </template>
> </my-book>
> ```
>
> 太字が分割代入のコードです。渡されたオブジェクトから目的のプロパティ（ここでは book）だけを取り出して、同名の変数に再割り当てします。これで、配下のテンプレートからは（slotProp.book ではなく）単なる book と書けるようになるので、コードが少しだけシンプルになります。
>
> *21 slotProp は単なる例なので、名前は自由に変更できます。

●脚注

Note と同じく、本文では説明しきれなかった補足情報や、初心者が陥りやすい点について紹介しています。本文の該当箇所に番号が入っているので、対応する本文とあわせて理解を深めてください。

著者略歴

山田祥寛（やまだ よしひろ）

　静岡県榛原町生まれ。一橋大学経済学部卒業後、NEC にてシステム企画業務に携わるが、2003 年 4 月に念願かなってフリーライターに転身。Microsoft MVP for Visual Studio and Development Technologies。執筆コミュニティ「WINGS プロジェクト」の代表でもある。

　主な著書に『独習シリーズ（Java・PHP・ASP.NET・C#）』『JavaScript 逆引きレシピ 第 2 版』（以上、翔泳社）、『改訂新版 JavaScript 本格入門』『Angular アプリケーションプログラミング』『Ruby on Rails 5 アプリケーションプログラミング』（以上、技術評論社）、『はじめての Android アプリ開発 第 2 版』（秀和システム）、『書き込み式 SQL のドリル 改訂新版』（日経 BP 社）など。

CONTENTS

はじめに iii

本書の読み方 iv

著者略歴 vii

導入編　　　　　　　　　　　　　　　　　　　　　　　　　　1

Chapter

1　イントロダクション　　　　　　　　　　　　　2

1-1　JavaScript の歴史 2
1-1-1　初期の盛り上がりから「不遇の時代」へ 3
1-1-2　Ajax による JavaScript の復権 3
1-1-3　HTML5 の時代へ 4

1-2　jQuery から JavaScript フレームワークへ 5
1-2-1　jQuery の時代 5
1-2-2　jQuery の限界と JavaScript フレームワーク 6

1-3　主な JavaScript フレームワークと Vue.js 8
1-3-1　フレームワークとは？ 8
1-3-2　主な JavaScript フレームワーク 9
　　　▶補足：ライブラリとフレームワーク 10
1-3-3　Vue.js の特徴 11
　　　▶導入ハードル、学習コストが低い 11
　　　▶アプリの段階的（Progressive）な成長に対応できる 11
　　　▶コンポーネント指向である 12
　　　▶ドキュメントやライブラリが充実している 13
　　　COLUMN ECMAScript とは？ 15

Chapter

2　Vue.js の基本　　　　　　　　　　　　　　16

2-1　Vue.js を利用するための準備 16

viii

| 2-1-1 | Vue.js アプリの実行 | 17 |

▶補足：オフライン環境で Vue.js を実行する 22

2-2 Vue.js 理解のための 3 つの柱 23

2-2-1 ディレクティブ 24

▶文字列をテンプレートに埋め込む〜 v-text 24

▶{{...}} 構文を無効化する〜 v-pre 25

▶属性値に JavaScript 式を埋め込む〜 v-bind 25

2-2-2 算出プロパティ 28

▶算出プロパティの基本 29

▶メソッドによるロジックの切り出し 30

▶算出プロパティとメソッドの相違点 30

2-2-3 ライフサイクルフック 33

▶ライフサイクルフックの具体的な例 35

2-3 リアクティブデータ 36

2-3-1 リアクティブシステムの例 37

2-3-2 リアクティブシステムの制約 39

2-3-3 ビューの非同期更新を理解する 41

2-3-4 ウォッチャーによる明示的な監視 43

▶ウォッチャーの具体的な例 44

▶補足：ウォッチャーのさまざまな定義方法 47

COLUMN 識別子の記法 50

▶ 基本編　　　　　　　　　　　　　51

Chapter

3 ディレクティブ　　　　　　　　　52

3-1 イベント関連のディレクティブ 53

3-1-1 イベントの基本 53

▶別解：イベント処理の記法 54

3-1-2 Vue.js で利用できる主なイベント 55

▶マウスの出入りに応じて画像を切り替える 56

▶補足：mouseenter ／ mouseleave と
mouseover ／ mouseout の相違点 57

ix

▶画像が読み込めない場合にダミー画像を表示する 60

3-1-3 イベントオブジェクト 61

　　　▶例：イベント発生時のマウス情報を取得したい 62

　　　▶イベントハンドラーに任意の引数を渡す 65

3-2　フォーム関連のディレクティブ 66

3-2-1 双方向データバインディング 67

3-2-2 ラジオボタン 69

3-2-3 チェックボックス（単一） 70

3-2-4 チェックボックス（複数） 71

3-2-5 選択ボックス 73

　　　▶補足：オブジェクトをバインドする 74

3-2-6 ファイル入力ボックス 76

3-2-7 バインドの動作オプションを設定する 79

　　　▶入力値を数値としてバインドする〜 .number 修飾子 79

　　　▶入力値の前後の空白を除去する〜 .trim 修飾子 80

3-2-8 バインドのタイミングを遅延させる〜 .lazy 修飾子 81

3-2-9 双方向データバインドのカスタマイズ 82

3-3　制御関連のディレクティブ 84

3-3-1 式の真偽に応じて表示と非表示を切り替える〜 v-if 84

　　　▶式が false の場合の表示を定義する 85

　　　▶複数の分岐を表現する 86

　　　▶注意：要素の再利用による問題 87

3-3-2 式の真偽に応じて表示／非表示を切り替える〜 v-show 90

3-3-3 配列やオブジェクトを繰り返し処理する〜 v-for 93

　　　▶配列から要素を順に取得する 93

　　　▶インデックス番号を取得する 95

　　　▶オブジェクトのプロパティを順に処理する 96

　　　▶数値を列挙したい場合 97

3-3-4 v-for によるループ処理の注意点 98

　　　▶配列の絞り込みには算出プロパティを利用する 98

　　　▶異なる要素のセットを繰り返し出力する〜 <template> 要素 100

3-3-5 配列の変更を反映する〜変更メソッド 103

3-3-6 配列要素の追加／削除を効率的に行う 105

3-4　データバインディング関連のディレクティブ 107

3-4-1	属性に値をバインドする〜 v-bind	107
	▶複数の属性をまとめて指定する	108
	▶要素オブジェクトのプロパティを設定する	109
	▶JavaScript 式から属性値を決定する	110

3-4-2 文字列を HTML として埋め込む〜 v-html 112

3-4-3 値を一度だけバインドする〜 v-once 114

3-4-4 要素にスタイルプロパティを設定する〜 v-bind:style 115
  ▶複数のスタイル情報を適用する 117
  ▶ベンダープレフィックスを自動補完する 118

3-4-5 要素にスタイルクラスを設定する〜 v-bind:class 119
  ▶v-bind:class のさまざまな記法 120

3-4-6 {{...}} 構文による画面のチラツキを防ぐ〜 v-cloak 122

3-5 より高度なイベント処理 123

3-5-1 定型的なイベント処理を宣言的に指定する〜イベント修飾子 123

3-5-2 イベントの既定の動作をキャンセルする 124
  ▶補足：イベントの既定の動作をキャンセルする
  （修飾子を利用しない例）........125

3-5-3 一度だけしか実行されないハンドラーを登録する 127

3-5-4 イベントの伝播を抑制する 128

3-5-5 キーイベントでのキーを識別する〜キー修飾子 133

3-5-6 システムキーとの組み合わせを検知する 137

3-5-7 マウスの特定のボタンを検知する〜マウス修飾子 138

  COLUMN Vue.js アプリ開発を支援するブラウザー拡張
  「Vue.js devtools」........141

Chapter
4 コンポーネント（基本） 142

4-1 コンポーネントの基本 143

4-1-1 コンポーネントの定義 143

4-1-2 コンポーネントの呼び出し 146

4-1-3 グローバル登録とローカル登録 147

4-2 コンポーネント間の通信 148

4-2-1 コンポーネントのスコープ 149

xi

| 4-2-2 | 親コンポーネント⇒子コンポーネントの伝達〜 props オプション | 150 |

▶ 例：プロパティで受け取った値を更新する 152

▶ 補足：props 定義されていない属性が渡された場合 153

4-2-3 プロパティ値の型を制限する 155

▶ 検証ルールのさまざまな表現方法 156

4-2-4 子コンポーネント⇒親コンポーネントの伝達〜 $emit メソッド 158

▶ カスタムイベントの例 158

▶ 補足：ブラウザーネイティブなイベントを監視する 162

4-2-5 props や $emit を利用しない親子間通信 164

4-3 コンポーネント配下のコンテンツをテンプレートに反映させる〜スロット 165

4-3-1 スロットのスコープ 167

4-3-2 複数のスロットを利用する 167

▶ 補足：v-slot のさまざまな構文 171

4-3-3 スロットから子コンポーネントの情報を引用する〜スコープ付きスロット 171

▶ default スロットの省略構文 174

COLUMN Vue.js をより深く学ぶための参考書籍 175

Chapter

5 コンポーネント（応用） 176

5-1 動的コンポーネント 177

5-1-1 動的コンポーネントの基本 177

5-1-2 タブパネルを生成する 181

▶ 補足：<keep-alive> 要素の属性 184

5-2 v-model による双方向データバインディング 185

5-2-1 コンポーネントでの v-model の利用例 185

▶ 別解：算出プロパティによる出し入れ 186

5-2-2 v-model の紐付け先を変更する〜 model オプション 188

5-2-3 複数のプロパティを双方向バインディングする〜 .sync 修飾子 189

5-3 アニメーション機能 190

5-3-1 アニメーションの基本 191

▶ 例：フェードイン／フェードアウトの実装 196

5-3-2 キーフレームによるアニメーション制御 197

xii

5-3-3 アニメーションの制御 200

▶ 初回表示でのアニメーション 200

▶ 複数の要素を排他的に表示する 200

▶ key 属性をトリガーとしたアニメーション 201

▶ Enter、Leave のタイミングを制御する 204

▶ 複数のアニメーションを同居させる 205

▶ トランジションクラスを置き換える 205

▶ JavaScript によるアニメーションの制御 207

5-3-4 リストトランジション 210

▶ 項目移動時のアニメーションを実装する 212

▶ v-move によるソート時のアニメーション 213

5-4 コンポーネントのその他の話題 **214**

5-4-1 テンプレートの記法 215

▶ x-template 215

▶ インラインテンプレート 216

▶ render オプション 218

5-4-2 関数型コンポーネント〜 functional オプション 221

Chapter

6 部品化技術 224

6-1 ディレクティブの自作 **224**

6-1-1 ディレクティブの基本 225

6-1-2 属性値の変化を検出する 228

▶ 補足：bind と update をまとめて定義する 230

▶ 値の変化をより厳密に検知する 230

6-1-3 修飾子付きのディレクティブを定義する 232

6-1-4 引数付きのディレクティブを定義する 234

▶ 補足：属性値、引数、修飾子の使い分け 236

6-1-5 イベント処理を伴うディレクティブ 237

6-1-6 marked ライブラリをラップする 238

6-2 フィルターの自作 **240**

6-2-1 フィルターの基本 241

▶ 例：改行文字を
 要素に変換する 242

6-2-2 パラメーター付きのフィルターを定義する 244

6-2-3 複数のフィルターを連結する 246

xiii

6-3 プラグインの利用と自作 **248**

6-3-1 検証プラグインの利用〜 VeeValidate 248

　　▶補足：VeeValidate のカスタマイズ 254

6-3-2 典型的な UI を実装する〜 Element 258

6-3-3 プラグインの自作 261

6-4 ミックスイン **262**

6-4-1 ミックスインの基本 263

6-4-2 マージのルール 265

6-4-3 グローバルミックスイン 267

応用編 　　　　　　　　　　　　　　　　　　　　　　　　　　　271

Chapter

7 VueCLI 　　　　　　　　　　　　　　　　　　　　　　　272

7-1 Vue CLI の基本 **272**

7-1-1 Vue CLI のインストール 273

7-1-2 プロジェクトの自動生成 274

　　▶補足：プロジェクトをビルドする 278

7-1-3 Vue CLI の主なサブコマンド 279

　　▶プラグインを追加する〜 vue add コマンド 279

　　▶.vue ファイルを素早く実行する〜 vue serve コマンド 280

　　▶Vue CLI プロジェクトを GUI 管理する〜 vue ui コマンド 282

7-2 単一ファイルコンポーネント **283**

7-2-1 単一ファイルコンポーネントの基本 283

　　▶テンプレートの定義〜 <template> 要素 285

　　▶コンポーネントの定義〜 <script> 要素 286

　　▶スタイルの定義〜 <style> 要素 286

7-2-2 ES20XX のモジュール 287

　　▶モジュールの定義 287

　　▶モジュールの利用 288

　　▶App.vue、HelloWorld.vue を読み解く 289

7-2-3 コンポーネントのローカルスタイル〜 Scoped CSS 290

▶Scoped CSS の基本 291

7-2-4 main.js を読み解く 293

7-3 TypeScript **297**

7-3-1 TypeScript の導入 298

7-3-2 TypeScript プロジェクトのフォルダー構造 300

7-3-3 TypeScript 形式のコンポーネント 301

7-3-4 コンポーネントの主な構成要素 303

▶メソッド（methods オプション）............................. 303

▶算出プロパティ（computed オプション）................. 304

▶カスタムイベント 304

▶ディレクティブ、フィルターなど 305

▶ウォッチャー 305

Chapter

8 ルーティング 306

8-1 ルーティングとは？ **307**

8-1-1 Vue Router の準備 308

8-2 ルーティングの基本 **309**

8-2-1 ルーティング情報の定義 310

▶補足：コンポーネントの非同期ロード 312

▶ルートの有効化 312

8-2-2 メインコンポーネント（App.vue）.............................. 313

▶補足：プログラムからページ遷移 314

8-3 ルーター経由で情報を渡す手法 **315**

8-3-1 パスの一部をパラメーターとして引き渡す〜ルートパラメーター.......... 315

▶補足：$route オブジェクトで取得できる情報 318

8-3-2 ルートパラメーターのさまざまな表現 319

▶任意のパラメーター 319

▶可変長のパラメーター 319

▶値の形式をチェック 320

8-3-3 ルートパラメーターをプロパティとして受け渡す 321

▶補足：パラメーターの型変換 322

8-4 マルチビュー、入れ子のビュー、ガードなど **323**

8-4-1 複数のビュー領域を設置する 323

xv

8-4-2	入れ子のビューを設置する	325
8-4-3	ルート遷移時に処理を差し挟む 〜 ナビゲーションガード	328
8-4-4	ルーターによるリンクの制御	332

▶active-class 属性 332

▶exact 属性 332

▶replace 属性 333

▶append 属性 333

▶tag 属性 333

▶event 属性 334

| 8-4-5 | ルーティングにかかわるその他のテクニック | 334 |

▶ルートパラメーター変化にかかわる注意点 335

▶ルーティング時にアニメーションを適用する 336

▶ルーティング時のスクロールを制御する 337

▶ルート単位の認証 338

Chapter 9 Vuex　340

9-1 Vuex とは？　341

| 9-1-1 | Vuex の準備 | 342 |

9-2 Vuex の基本　342

| 9-2-1 | Vuex を利用したカウンターアプリ | 342 |

▶補足：mapState ヘルパー 347

9-3 Vuex ストアを構成する要素　348

| 9-3-1 | ステートの内容を加工＆取得する〜ゲッター | 348 |

▶コンポーネントからゲッターを参照する 350

▶補足：ゲッターのキャッシュルール 352

| 9-3-2 | ストアの状態を操作する〜ミューテーション | 352 |

▶呼び出し時に引数を渡す 352

▶オブジェクト形式での commit メソッド呼び出し 354

▶Vuex ストアでの双方向バインディング 355

▶ミューテーション型を定数化する 356

▶ミューテーションの呼び出しを簡単化する 357

| 9-3-3 | 非同期処理を実装する〜アクション | 357 |

▶コンポーネントからアクションを呼び出す 360

9-4 巨大なストアを分割管理する〜モジュール　362

9-4-1 モジュールの定義 362

9-4-2 モジュールへのアクセス 364

9-4-3 名前空間を分離する 366

9-4-4 名前空間付きモジュールから他のモジュールへアクセスする 366

9-4-5 mapXxxxx 関数によるストアのマッピング 368

Chapter 10 テスト　370

10-1 単体テスト　371

10-1-1 単体テストの準備 371

10-1-2 テストスクリプトの基本 372

10-1-3 コンポーネントのテスト 376

▶ setProps メソッド 379

10-1-4 shallowMount メソッドと mount メソッド 379

▶ 補足：独自のスタブで置き換える 381

10-1-5 算出プロパティのテスト 383

10-1-6 イベントを伴うテスト 385

10-1-7 カスタムイベントを伴うテスト 386

10-2 E2E テスト　388

10-2-1 E2E テストの準備 388

10-2-2 テストコードの基本 390

10-2-3 E2E テストの実行 392

10-2-4 expect アサーション 394

Chapter 11 応用アプリ　398

11-1 アプリの構造を概観する　399

11-1-1 ファイル関係図 399

11-1-2 利用しているサービス、ライブラリ 400

▶ Google Books API 400

▶ Element 402

▶ vuex-persistedstate 404

11-2 アプリの共通機能を読み解く　405

11-2-1 起動スクリプト		406
▶補足：Vue メンバー追加の際の注意点		407
11-2-2 ルーティングの定義		408
11-2-3 Vuex ストアの定義		411

11-3 アプリの実装を理解する 416

11-3-1 メインメニュー（メインコンポーネント）		416
11-3-2 書籍情報の表示		418
11-3-3 レビュー情報の一覧表示		421
11-3-4 Google ブックス経由での書籍検索		424
▶補足：非同期通信のテスト		429
11-3-5 レビュー登録フォーム		434

索引 442

導入編

» **Chapter 1**　イントロダクション
» **Chapter 2**　Vue.js の基本

Chapter 1

イントロダクション

導入編

本章のポイント

- Vue.js は、Web アプリのビュー開発に特化した JavaScript フレームワークです。
- Vue.js では、アプリのデータを自動的にページに反映させることができます。
- Vue.js は、アプリの成長に合わせて段階的に機能を追加していけることから、Progressive（段階的な）フレームワークとも呼ばれます。

基本編

本書のテーマである Vue.js（ビュージェイエス）は、Evan You（エヴァン ヨー）氏によって開発された JavaScript フレームワーク（ライブラリ）です。初期バージョンのリリースが 2014 年 2 月と比較的若いプロダクトですが、その後、PHP フレームワークの Laravel（ララベル）[*1] に標準搭載されたことで知名度が高まり、現在ではクラウドファンディングプラットフォームの Patreon（パトレオン）および Open Collective[*2] 経由で企業や個人からの後援を受けながら、精力的に開発が進められています。

もっとも、サーバーサイドでは当たり前のようになってきたフレームワークも、JavaScript（クライアントサイド）の世界では、まだまだ馴染みの薄い人は多いかもしれません。そこで本章では、JavaScript の歴史を振り返りながら、JavaScript フレームワークが登場するに至る経緯をたどった後、Vue.js の特徴を概観してみたいと思います。

応用編

1-1 JavaScript の歴史

JavaScript は今でこそ、Web アプリ開発に欠かせない存在となっており、各ブラウザーや言語そのものの進化サイクルも早まっていますが、それはあくまで比較的最近の話。どんな言語にも流行り廃りはあるものですが、JavaScript もまた長い不遇の時代を経てきた言語です。最初に少しだけ、JavaScript がたどった過去の話を掘り起こしてみます。

[*1] サーバーサイド技術である PHP の代表的なフレームワークの一種です。
http://laravel.jp/

[*2] 以下の Web ページで支援をすることができます。
https://www.patreon.com/evanyou
https://opencollective.com/vuejs

1-1-1 初期の盛り上がりから「不遇の時代」へ

　時代は1990年代にさかのぼります。インターネットという言葉が広がり始めた時期、JavaScriptが初期の盛り上がりを見せていた時代です。アニメーション画像をWebページの随所に配置してみたり、ブラウザーのステータスバーにメッセージを流してみたり、はたまた、テキストをきらびやかに点滅させてみたりと、主に視覚的な効果に制作者の関心が向かっていました。

　もちろん、視覚効果のすべてが否定されるものではありませんが（実際、今でもその一部は利用されています）、この時代はそれが過剰でした。結果、ひたすらに重く、ダサいページが量産されていったのです。

　加えて同時期、ブラウザー間の非互換性問題[*3]や、度重なるセキュリティホールの報告もあいまって、JavaScriptへの関心は急速にしぼんでいきます。JavaScriptが低俗な言語と評され、ブラウザー上でJavaScriptはそもそもオフにするのが「常識」となります。JavaScript不遇の時代の到来です。

1-1-2 AjaxによるJavaScriptの復権

　そのような状況に光明が差し込んだのは2005年、Ajax（エイジャックス）（Asynchronous JavaScript + XML）の登場です。Ajaxとは、「ブラウザー上でデスクトップアプリライクなページを作成する技術」の総称[*4]です。HTML、CSS、JavaScriptなど、ブラウザー標準の技術だけでリッチなコンテンツを作成できることから、Ajax技術は短期間で急速に普及していきます。

　Ajax技術を後押しする外的要因もありました。この時期、国際的な標準化団体であるECMA International（エクマ）のもと、JavaScriptの標準化が進められ[*5]、また、ブラウザーベンダーによる機能拡張合戦も落ち着いたことで、いわゆるクロスブラウザー問題が軽減しました。インターネットそのものの普及がセキュリティへの関心を高め、セキュリティホールが減少したのも、この時期です。JavaScriptを利用できない（したくない）理由が解消されていったわけです。

　また、Ajax技術の普及は、JavaScriptの言語としての価値を見直すきっかけにもなりました。それまでのJavaScriptは、HTML／CSSの表現力を補う、どちらかというと脇役の存在でした。しかし、Ajaxの世界は、JavaScriptなしでは始まりません。

　JavaScriptが本格的なアプリを開発するための道具と認識されたことで、コーディングの手

[*3] クロスブラウザー問題とも言います。かつてInternet ExplorerとNetscape Navigator環境で、それぞれに対応したWebページを二重に作成した経験のある読者もいるのではないでしょうか。

[*4] 実際は、JavaScriptによる非同期通信の手法を表す用語ですが、普及の過程でバズワード化していくのはよくあることです。GoogleマップがAjaxの代表的なサービスです。

[*5] 標準化されたJavaScriptのことをECMAScriptと呼びます。P.15も参照してください。

法にも変化が現れます。従来のように、簡単であることを良しとするのではなく、大規模な開発にも耐えうる記法——具体的には、オブジェクト指向なコーディング——が求められるようになったのです。その過程で、より高度な開発者がJavaScriptの世界にも集い始め、開発のノウハウも集積され、さらに高度な開発者が集まる、という好循環が生まれます。

1-1-3 HTML5 の時代へ

この状況に、さらなる追い風を与えたのがHTML5です。HTML5の意義は、単なるマークアップ機能の進化ではありません。ブラウザーネイティブな機能だけでアプリを開発できる基盤、JavaScript APIが整備されたことにあります。

機能	概要
Geolocation API	ブラウザーの地理的な座標を取得
Web Storage	ブラウザーにデータを保存するストレージ
File API	ローカルのファイルシステムを読み書き
Canvas	JavaScript で画像を描画
Web Workers	JavaScript のコードをバックグラウンドで実行
WebSocket	サーバー、クライアント間での双方向通信

▲ 表 1-1　HTML5 で追加された主な JavaScript API

これらのAPIによって、JavaScriptだけでできることが格段に広がったのです。加えて、スマホやタブレットの普及によるRIA（Rich Internet Application[6]）の衰退、SPA（Single Page Application）の流行なども、JavaScriptの存在感を高め、その人気に拍車をかけることになります。

> **Note　SPA**
>
> SPA（Single Page Application）とは、名前のとおり、単一のページで構成されるWebアプリのことです。初回のアクセスでページ全体を取得したら、以降のコンテンツ更新はJavaScriptで行い、ページの切り替えは発生しません。JavaScriptだけではまかなえない機能——たとえばデータの取得、更新など——だけを、非同期通信でサーバー側のコードにゆだねます。

---

[6] Flash、Silverlight などが代表的な技術です。

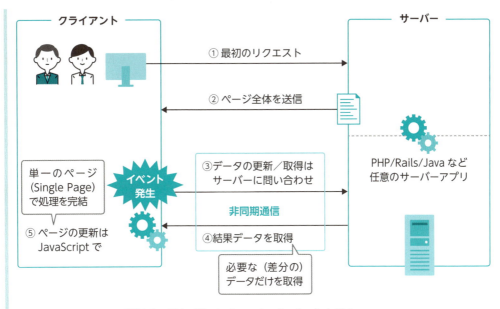

▲ 図1-1　SPA（Single Page Application）とは？

　SPAは、デスクトップアプリにもよく似た操作性を実現するためのアプローチとして、近年は、フロントエンド開発のトレンドと目されるキーワードです。Vue.jsでも、SPA開発のために、ルーティング（第8章）などの機能を公式ライブラリとして提供しています。

1-2　jQueryからJavaScriptフレームワークへ

　JavaScriptがフロントエンド開発の核となってくると、問題になるのが、JavaScriptの生産性です。
　というのも、JavaScriptは使い勝手の良い言語ではありません。それは「型の認識が緩い」「JavaScript固有の癖が強い」など、言語そのものの問題でもありますし、「ブラウザーによって動作に違いがある」（クロスブラウザー問題）ような環境の問題でもあります。それでもJavaScriptを利用しているのは、単にメジャーなブラウザーで共通して動作するスクリプト言語がJavaScriptだけだからです。JavaScriptを使わされている、という開発者の方々は、意外と多いのではないでしょうか。

1-2-1　jQueryの時代

　JavaScriptの生産性を補う手段は、以前から提供されてきました。JavaScriptライブラリの

導入です。ライブラリによって不足している機能を補い、ブラウザー間での微細な差を埋めようというのです。

数多く存在するJavaScriptライブラリの中でも、有名どころはjQuery（**https://jquery.com/**）でしょう。基本的なページの操作からアニメーション、Ajax通信、標準JavaScriptの拡張など、JavaScriptにおけるUI開発を広くサポートする、優れたライブラリです。

目的に特化したプラグインが、それこそ何千、何万と用意されている点も、大きなメリットです。簡単なアプリをごくシンプルなコードで実装できる手軽さは、登場から10年以上を経た現在でも魅力です。

ドラッグ＆ドロップで
ファイルをアップロード

評価レートの表示／更新

高度な画像スライダー
（フォトギャラリーやカルーセルなど）

フォームの内容をウィザードに自動変換

Twitter／Facebookなどと連携する
ソーシャルボタンを生成

▲図1-2　jQueryプラグインの例

1-2-2　jQueryの限界とJavaScriptフレームワーク

もっとも、そんなjQueryの魅力も、近年、フロントエンド開発が高度化するに伴い、不足な面が目立ってきました。

たとえば、なにかしらの入力をトリガーにデータを取得し、その結果をページに反映させる、といった処理も、jQueryでは、「入力値を文書ツリーから取得し」「Ajax通信に引き渡し」「取得した結果を（たとえば）<ul><li>要素に加工したものをページに埋め込む」という操作が必要になります。JavaScript側では、入出力にあたって、常にページの構造を意識しなければならないのです。

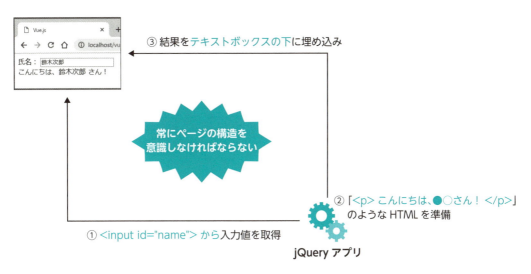

▲ 図 1-3　jQuery によるページ更新の問題点

　このようなデータの受け渡しはたいがい面倒なもので、レイアウトとコードの混在は、アプリ全体の見通しを悪くします。日常的にページの操作を繰り返す SPA ともなれば、jQuery で実装するのは現実的ではないでしょう。
　そこで求められたのが、ページとオブジェクト（JavaScript）との間を取り持つ JavaScript フレームワークの存在です。アプリ全体を俯瞰し、ページに変化があればオブジェクトに反映させ、逆にオブジェクトが変化すればページに反映させる——そのためのしくみを提供する存在です。これによって、アプリ開発者はテンプレート（HTML）、ロジック（JavaScript）それぞれの開発に集中できるので、コードの見通しも改善し、アプリの開発生産性、保守性が向上します。

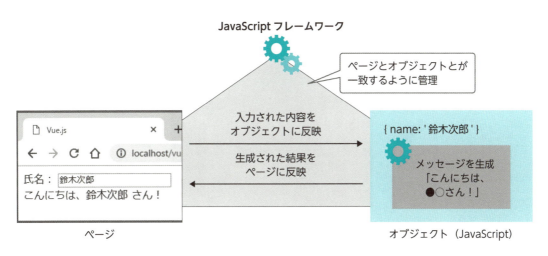

▲ 図 1-4　JavaScript フレームワークによる解決

1-3 主な JavaScript フレームワークと Vue.js

そもそも**フレームワーク**（**アプリケーションフレームワーク**）とは、どのようなしくみなのでしょうか。本節では、一般的なフレームワークの特徴と導入の利点をまとめた後、主な JavaScript フレームワーク、そして、Vue.js そのものの特徴を解説していきます。

1-3-1 フレームワークとは？

本格的なアプリを開発していくと、どこかで見たような問題に遭遇することはよくあります。これらの問題を、場当たり的に解決していくのは望ましいことではありません。遭遇した人や時によって、似たような（でも、少しずつ違う）コードが散乱するのは良いことではありませんし、そもそも何度も登場する問題には既に模範解答（定石）があるはずです。教育の場であればいざ知らず、開発現場で定石を一から検討し直すのは無駄なことです。

そこで登場するのが、フレームワークです。フレームワークとは、よくある問題に対する定石（イディオム）、または設計面での方法論を「再利用可能なクラス」としてまとめたものを言います。

方法論と言うと、難しく聞こえるかもしれませんが、要は、設計／開発でよく利用するコードをあらかじめ用意してくれているのがフレームワークです。アプリ開発者は、フレームワークが提供する枠組みに沿って、固有のコードを加えていくだけで、自然と一定の品質を持ったアプリを作り上げることができます。

フレームワークとは、アプリのコードを相互につなげる基盤──パソコン部品で言うならば、マザーボードの部分に相当するしくみと言ってもよいでしょう。

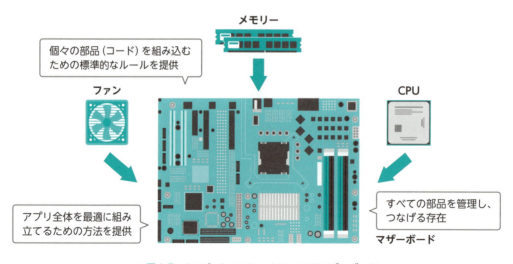

▲ 図 1-5　JavaScript フレームワークはマザーボード

> **Note** **銀の弾丸ではない**
>
> ただし、フレームワークも「銀の弾丸」ではありません。シンプルなページ開発には、依然としてjQueryのようなライブラリの手軽さは有効です。現時点で「そんなに複雑なことはしていないから！」と感じるならば、右に倣えでフレームワークを導入する必要はありません（むしろ、学習と導入のための手間をかけることは有害です）。

1-3-2 主な JavaScript フレームワーク

JavaScriptフレームワークとは、なにもVue.jsだけではありません。Vue.jsは代表的なJavaScriptフレームワークですが、唯一の、というわけではないのです。近年、JavaScriptでは、じつにさまざまなフレームワークが提供されています。以下に、執筆時点でよく目にするものをまとめておきます。

名称	概要	URL
Angular	Googleを中心に開発されているフルスタックフレームワーク	**https://angular.io/**
React	Facebookが開発したフレームワークで、ビュー相当の機能を提供	**https://reactjs.org/**
Vue.js	ビューに特化したシンプルなフレームワーク（本書のテーマ）	**https://jp.vuejs.org/**

▲ 表 1-2　主な JavaScript フレームワーク

本書では、個々のフレームワークを詳細に比較することはしませんが、大雑把にまとめるならば、フルスタックのAngular（アンギュラー）に対して、ビューに特化したVue.jsおよびReact（リアクト）という分類になります[7]。

Angularはビューからサービスまで幅広くサポートした高機能なフレームワークですが、半面、導入のハードルが高いというデメリットもあります。初期段階で学習すべき点も多く、これまでjQueryなどでライトにJavaScriptに接してきた人にとっては難しく感じるかもしれません。また、既にあるアプリに対して、後付けでAngularを導入するのは厄介です。最初からAngularを採用することを前提に、きちんと設計された環境でこそ、強みを発揮するフレームワークとも言えるでしょう。

一方、Vue.jsはビュー（見た目）の部分に特化したフレームワークなので、導入は簡単です。学ぶこともごく限られています。Angularに比べると、原始的に感じるところもありますが、「既存のアプリ（たとえばjQueryで管理していたアプリ）が複雑になってきたので、フレームワークを導入したい」という場合には、気軽に後乗せできるという手軽さが強みです。

ライブラリも充実しているので、後からフロントエンド開発の範囲が広がってきた場合に、徐々に適用する範囲を拡大していくことも可能です。

---

[7] AngularおよびReactについては、拙著『Angularアプリケーションプログラミング』（技術評論社）、『速習React』（Kindle）などの専門書を参照してください。

これらの特性のいずれかが、より優れているというわけではありません。いずれも状況に応じた強み（とその裏側に弱み）があるというだけです。本書では、よりライトに利用できるVue.jsを解説していますが、これが絶対というフレームワークはありません。開発している（開発予定の）アプリの特性を見据えながら、適材適所の道具を選択してください。

▶ 補足：ライブラリとフレームワーク

正確には、上に挙げたフレームワークの中でも、Reactは「UI開発のためのJavaScriptライブラリ」と称されています。ライブラリとフレームワークは、文脈によっては同じような意味で使われることもありますが、本質的には異なるものです。

まず、ライブラリはユーザーコードから呼び出されることを想定しています（ライブラリが自発的になにかをすることはありません）。機械学習のためのライブラリ、メール送信のためのライブラリ、文字列操作のためのライブラリ……なんにせよ、ユーザーコードからの指示を受けて処理を実施するのがライブラリです。

一方、フレームワークの世界では、ユーザーコードはフレームワークによって呼び出されます。フレームワークが、アプリのライフサイクル（初期化から終了までの流れ）を管理しており、その枠組みの中で「なにをすべきか」をユーザーコードに問い合わせるわけです。そこでは、もはやユーザーコードはアプリの管理者ではなく、フレームワークの要求に従うだけの個々の歯車にすぎません。

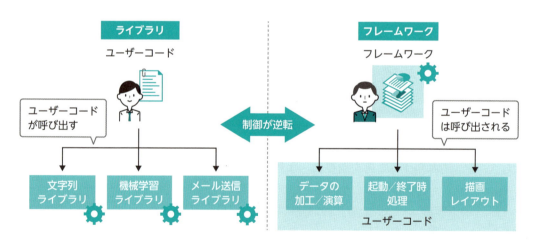

▲ 図1-6　フレームワークとライブラリ

このように、プログラム実行の主体が逆転することを**制御の反転**（IoC：Inversion of Control）と言います。本来、フレームワークとライブラリとは、IoCの性質によって使い分けるべきキーワードです。

1-3-3　Vue.js の特徴

では、ここからは Vue.js の特徴を挙げていきます。

▶ 導入ハードル、学習コストが低い

前項でも触れたように、なんといっても Vue.js の特徴はこれです。React もビューに特化した比較的簡易なライブラリですが、それと比べても、Vue.js ははるかに簡単です。

まず、HTML ベースのテンプレート構文を採用しているので、HTML と JavaScript（jQuery）に触れたことがある人であれば、次章で登場する Vue.js の初歩的なコードはほぼ直観的に理解できるはずです。

また、開発にあたって、Babel や webpack[8] などのツールを前提としない点もハードルを大きく引き下げています。.js ファイルをひとつインポートするだけで実行できる手軽さは、これまで jQuery に馴染んできた人にとっても得難いものです。

▶ アプリの段階的（Progressive）な成長に対応できる

手軽であるからと言って、機能が限定されるわけではありません。小さく導入したアプリが、ビジネスの変化によって成長していくことはよくあります。そのような場合にも、アプリの成長に合わせて機能を追加していける、あるいは、そもそも追加のための機能が豊富に用意されているのが Vue.js の良いところです[9]。

▲ 図 1-7　プログレッシブにサービスに導入できる Vue.js

---

[8] いずれもより高度な JavaScript 開発に際して利用できるツールです。詳しくは第 7 章で解説します。
[9] このような性質から、プログレッシブフレームワーク（Progressive Framework）とも呼ばれます。

最初は、アプリで生成したデータを、動的にページに反映する程度の用途でも構いません。その場合は、ほとんど jQuery でテンプレートプラグインを導入するのと同程度の要領で Vue.js を導入できるでしょう。

しかし、アプリが拡大してきて、似たような見た目が散在し始めたら、コンポーネントを導入すべきかもしれません。コンポーネントとは、Vue.js で、いわゆるウィジェット（UI 部品）を作成するためのしくみのことです。Vue.js の中盤のかなめとも言えるテーマであり、本書でも第 4 章〜第 5 章で詳しく解説します。

さらに機能が増えてきたら、より明確にページ（URL）を分割し、整理したくなるかもしれません。その場合は、Vue Router と呼ばれる公式ライブラリを加えることで、既に用意されているコンポーネント（群）をもとに、SPA を組み上げることができます。第 8 章で解説します。

はたまた、より高度に部品化を進めていくと、コンポーネント同士でのデータのやり取りが煩雑になってきます。そのような場合には、アプリで扱うグローバルなデータを中央管理するための「データベース」が必要になってきます。このようなしくみを提供するのが、第 9 章で扱う Vuex です。

アプリを開発するための環境についても、同じことが言えます。最初は、.js ファイルをインポートして実行できれば十分です。しかし、Vue Router や Vuex を利用するような規模のアプリでは、定型的な骨組みを毎度、一から準備するのは手間です。そのような状況では、アプリの骨組みを自動生成してくれる Vue CLI のようなコマンドラインツールの導入をお勧めします。Vue CLI を利用することで、アプリ（プロジェクト）の立ち上げからビルド、実行までを自動化できます。第 7 章で解説します。

本書でも、Vue.js のプログレッシブフレームワークの性質に則って、最初は最小限の構成で解説を始め、徐々にコンポーネントから Vue CLI、Vue Router および Vuex といった要素を加えていきます。

▶ コンポーネント指向である

Vue.js アプリを構成するさまざまな要素の中で、中核となるのがコンポーネントです[10]。コンポーネントは、先ほども触れたように、ページを構成する UI 部品のことです。ビュー（テンプレート）、ロジック（オブジェクト）、スタイルなどから構成されます。

---

[10] 最初のうちは、意識することがないというだけで、実はコンポーネントは暗黙的に利用しています。

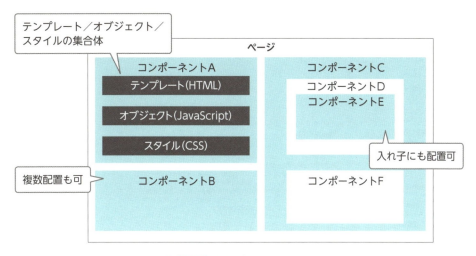

▲ 図 1-8　コンポーネントとは？

　ある程度以上の規模の Vue.js アプリでは、これら部品化されたコンポーネントを組み合わせることで、ページを構成していくのが基本です。これを**コンポーネント指向**と言います。
　コンポーネントはひとつの画面に複数配置することもできますし、入れ子にしても構いません。複雑な画面は、機能ごとに複数のコンポーネントに分離し、あるいは入れ子にして積み上げることで、個々の部品の見通しを維持できます。
　Vue.js アプリとはひとつ以上のコンポーネントの集合であり、そうした意味で、Vue.js を学ぶということは、すなわち、コンポーネントを学ぶということでもあります。

▶ ドキュメントやライブラリが充実している

　前項の冒頭でも触れたように、さまざまな JavaScript フレームワークの中でも、Vue.js は代表的なひとつです。そのため、他のフレームワークと比べても、コミュニティの活動は活発で、関連する情報やライブラリも充実しています。
　まず、ドキュメントとしては、本家サイト（**https://jp.vuejs.org/**）の［学ぶ］にある［ガイド］［API］［スタイルガイド］などに、基本的な情報がまとめられています。短い例も交えながら、日本語で丁寧に解説されているので、本書で学習しながら併読していくことで、理解をより深めることができるでしょう。ページ左上のボックスからは、以前のバージョンのドキュメントに切り替えることも可能です。利用している環境に応じて、適切なバージョンを選択してください。

▲ 図 1-9　Vue.js の本家ドキュメント

　ライブラリ／開発環境も充実しています。たとえば Element のようなライブラリを利用すれば、ナビゲーションメニュー、カルーセル、モーダルダイアログのようなリッチな UI を、ごく少ないコードで実装できます。詳しくは 6-3-2 項、第 11 章で触れます。

VeeValidateを使った検証（6-3-1項）

Elementを使ったページング（11-3-3項）

Elementを使ったサブメニュー付きのメニュー（11-3-1項）

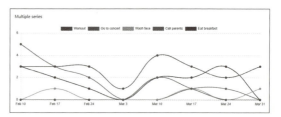

vue-chartkickによるチャート
(https://github.com/ankane/vue-chartkick)

▲ 図 1-10　Vue.js で使えるライブラリの例

　さらに、先ほども触れたように、Vue.js アプリの骨格を自動生成する Vue CLI（第 7 章）をはじめ、ブラウザーでのデバッグを簡単化する Vue.js devtools（P.141）、Vue.js 開発に対応したエディター Visual Studio Code ＋ Vetur（P.284）など、ツール類も充実しており、Vue.

js による開発や学習を手軽に開始できる環境も整っています。

　Vue.js は、JavaScript フレームワークに興味を持った人が、最初に手掛けるに適したフレームワークと言えます。

Column

ECMAScript とは？

　ECMAScript とは、標準化団体 ECMA International によって標準化された JavaScript のことです。1997 年の初版から改訂が重ねられ、本書執筆時点の最新版は 2019 年 6 月に採択された第 10 版「ECMAScript 2019」となっています。特に ECMAScript 2015（ES2015）では、念願のクラス／モジュール構文が標準化され、これらを利用するかどうかによって開発生産性も劇的に変化します。利用が許される環境にあるのであれば、積極的に導入していくことをお勧めします。

　ブラウザーごとの ECMAScript への対応状況は、以下の Web ページから確認するのが便利です。

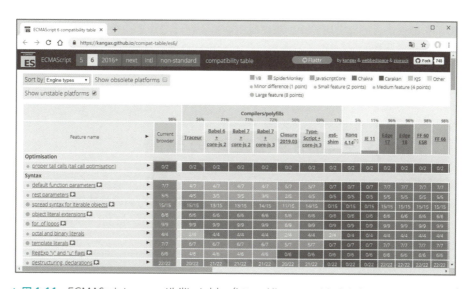

▲ 図 1-11　ECMAScript compatibility table（**https://kangax.github.io/compat-table/es6/**）

　既に開発が終了している Internet Explorer を除けば、どのブラウザーも精力的に標準への対応を進めており、既に ES2015 レベルであれば主要なブラウザーのほとんどが対応していることが見て取れます。Internet Explorer を無視してよい環境であれば、既に ES2015 は十分にネイティブに利用できる環境が整いつつあるのです。

Chapter 2

Vue.js の基本

本章のポイント

- Vue.js の核となるのは Vue クラスです。
- ページにアプリで管理するデータを埋め込むには、{{ ... }} 構文を利用します。
- ページに属性の操作、条件分岐／ループなどの機能を組み込むにはディレクティブ（v-...）を利用します。
- データの加工／操作には、算出プロパティ／メソッドを利用します。

Vue.js の概要に続いて、本章からはいよいよ、実際に Vue.js を利用したプログラムを作成していきましょう。

自分の手を動かすことは大切です。単に説明を追うだけでなく、自分でコードを入力して、実際にブラウザーで実行してみてください。本を読むだけでは得られないさまざまな発見がきっとあるはずです。

2-1 Vue.js を利用するための準備

Vue.js を利用するには、CDN（Content Delivery Network[*1]）経由でライブラリをインポートするのが、最も手軽です。リスト 2-1 は、Vue.js を利用するための最低限の構成です。

リスト 2-1 template.html　　　　　　　　　　　　　　`HTML`

```html
<!DOCTYPE html>
<html lang="ja">
<head>
<meta charset="UTF-8" />
<title>Vue.js</title>
</head>
```

次ページへ続く

[*1] CDN は、コンテンツ配布に最適化されたネットワークです。事前準備が不要、（一般的には）自前のサーバーからダウンロードさせるよりもレスポンスに優れる、などのメリットがあります。

2-1　Vue.js を利用するための準備

```
<body>
<!--ページ本体-->  ————————❸
<script src="https://cdn.jsdelivr.net/npm/vue@2.6.10/dist/vue.js"></script>  ————❶
<script src="js/template.js"></script>  ————————❷
</body>
</html>
```

❶の太字の部分は、利用するバージョンに応じて読み替えてください。本書では、執筆時点での最新バージョン（2.6.10）を前提に解説を進めます。また、❶で指定している「vue.js」はデバッグ用のファイルです。コメントや改行、タブが含まれているので、コードの可読性には優れますが、ファイルサイズは大きくなります。

本番環境で利用する場合は「vue.min.js」に置き換えてください。.min.js ファイルは、コメントや改行を除去することでファイルサイズを最小化しただけのもので、機能に違いはありません。

❷の template.js は、アプリの本体（ユーザーコード）です。本書では、特筆しない限り、.html ファイルと同じ名前の .js ファイルで、ユーザーコードを表すものとします。今回、.html ファイルは template.html なので、.js ファイルは template.js としています。

> **Note**　**Vue CLI**
>
> より本格的な開発には、アプリの雛形生成からビルド[*2]までを管理するためのコマンドラインツール、Vue CLI の利用をお勧めします。ただし、こちらは中規模以上のアプリ開発に向いたアプローチで、最初から無理して導入すべきものではありません。
>
> 最初は小規模に、必要に応じて Progressive（段階的）に成長させていけばよいのです（公式サイトでも、初心者による Vue CLI の導入は推奨していません）。本書でも、その前提で最初はツールなしで学習を進め、Vue CLI については第 7 章であらためて解説します。

2-1-1　Vue.js アプリの実行

Vue.js を動かすための準備ができたところで、実際に Vue.js 経由で「皆さん、こんにちは！」というメッセージを表示してみましょう。次ページの hello.html をブラウザーで開くとサンプルを実行できます。

なお、以降の .html ファイルは、リスト 2-1 の❸に相当する部分だけを抜粋して掲載します。完全なコードは、ダウンロードサンプルから対応するファイルを確認してください。

[*2]　この場合、altJS（JavaScript の代替言語）をコンパイルし、ファイル（モジュール）間の依存関係を解決して、ひとつのファイルにまとめることを言います。

リスト 2-2　hello.html　　　　　　　　　　　　　　　　　　　　　　　　　HTML

```html
<div id="app">
  <p>{{ message }}</p>          ❷
</div>
```

リスト 2-3　hello.js　　　　　　　　　　　　　　　　　　　　　　　　　　JS

```js
let app = new Vue({
  el: '#app',
  data: {
    message: '皆さん、こんにちは！'
  }
});
```
❶

▲図 2-1　あらかじめ用意したメッセージを表示

Note 「Cannot find element: #app」エラーが出た場合

作成したコードが意図したように動作しないときは、ブラウザーの開発ツール（Chrome ではデベロッパーツール）でエラーの内容を確認しましょう。

デベロッパーツールの［Console］タブに、「Cannot find element: #app」というエラーが出た場合、`<div id="app">` 要素が認識できていません。`<script>` 要素が（ページの末尾ではなく）`<head>` 要素などに書かれていないかを確認してみましょう。

標準的なブラウザーは、JavaScript のコードを上から順に読み込まれたタイミングで実行します。よって、`<script>` 要素をページの先頭で書いてしまった場合、`<div id="app">` 要素が読み込まれていないので、コードも失敗します。

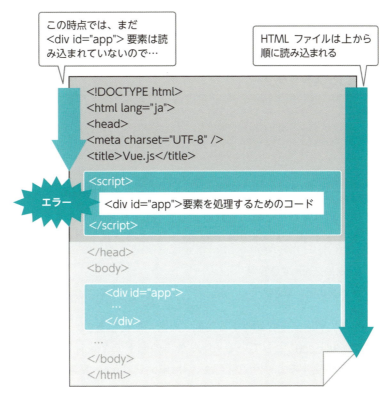

▲ 図 2-2 ブラウザはコードを上から順に処理する

サンプルの動作を確認できたところで、順にポイントを見ていきましょう。シンプルなコードですが、押さえるべき点は盛りだくさんです。

❶ Vue.js の核となるのは Vue クラス

Vue.js の核となるのは、その名のとおり、Vue クラスです。Vue.js を起動する[3]には、この Vue クラスをインスタンス化するだけです。

今回のサンプルでは、生成したインスタンスを後から参照できるように、変数 app に格納していますが、参照する用途がないのであれば省略しても構いません。[4] よって、ここでは単に

```
new Vue({...});
```

[3] マウント（mount）する、とも言います。マウントによって、ページ上の要素は Vue.js が生成した要素によって置き換えられます。

[4] インスタンスの変数名は、慣例的に app、または vm（View Model の略）とします。

としても同じ意味です。

これ以降も、参照が不要であれば、省略した形で記載します。

▼ 構文：Vue コンストラクター

Vue(*options*)

---

options：動作オプション

引数 *options* には Vue.js を動作させるためのオプションを「オプション名： 値 ,...」のハッシュ（キーと値の組み合わせで表現されるデータ）形式で指定できます。利用できるオプションはいろいろありますが、リスト 2-3 で利用しているのは以下です。

- el ：Vue.js を適用する要素
- data：データオブジェクト

el オプションは、Vue.js を有効化する範囲（要素）を表します。今回のサンプルでは「#app」としているので、id="app" としている <div> 要素の配下で Vue.js が有効になります[5]。Vue.js が管理する範囲を限定するという意味でも、<html> や <body> 要素を対象にするのは避けてください。

データオブジェクト（data オプション）は、テンプレート（HTML）から参照できる値を格納したオブジェクトです。現時点では、「プロパティ名：値 ,...」形式で列記すると覚えておきましょう（異なる形式での定義方法については、後で触れます）。

Vue.js では、アプリで利用する値をデータオブジェクトで用意しておいて、テンプレートからこれを参照する、という役割分担が基本です。このようなデータ割り当てのしくみのことを**データバインディング**と言います。

---

[5] 「#id」という記法は、CSS における id セレクターと同じです。「.clazz」のような class セレクターも指定できますが、複数の要素が合致した場合には最初のひとつがマウント対象となります。

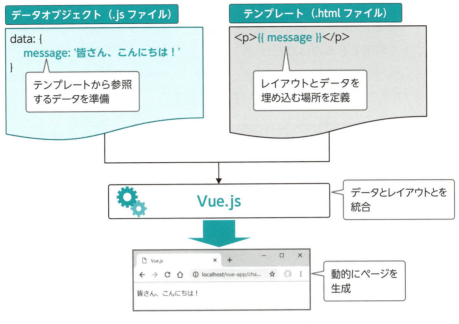

▲ 図 2-3 データバインディング

❷ データオブジェクトにアクセスする

テンプレートからデータオブジェクトにアクセスするには、{{...}} という構文を利用します。これを **Mustache 構文**[6]（マスタッシュ）と言います。

今回のサンプルでは、{{ message }} で、データオブジェクトの message プロパティの値をそのまま引用しているだけですが、{{...}} には任意の JavaScript 式を表すことも可能です。たとえば以下は、いずれも妥当な Mustache 式です。

```
{{ 5 + 3 }}                    // 簡単な演算
{{ value + 2 }}                // 変数との演算
{{ message.substring(1) }}     // メソッド呼び出し
{{ Math.abs(-10) }}            // 組み込みオブジェクトの呼び出し
```

{{...}} では、Math、Date など JavaScript の組み込みオブジェクトにもアクセスできる点に注目です。Vue.js では、これらの組み込みオブジェクトを Mustache 式でも利用できるよう、あらかじめ登録しているからです（よって、Vue.js が明示的に登録していない自前のオブジェ

---

[6] Mustache は英語で「口ひげ」という意味です。デリミターである「{」を横に倒してみると、口ひげの形に似ていることから、そのように呼ばれます。

クトに、{{...}} からアクセスすることはできません）。

> **Note** **{{...}} で利用できるのは式だけ**
>
> {{...}} に指定できるのは、あくまで式だけです。代入や条件分岐などを伴う文を指定することはできません。以下のコードは、いずれも不可です。

```
{{ let data = 13; }}
{{ if (flag) { return data; } }}
```

{{...}} 式で条件付き出力をしたい場合は、以下のように条件演算子を使用するか、もしくは v-if（3-3-1 項）で代用してください。

```
{{ flag ? data: '0' }}
```

▶ 補足：オフライン環境で Vue.js を実行する

リスト 2-1 の template.html では、CDN 経由での動作を前提にしていますが、もちろん、あらかじめライブラリをダウンロードしておいて、オフラインで Vue.js を動作させることもできます。ダウンロードページは、以下です。

▲ 図 2-4　Vue.js のダウンロードページ（**https://jp.vuejs.org/v2/guide/installation.html**）

本節の冒頭でも触れたように、［開発バージョン］はコメントや改行などを残してコードの

可読性を維持したもので、［本番バージョン］はコメントや改行を除去してできるだけサイズを圧縮したものです。執筆時点では、開発バージョンのサイズが334kB、本番バージョンのサイズは92kBでした。用途に応じて、使い分けてください。

　ライブラリ（vue.min.js）をダウンロードできたら、これを任意のフォルダーに配置したうえで、以下のようにインポートします。パスは配置先に応じて読み替えてください。

リスト2-4 offline.html `HTML`

```html
<div id="app">
  <p>{{ message }}</p>
</div>
<script src="lib/vue.min.js"></script>
```

> **Note** 障害時の備えに
>
> ダウンロード版は、CDN障害の備えとして利用することもできます。以下のコードを利用する場合には、あらかじめ vue.min.js をダウンロードし、公開フォルダーに配置してください。
>
> ```html
> <script src="https://cdn.jsdelivr.net/npm/vue@2.6.10/dist/vue.js"></script>
> <script>window.Vue || document.write('<script src="lib/vue.min.js">↩
> <\/script>');</script>
> ```
>
> これで、window.Vue が存在しない（＝ Vue.js がインポートできない）場合に、ローカルからライブラリをインポートしなさい、という意味になります。

2-2 Vue.js 理解のための3つの柱

　Vue.js アプリの基本のキとも言える「Vue インスタンス」と「{{...}} 式」について説明したところで、本節では、これらの理解を深める以下の3つのしくみについて説明していきます。

- ディレクティブ
- 算出プロパティおよびメソッド
- ライフサイクルフック

　いずれの項目も、この先の章を進めるうえで欠かせない知識です。ここで、基本的な構文、考え方をおさえておきましょう。

2-2-1 ディレクティブ

前節でも見たように、Vue.jsのテンプレートは標準的なHTMLを拡張しただけのシンプルなもので、学ばなければならないことは、さほど多くはありません。テンプレートを構成するしくみとしては、まずは以下の2点をおさえておけばよいでしょう。

- {{...}}（Mustache構文）
- v-xxxxx属性（ディレクティブ）

{{...}}は前節でも見たように、与えられた式の値をテンプレートに埋め込む（＝バインドする）基本的な手法です。記法は簡単ですが、その分、できることも限られています。テキスト部分に値を反映させるだけです。

属性やスタイルの操作、条件分岐、繰り返し処理など、より複雑な機能を組み込みたい場合は、**ディレクティブ**を利用します。Vue.jsのテンプレートを学ぶことは、ディレクティブを学ぶこと、と言い換えてもよいでしょう。それだけ膨大な機能が、ここに集約されています。

本項では、特にデータバインディングにかかわるディレクティブに絞って解説します[*7]。ディレクティブは、「v- ～」から始まる属性（構文）として表すのが基本です。

▲図2-5 ディレクティブの基本的な書き方

▶ 文字列をテンプレートに埋め込む 〜 v-text

データオブジェクトにアクセスするのに、{{...}}の代わりにv-textディレクティブを利用することもできます。以下は、リスト2-2と意味的に等価です。

リスト2-5 text.html

```html
<div id="app">
  <p v-text="message"></p>
</div>
```

[*7] その他のディレクティブについては、次章を参照してください。

v-textディレクティブは、要素の配下を指定された式（ここではmessage）の値で置き換えます。

{{...}}とv-textディレクティブのどちらを利用しても構いませんが、コードの読みやすさという意味では、アプリの中では統一すべきです。また、v-textディレクティブは要素の配下のテキストを丸ごと置き換えます。テキストの一部を置き換えるような用途では{{...}}を利用しなければなりません。記述の簡単さを考慮しても、本書では{{...}}を採用します。

▶ {{...}} 構文を無効化する 〜 v-pre

{{...}}内に置かれた値を、Mustache構文としてではなく、文字列として表示したい（＝構文を無効化したい）場合には、v-preディレクティブを利用します。たとえばリスト2-5を、以下のように書き換えてみましょう。

リスト 2-6　pre.html　　HTML

```html
<div id="app">
  <p v-pre>{{ message }}</p>
</div>
```

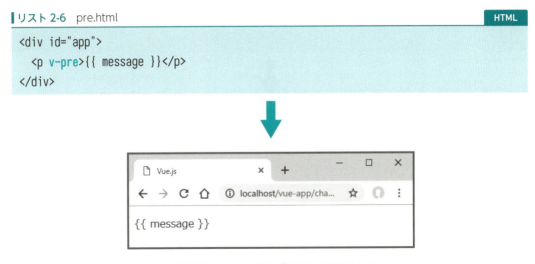

▲ 図2-6　{{...}}構文がそのまま表示される

確かに、v-preが指定された要素の配下の{{...}}構文はそのまま出力されることが確認できます。

▶ 属性値にJavaScript式を埋め込む 〜 v-bind

属性に対して式の値を埋め込むのには、{{...}}は利用できません。たとえば、以下のコードは{{ url }}にデータが埋め込まれず、正しく動作しません。

```html
<a href="{{ url }}">WINGSプロジェクト</a>
```

属性値の操作には、代わりにv-bindディレクティブを利用してください。以下は、.jsファイル側で用意されたURLを.htmlファイルの<a>タグに反映させる例です。

リスト 2-7 bind.html　　　　　　　　　　　　　　　　　　　　　　　　　　HTML

```html
<div id="app">
  <a v-bind:href="url">WINGSプロジェクト</a>
</div>
```

リスト 2-8 bind.js　　　　　　　　　　　　　　　　　　　　　　　　　　　　JS

```js
new Vue({
  el: '#app',
  data: {
    url: 'https://wings.msn.to/'
  }
});
```

▲ 図 2-7　リンクが動的に生成された

「v-bind: 属性名 =" 値 "」のように、ディレクティブ名と属性名はコロン（:）区切りで表記する点に注目です。

> **Note　ディレクティブの引数**
>
> Vue.jsの文法でコロンの後方は、ディレクティブの**引数**です。細かい点ですが、ディレクティブによっては引数を受け取るものがあること、その場合はコロン区切りで表記することを覚えておきましょう。

2-2　Vue.js 理解のための 3 つの柱

Note **v-bind 属性の省略構文**

v-bind はよく利用する、という理由から、省略構文も用意されています。リスト 2-7 の太字部分は、以下のように表しても同じ意味です。

```
<a :href="url">サポートサイト</a>
```

本来の属性値の先頭にコロン（:）を付与するだけなので、随分とすっきりしますね。ただし、本書では、初心者にも意図を汲み取りやすいという理由から、省略構文は避けて、本来の v-bind: ～構文を用いていきます。

ブール属性の扱い

checked、selected、disabled そして、multiple など、値がいらない（＝属性名を指定するだけで意味がある）属性のことを**論理属性**、または**ブール属性**と言います。これらの値をバインドするには true または false 値を用います。

リスト 2-9　bind_bool.html　　　　　　　　　　　　　　　　　　　　　　**HTML**

```html
<div id="app">
  <input type="button" value="クリック" v-bind:disabled="flag" />
</div>
```

リスト 2-10　bind_bool.js　　　　　　　　　　　　　　　　　　　　　　　**JS**

```js
new Vue({
  el: '#app',
  data: {
    flag: true
  }
});
```

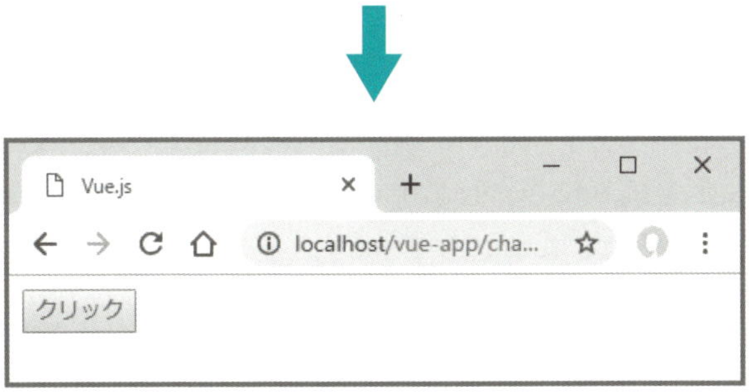

▲ 図 2-8　ボタンが無効化

太字部分を false に変えると、ボタンが有効化されます。false 以外にも、null、undefined としても同じ意味です。それ以外の値は true と見なされます。

2-2-2 算出プロパティ

これまで見てきたように、テンプレートには、{{...}} や v-bind を用いることで、任意の JavaScript 式を埋め込むことができます。たとえば以下は、与えられた email プロパティ（メールアドレス）の値から「@」より前だけを取り出し、小文字に変換する例です。

リスト 2-11　compute_bad.html　　　　　　　　　　　　　　　　　　　　　　HTML
```html
<div id="app">
  <p>{{ email.split('@')[0].toLowerCase() }}</p>
</div>
```

リスト 2-12　compute_bad.js　　　　　　　　　　　　　　　　　　　　　　　　JS
```js
new Vue({
  el: '#app',
  data: {
    email: 'Y-Suzuki@example.com'
  }
});
```

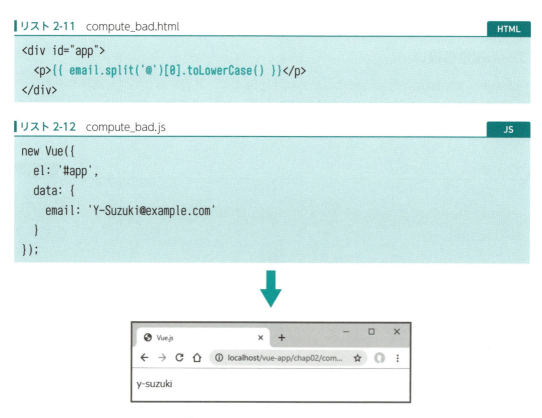

▲ 図 2-9　JavaScript 式の演算結果を出力

　これは構文的には正しいコードですが、望ましくはありません。複雑な式は、本来見た目を表すべきテンプレートを読みにくくしますし、結果、修正も困難になるからです（複数の箇所で同じ式を記述するならば、なおさらです！）。
　テンプレートでは単純なプロパティの参照にとどめ、演算やメソッドの呼び出しはできるだけコード側にゆだねるべきです。このような用途で有用なのが、**算出プロパティ**です。

2-2 Vue.js 理解のための 3 つの柱

▶ 算出プロパティの基本

まずは、具体的な例を見てみましょう。以下は、リスト 2-11、2-12 のコードを算出プロパティで書き換えたものです。

リスト 2-13 compute.html `HTML`

```html
<div id="app">
  <p>{{ localEmail }}</p> ──────②
</div>
```

リスト 2-14 compute.js `JS`

```js
new Vue({
  el: '#app',
  data: {
    email: 'Y-Suzuki@example.com'
  },
  // 演算した結果を取得する算出プロパティ
  computed: {
    localEmail: function() {
      return this.email.split('@')[0].toLowerCase();
    }
  }
});                                                    ①
```

　算出プロパティとは、言うなれば、既存のプロパティを演算（算出）した結果を取得するためのゲッター（getter）です。computed オプション配下に「プロパティ名：関数 , ...」形式で定義します（①）。

　算出プロパティの配下では、「this. プロパティ名」でデータオブジェクトにアクセスできます（リスト 2-14 では email プロパティにアクセスしています）。

　定義済みの算出プロパティをテンプレートから参照するには、データオブジェクトに対するのと同じく、単に「{{ プロパティ名 }}」とするだけです（②）。定義側はメソッドですが、参照側はあくまでプロパティ（変数）として参照できるわけです[8]

---

[8] メソッド呼び出しのための「()」は不要である点に注目です。

> **Note** **算出プロパティのセッター**
>
> 算出プロパティでは、値を取得するだけでなく、値を設定するためのセッター（setter）を
> 設けることもできます。ただし、こちらはそれほど頻繁には利用しないため、5-2-1項であ
> らためて触れます。

▶ メソッドによるロジックの切り出し

算出プロパティは、メソッドとして表してもほぼ同じ意味になります。たとえば、以下は
先ほどの例を**メソッド**を使って書き換えています。

リスト 2-15 method.html   `HTML`

```html
<div id="app">
  <p>{{ localEmail() }}</p>  ────── ❷
</div>
```

リスト 2-16 method.js   `JS`

```js
new Vue({
  el: '#app',
  data: {
    email: 'Y-Suzuki@example.com'
  },
  // emailプロパティの値を加工するlocalEmailメソッドを定義
  methods: {
    localEmail: function() {
      return this.email.split('@')[0].toLowerCase();   ❶
    }
  }
});
```

リスト 2-14 では computed オプションで定義していたコードを、methods オプションに移
動しただけで、定義のコードそのものは変化しません（❶）。ただし、今度は（プロパティで
はなく）メソッドなので、呼び出しに際しても「()」が必要となります（❷）。

▶ 算出プロパティとメソッドの相違点

さて、このように算出プロパティとメソッドとは、文脈によっては似たような機能を提供

するわけですが、もちろん、双方は異なるものです。具体的な相違点を見てみましょう。

（1）算出プロパティは引数を持てない

算出プロパティは、プロパティという性質上、引数を持てません（「( )」を伴う呼び出しができないからです）。よって、引数を伴うような呼び出しには、メソッドを利用する必要があります。

（2）算出プロパティは取得用途

算出プロパティの用途は、基本的に既存データの「加工を伴う取得」です。一方、メソッドはデータの取得に加え、操作や更新にも利用できます。代表的な例としては、マウスクリックなどに対応したイベント処理なども、メソッドの守備範囲です[9]。要は、算出プロパティでできることはメソッドでもできます。

ただし、引数を伴わない単純な加工や演算なのであれば、算出プロパティを利用したほうがコードの意図が明確になります。

（3）算出プロパティの値はキャッシュされる

そして、算出プロパティとメソッドとの決定的な違いが、これです。違いを理解するために、もうひとつ、サンプルを見てみましょう。

以下は、それぞれ算出プロパティとメソッドで乱数を表示するためのコードです。また、ボタンクリックのタイミングで現在時刻を表示します[10]。

リスト 2-17 method_diff.html `HTML`

```html
<div id="app">
  <form>
    <input type="button" value="クリック" v-on:click="onclick" />
  </form>
  <div>算出プロパティ：{{ randomc }}</div>
  <div>メソッド：{{ randomm() }}</div>
  <div>現在日時：{{ current }}</div>
</div>
```

---

[9] 詳しくは、3-1 節で解説します。

[10] イベント処理については 3-1 節で解説するので、ここでは雰囲気のみを味わってください。

リスト 2-18　method_diff.js

```js
new Vue({
  el: '#app',
  data: {
    current: new Date().toLocaleString()
  },
  computed: {
    // 算出プロパティ経由で乱数を取得
    randomc: function() {
      return Math.random();
    }
  },
  methods: {
    // クリック時に処理を実行
    onclick: function() {
      this.current = new Date().toLocaleString();
    },
    // メソッド経由で乱数を取得
    randomm: function() {
      return Math.random();
    }
  }
});
```

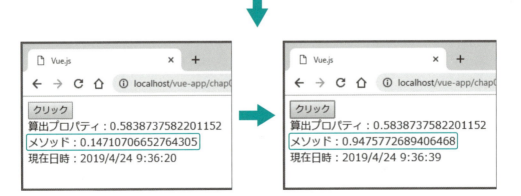

▲ 図 2-10　ボタンクリックでメソッドで取得した乱数だけが変化し、算出プロパティのものは変化しない

ボタンクリックで、メソッドに紐づいた`<div>`要素だけが変化しています。

これは、メソッドが再描画に際して**常に評価**（実行）されるのに対して、算出プロパティはそれが依存するプロパティ（いわゆる「`this.~`」で表される値）が変更された場合にのみ評価されるためです。

この場合、算出プロパティrandomcは、他のプロパティに依存しないので、初回に呼び出された後は、二度と呼び出されることはありません。再描画のたびにすべての式が評価されるのは無駄なので、取得用途ではまずは算出プロパティを基本とし[11]、値を常に更新したいという意図がある場合にメソッドを使うとよいでしょう。

2-2-3 ライフサイクルフック

Vueインスタンスは、最初に生成された後、要素にマウントされて、データの変化に応じてビューを更新させていき、最終的に破棄されます。このような生成から破棄までの流れのことを**ライフサイクル**と言います。

Vue.jsには、このライフサイクルの変化に応じて呼び出される、さまざまなメソッドが用意されています。このようなメソッドのことを**ライフサイクルフック**（Lifecycle Hooks）と呼びます。ライフサイクルフックを利用すると、インスタンス生成から表示、破棄と、決められたタイミングでアプリ独自の処理を割り込ませることができます。

次ページの図は、主なライフサイクルフックをまとめたものです。

---

[11] ひとつ前の説明で、単純な値取得には算出プロパティを、と述べたのも、これが理由です。

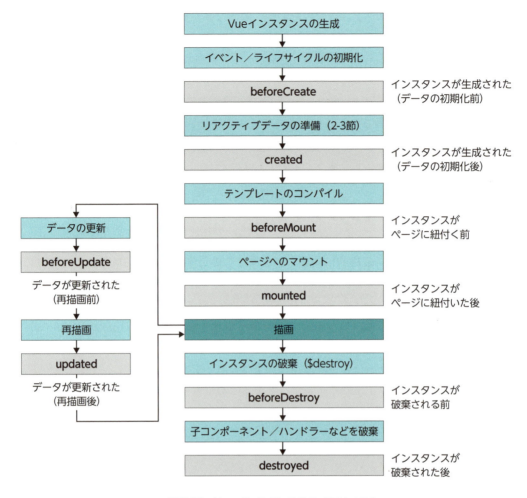

▲ 図2-11 Vueインスタンスのライフサイクル

　すべてのフックを覚えておく必要はありません。まずはcreatedやmounted、beforeDestroyがよく利用するフックの代表格です。

　一般的に、Vueインスタンスで利用するリソースを初期化、後始末するのに、createdやbeforeDestroyをセットで利用します。外部サービスにアクセスし、データを取得するのもcreatedフックで記述するのが適当でしょう。

　ただし、createdフックでは、まだマウントが実施されていない（＝要素がページに紐付いていない）点に注意してください。文書ツリーへのアクセスを伴う操作[12]は、mountedフック以降で記述する必要があります。

---

[12] 具体的には、windowやbodyなどに対するイベントリスナーの登録です。ただし、一般的には、文書ツリーへの直接のアクセスは極力避けるべきです。

ライフサイクルフックの具体的な例

では、ライフサイクルフックを利用した具体的な例を見てみましょう。以下は、それぞれのタイミングで、ログを出力する例です。

リスト 2-19 life.html `HTML`

```html
<div id="app">
  ライフサイクルフック
</div>
```

リスト 2-20 life.js `JS`

```js
let app = new Vue({
  el: '#app',
  beforeCreate: function() {
    console.log('beforeCreate...');
  },
  created: function() {
    console.log('created...');
  },
  beforeMount: function() {
    console.log('beforeMount...');
  },
  mounted: function() {
    console.log('mounted...');
  },
  beforeUpdate: function() {
    console.log('beforeUpdate...');
  },
  updated: function() {
    console.log('updated...');
  },
  beforeDestroy: function() {
    console.log('beforeDestroy...');
  },
  destroyed: function() {
    console.log('destroyed...');
  }
```

❶

次ページへ続く

```
});

// 3000ミリ秒のあとに破棄
setTimeout(function() {
  app.$destroy();         ❷
}, 3000);
```

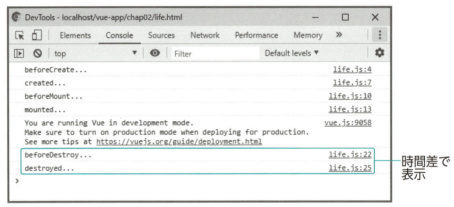

▲ 図 2-12　ログの内容を確認（デベロッパーツールの［Console］タブ）

　ライフサイクルフックは、メソッドと似ていますが、別物です。methods オプションと同列に、Vue コンストラクターの動作オプションとして列記する点を間違えないようにしてください（❶）。

　また、❷の $destroy メソッド[*13]は、現在の Vue インスタンスを破棄するためのメソッドです。ライフサイクルという見地からは beforeDestroy および destroyed フックのトリガーとなります。

　ここでは、データオブジェクトの書き換えは発生していないので、beforeUpdate および updated フックは呼び出されて**いない**ことも確認してください。

2-3 リアクティブデータ

　Vue クラスの data オプションに登録されたデータを、Vue.js の世界では**リアクティブデータ**と呼びます。リアクティブとは「反応できる」という意味です。データオブジェクトの変化を検知して、ページに自動的に反映させることから、このように呼ばれます。また、リア

[*13] Vue.js では、アプリ固有のプロパティやメソッドと区別するために、Vue のメンバーには接頭辞「$」を付与しています。これから後も「$〜」が出てきたら、Vue 標準のメンバーと考えてください。

クティブデータを管理する Vue.js のしくみを**リアクティブシステム**と言います。

　これまでは Vue コンストラクターに渡した値をそのままページに反映させていただけなので、あまりリアクティブであることを意識することはありませんでした。そこでもう少しだけリアクティブの恩恵を感じられるような例を見つつ、Vue.js アプリを開発するうえで陥りがちな罠について見ていくことにしましょう。

> **Note** **本節の内容**
>
> 本節は、Vue.js の内部構造にもかかわるため、若干、難しい内容も含んでいます。「まずは手早く初歩的な内容を優先したい」という人は、スキップしても構いませんが、是非、後からでも読まれることをお勧めします。

2-3-1　リアクティブシステムの例

　まずは、リアクティブであることを意識した例からです。

リスト 2-21　react.html　　　　　　　　　　　　　　　　　　　　　　　`HTML`

```html
<div id="app">
  <p>現在時刻：{{ current.toLocaleString() }}</p>
</div>
```

リスト 2-22　react.js　　　　　　　　　　　　　　　　　　　　　　　`JS`

```js
new Vue({
  el: '#app',
  data: {
    // 現在日時
    current: new Date()
  },
  // 起動時にタイマーを設定
  created: function() {
    let that = this;*14
    // 1000ミリ秒スパンでcurrentプロパティを更新
    this.timer = setInterval(function() {
      that.current = new Date();          ❶
    }, 1000);
```

次ページへ続く

---

*14 this を that に退避させているのは、setInterval メソッドの配下では、this は、Vue インスタンスではなく、グローバルオブジェクト（Window）に変化してしまうためです。あらかじめ this を固定しておきます。

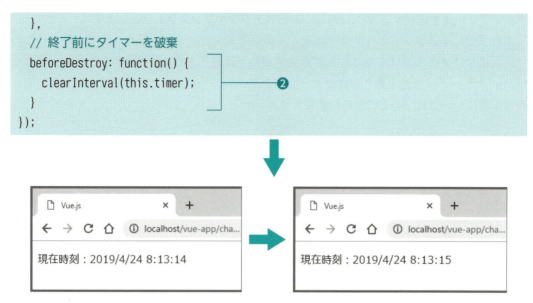

▲ 図2-13　1000ミリ秒ごとに日時を更新

❶は、setInterval メソッドを経由して1000ミリ秒スパンで current プロパティの値を現在日時に置き換えています。このようなタイマー設定では、created フックを利用するのが定石です。

> **Note** **created と beforeDestroy**
> 後から破棄できるように、生成したタイマーは timer プロパティに格納しておきましょう。beforeDestroy フック（❷）で、不要になったタイマーを破棄できるようになります。前節でも触れたように、created や beforeDestroy フックは、たいがい、セットで利用します。

さて、サンプルを実行してみると、確かに current プロパティの変化に反応して、ページ（テンプレート）の側も変化しているのが確認できます。これがリアクティブであることの意味です。

Vue.js では、data オプションにデータを登録すると、そのすべてのプロパティを監視対象として登録します[*15]。そして、その変更を検知すると、自動的にビューに反映するわけです。

[*15] 内部的な挙動を意識した表現をするならば、「Object.defineProperty メソッドでゲッターおよびセッターを生成」します。

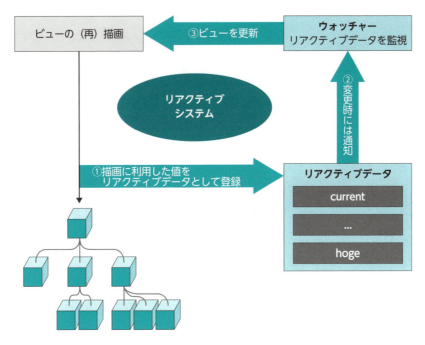

▲ 図2-14 リアクティブデータのしくみ

2-3-2 リアクティブシステムの制約

アプリの開発者は、リアクティブシステムの内部的な挙動をほぼ意識する必要はありませんし、意識させないことがVue.jsの存在意義なわけですが、まったく意識しないわけにはいきません。

というのも、JavaScriptの機能上の制約から、Vue.jsはプロパティそのものの追加や削除を検知できないからです。よって、たとえば以下のようなコードは正しくは動作しません。

リスト2-23 constraint.html　　　　　　　　　　　　　　　　　　　　　　**HTML**

```html
<div id="app">
  <p>著者情報：{{ author.name }} ({{ author.company }}) </p>
</div>
```

リスト2-24 constraint.js　　　　　　　　　　　　　　　　　　　　　　　**JS**

```js
let app = new Vue({
  el: '#app',
  data: {
    author: {
```

次ページへ続く

```
      name: '山田'
    }
  },
  created: function() {
    let that = this;
    // 3000ミリ秒後にプロパティを追加
    this.timer = setTimeout(function() {
      //that.author.name = 'Y.YAMADA';      ————❶
      that.author.company = 'WINGSプロジェクト';   ————❷
    }, 3000);
  },
  beforeDestroy: function() {
    clearInterval(this.timer);
  }
});
```

　3000ミリ秒（3秒）後に author.company プロパティは追加されますが、Vue.js がこれを検知できないため、ページには反映されないのです（ただし、❶のコードを有効にした場合には、こちらの変更を検知するため、author.company プロパティも反映されるでしょう）。

　このような問題を避けるには、以下の手段があります。

(1) すべてのプロパティを最初に準備する

　最初に値が決まっていない場合にも、最低限、空値[16]でプロパティを用意しておきます。これは、Vue.js の制約を補うというだけでなく、アプリで利用しているデータを data オプションから一望できる、という意味でも有効な手法です（データベースを扱っている人であれば、アプリの外観を把握するために、テーブルレイアウトをまず確認するのと同じ感覚です）。

(2) プロパティの追加を Vue.js に通知する

　Vue.set メソッド[17]を利用することで、プロパティを追加するとともに、追加を Vue.js に通知できます。❷のコードを、以下のように書き換えてみましょう。

```
Vue.set(that.author, 'company', 'WINGSプロジェクト');
```

---

[16] 空値でも、型は意識しておくべきです。配列であれば [ ]、数値型であれば 0、文字列であれば空文字列とするのが望ましいでしょう。

[17] Vue のインスタンスメソッドとして $set もあります。この例であれば、「app.$set(...);」としても同じ意味です。

サンプルを実行すると、今度は 3000 ミリ秒後に author.company プロパティの値が反映されること（＝プロパティの追加が Vue.js に認識された）が確認できます。

▼ 構文：set メソッド

Vue.set(*target*, *key*, *value*)

- -

target：追加対象のオブジェクト
key 　：キー
value：値

　ただし、後から追加できるのは入れ子となったオブジェクトの配下だけです（ここでは、author オブジェクトの配下に company プロパティを追加しています）。データオブジェクト直下のプロパティは追加できません。
　同じく、プロパティを削除する場合には、Vue.remove メソッドを利用します[18]。

```
Vue.remove(that.author, 'company');
```

> **Note**
>
> ### 複数のプロパティを追加する
>
> 複数のプロパティを追加する場合、Vue.set メソッドを列記しても構いませんが、Object.assign メソッド[19]を利用すると、よりスマートに表現できます。
>
> ```
> that.author = Object.assign({}, that.author,
>   { company: 'WINGSプロジェクト', sex: 'male', age: 18 });
> ```
>
> 現在の author の内容と、新たな company、sex、age プロパティをマージしなさい、というわけです。空のオブジェクト {}（太字）に対してマージしているので、（プロパティの追加ではなく）新たなオブジェクトの生成という意味になり、変化は正しく認識されます。

2-3-3　ビューの非同期更新を理解する

　初歩的な開発ではあまり意識することはありませんが、実は、リアクティブシステムによるページ（ビュー）の更新は非同期です。
　Vue.js では、データの変更を検知しても、これをすぐにビューに反映するわけではありません。連動して発生するすべての変更をプールしたうえで、最終的な結果をビューに反映さ

---

[18] ただし、remove メソッドを利用する機会はさほどないでしょう。プロパティはそのままに値だけを空にすればよいからです。

[19] JavaScript 標準のメソッドで、第 1 引数のオブジェクトに、第 2 引数以降のオブジェクトの内容をマージします。

せるわけです。描画のオーバーヘッドを最小にとどめる、Vue.js の知恵です。

　その性質上、以下のようなコードは正しく動作しません。

リスト 2-25　react_async.js `JS`

```js
new Vue({
  el: '#app',
  data: {
    author: {
      name: '山田'
    }
  },
  mounted: function() {
    Vue.set(this.author, 'company', 'WINGSプロジェクト');
    // <div id="app">配下にcompanyプロパティの内容が含まれているか
    console.log(this.$el.textContent.includes(this.author.company));
  }
});
```

　$el プロパティは、Vue インスタンスで管理された要素[20] を Element オブジェクトとして返します。ここでは、そのテキスト（textContent）が author.company プロパティの値を含んでいるか（includes）を確認しているわけです。

　データオブジェクトの内容が同期的にビューに反映されるならば、この結果は true となるはずです。しかし、ログを見てみると結果は false。データオブジェクトへの更新が、即座には反映されていないことが確認できました。

　そこでビューへの反映を待つには、以下のように $nextTick メソッドを利用します。

```js
let that = this;
this.$nextTick().then(function () {
  // ビューへの反映を待ってから確認
  console.log(that.$el.textContent.includes(that.author.company)); ————❶
})
```

　$nextTick メソッドは、Vue.js によるビューの更新を待って、その後で指定された処理を実行します[21]。

---

[20] el オプションで指定された要素です。

[21] クラスメソッドである Vue.nextTick メソッドもあります。

▼ 構文：$nextTick メソッド

$nextTick().then(*callback*)

callback：更新後に実行すべき処理

　これで❶はビューを更新した後で呼び出されるので、今度は結果として true が得られます。
　Vue.jsでは、まずはリアクティブシステム（データオブジェクト）経由でビューを更新するのが基本なので、文書ツリー（ここでは $el プロパティ）にアクセスすることはほとんどありませんし、また、すべきではありません。$nextTick メソッドを利用する場合には、文書ツリーからでなければ得られない情報なのかを再確認してください[22]。

2-3-4　ウォッチャーによる明示的な監視

　繰り返しですが、一般的には、アプリ開発者がリアクティブシステムを意識することはあまりありません。2-2-2、2-3-1 項の例でも見たように、リアクティブシステムではデータの更新を自動的に検知して、ビューにも反映してくれるからです（算出プロパティおよびメソッドも、依存するデータを検知します）。
　もっとも、時として、更新タイミングを手動で制御したいことがあります。たとえば、入力値に応じて候補値をリスト表示するオートコンプリート機能を想定してみましょう（候補値はネットワーク経由で別サーバーから取得するものとします）。

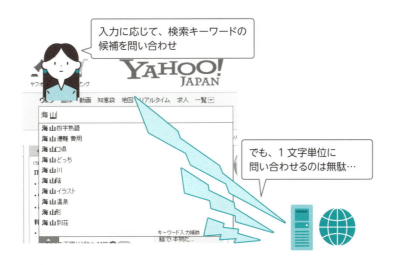

▲ 図 2-15　オートコンプリート機能の例

---

[22] たとえばコンテンツに応じて、領域のサイズや位置が決まる場合には、その情報は Element オブジェクトから得る必要があるでしょう。

入力値はどんどん変化しているのに、都度、リスト取得のための問い合わせが発生するのは無駄です（そして、リモートでの問い合わせはたいがい、内部的な演算よりもはるかに重い処理です）。

　このような場合には、入力の切れ目（＝入力の間隔が空いたとき）にだけ処理を実施するようにすることで、アプリの負荷を軽減できます。そして、そのような細かな制御は標準的なリアクティブシステムだけでは対応できないので、Vue.jsではより原始的な watch オプション（**ウォッチャー**）を提供しています。watch オプションを利用することで、データオブジェクトの特定のプロパティが変化したときに任意の処理を実行できます。

▼ 構文：watch オプション

```
watch:{
  prop: function(newValue, oldValue) {
    ...statements...
  },
  ...
}
```

```
prop        ：監視すべきプロパティ名
newValue    ：プロパティの変更後の値
oldValue    ：プロパティの変更前の値
statements  ：プロパティ変化時に実行すべき処理
```

```
watch:{
  name: function(newValue, oldValue) {
    console.log(oldValue + '=>' + newValue);
  }
}
```

　これで、name プロパティの値が変化したときに、「古い値 => 新しい値」の形式でログを出力しなさい、という意味になります。

▶ ウォッチャーの具体的な例

　ウォッチャーの役割をイメージしやすいよう、もう少し具体的な例を挙げてみましょう。以下は、テキストボックスに入力した値を大文字に変換したうえで、ページ下部に反映させ

2-3 リアクティブデータ

る例です。ただし、値の反映は（入力中に都度ではなく）入力が区切れた――入力が2000ミリ秒空いた――ところで行うようにします[23]。

リスト 2-26 watcher.html　　　　　　　　　　　　　　　　　　　　　　　　　　　`HTML`

```
<div id="app">
  <!--入力値をnameプロパティにバインド-->
  <label>名前：
    <input type="text" v-model="name" />
  </label>
  <p>入力された値：{{upperName}}</p>
</div>
...中略...
<!--lodashをインポート-->
<script src="https://cdn.jsdelivr.net/npm/lodash@4.17.11/lodash.min.js"></script>
```

リスト 2-27 watcher.js　　　　　　　　　　　　　　　　　　　　　　　　　　　　`JS`

```
new Vue({
  el: '#app',
  data: {
    name: '',             // 入力値
    upperName: ''         // 表示する値（大文字変換後の文字列）
  },
  // 遅延処理用のdelayFuncメソッドを準備
  created: function() {
    this.delayFunc = _.debounce(this.getUpper, 2000);      ──❷
  },
  // nameプロパティが変化した時にdelayFuncメソッドを呼び出し
  watch: {
    name: function(newValue, oldValue) {
      this.delayFunc();                    ❶
    }
  },
  // nameの値を大文字に変換したものをupperNameプロパティに設定
  methods: {
```

次ページへ続く

---

[23] 本節の内容は、v-model ディレクティブを理解していることが前提となります。まずはコードの意図だけを説明しておくので、3-2 節を学習した後、再度読み解くことをお勧めします。

```
    getUpper: function() {
      this.upperName = this.name.toUpperCase();
    }
  }
});
```
❸

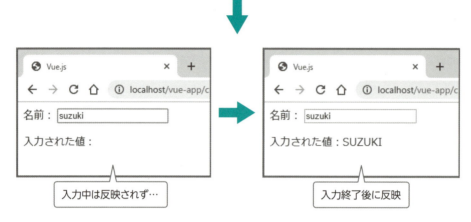

▲ 図2-16　入力値が遅延して反映

　まず、ウォッチャーを定義しているのが❶です。name プロパティを変更したときに、すぐに入力値を大文字に変換するための処理を呼び出さ**ない**のがポイントです。

　代わりに、処理を遅延するための delayFunc メソッドを呼び出しています。具体的には、連続する呼び出しを無視し、2000 ミリ秒以上処理を呼び出さない場合にだけ、決められた処理を実行します。

　このような処理は、自前で実装しようとすると面倒ですが、Lodash[*24] というライブラリを利用することで、簡単に実現できます。delayFunc メソッドの定義を見てみましょう（❷）。

　_.debounce は Lodash 標準メソッドの一種で、遅延関数を生成します。

▼ 構文：_.debounce メソッド

_.debounce(*func*, *wait*)

func：遅延実行すべき処理
wait：遅延時間（ミリ秒）

[*24] 配列やオブジェクト操作を中心とした、JavaScript コーディングでの便利機能を提供する軽量なユーティリティです。
　　 https://lodash.com/

_.debounce メソッドは、処理を直接実行するのではなく、そのための関数を返す点に注意してください。よって、ここでは created フックのタイミングで生成した遅延関数を、delayFunc に代入（＝メソッドとして宣言）しています。ウォッチャーから呼び出すのも、この delayFunc メソッドです。

　_.debounce メソッドから呼び出される処理の実体は、getUpper メソッド（❸）です。ここでは name プロパティの値を大文字化しているだけですが、一般的には、ここで外部サービスへの問い合わせなどの重い処理を実施することになるでしょう。

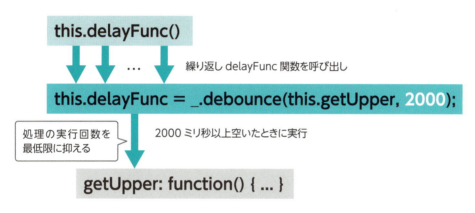

▲図 2-17　_.debounce メソッド

　なお、watch オプション（❶）を computed オプション（算出プロパティ）で置き換えてみると、テキストボックスへの入力は即座に大文字化されることも確認しておきましょう。

```
computed: {
  upperName: funcion() {
    return this.name.toUpperCase();
  }
},
```

▶ 補足：ウォッチャーのさまざまな定義方法

　最後に、ウォッチャーを定義するためのいくつかの構文についてもまとめておきます。

(1) 入れ子となったプロパティを監視する

以下のコードのように、キー部分を「プロパティ . サブプロパティ」の形式で表します。キー部分に「.」は利用できないので、クォートでくくらなければならない点に注意してください。

```
watch: {
  'author.name': function(newValue, oldValue) { ... }
},
```

(2) 動作オプションを定義する

「キー名： オブジェクト ,...」形式で、ウォッチャーのオプションを定義することもできます。

```
watch: {
  name: {
    handler: function(newValue, oldValue) {
      this.delayFunc();
    },
    deep: true,
    immediate: true
  }
}
```

それぞれのオプションの意味は、以下の表のとおりです。オプションを指定する際には、ウォッチャー本体も handler オプションで表す必要があります。

オプション	概要
handler	ウォッチャーの本体
deep	入れ子のオブジェクトも監視するか
immediate	起動時に即座に実行するか

▲ 表 2-1　ウォッチャーの動作オプション

(3) $watch メソッドを利用する

ウォッチャーは、watch オプション以外に、$watch メソッドで定義することもできます。P.45のリスト 2-27 であれば、watch オプションを削除して、created フックに以下のようなコー

ドを書いても同じ意味です。

```
created: function() {
  let that = this;
  this.delayFunc = _.debounce(this.getUpper, 2000);
  let unwatch = this.$watch('name', function(newValue, oldValue) {
    that.delayFunc();
  });
},
```

$watch メソッドの戻り値は、監視を解除するための関数です。よって、上の例であれば、
「unwatch();」とすることで監視を解除できます。

また、ここでは省略していますが、$watch メソッドの第3引数には「オプション名：値,...」
の形式で deep または immediate などのオプションを設定することも可能です。

| Note | **複数のプロパティを監視する** |

$watch メソッドの第1引数には関数を渡すこともできます。たとえば、以下は num1、
num2 の和が変化したときに処理を実行します。

```
this.$watch(function() {
  return this.num1 + this.num2;
}, function(newValue, oldValue) {
  ...
});
```

Column

識別子の記法

　識別子、またはファイル名では、以下のような記法をよく利用します。以降の章でも、よく出てくる名前なので、頭の片隅にとどめておくとよいでしょう。

記法	概要	表記の例
キャメルケース記法	先頭文字は小文字、以降、単語の区切りは大文字で表記（lower camel case 記法とも言います）	mySimpleApp
Pascal ケース記法	先頭文字含めて、すべての単語の頭文字を大文字で表記（upper camel case 記法とも言います）	MySimpleApp
ケバブケース記法	すべての文字は小文字で表し、単語間はハイフン（-）で区切る	my-simple-app
スネークケース記法	すべての文字は大文字／小文字で表し、単語間はアンダースコア（_）で区切る	MY_SIMPLE_APP、my_simple_app

▲ 表 2-2　さまざまな識別子の記法

　JavaScript の場合、クラスは Pascal ケース記法で、変数／関数（メソッド）はキャメルケース記法で、定数はスネークケース記法で、それぞれ表すのが通例です。Vue.js を構成する要素の命名ルールについては、今後の章で徐々に解説していきます。

基 本 編

» **Chapter 3**　ディレクティブ
» **Chapter 4**　コンポーネント（基本）
» **Chapter 5**　コンポーネント（応用）
» **Chapter 6**　部品化技術

Chapter 3 ディレクティブ

> **本章のポイント**
> - ディレクティブは「v-xxxxx="..."」形式の属性として表現できます。
> - イベントを処理するには、v-on でイベントハンドラーを定義します。
> - フォームからの入力値とアプリのデータを同期するには、v-model を利用します。
> - 条件分岐には v-if、ループ処理には v-for を利用します。

　Vue.js では、HTML をベースとしたテンプレート構文を採用しています。標準的な HTML に対して、**ディレクティブ**と呼ばれる属性形式の命令を付与することで、ページに機能を付与しているのです。ディレクティブは「v-」で始まるのが基本です。

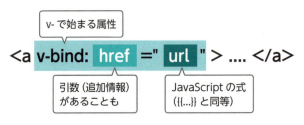

▲ 図 3-1　ディレクティブとは？

ディレクティブは、用途に応じて、以下のように分類できます。

分類	概要	主なディレクティブ
データバインド	式の値をページに反映	v-bind、v-html など
イベント	イベント処理を実装	v-on
フォーム	フォームからの入力を取得	v-model
制御	条件分岐や繰り返し処理など	v-if、v-for など

▲ 表 3-1　ディレクティブの分類

　データバインド関連の基本的なディレクティブについては、前章でも既に触れているので、本章では残るディレクティブについて、順に解説していきます。

3-1 イベント関連のディレクティブ

3-1 イベント関連のディレクティブ

Vue.js（というよりも JavaScript）では、ユーザーの操作——ボタンをクリックした、入力値を変更した、マウスを動かしたなどの操作——をトリガー（開始を意味する動作）として、なんらかのコードを実行するのが一般的です。そして、プログラムが実行されるきっかけとなる出来事のことを**イベント**、実行されるコードのことを**イベントハンドラー**と言います。

Vue.js では、イベントハンドラーもまた、ディレクティブを使って設定します。

3-1-1 イベントの基本

まずは、イベントを利用した基本的なコードを見てみましょう。以下は、ボタンクリック時に現在時刻を表示するサンプルです。

リスト 3-1 event.html   `HTML`

```html
<div id="app">
  <button v-on:click="onclick">クリック</button>  ——————①
  <p>{{ message }}</p>
</div>
```

リスト 3-2 event.js   `JS`

```js
new Vue({
  el: '#app',
  data: {
    message: ''
  },
  methods: {
    // クリック時に現在日時を取得
    onclick: function() {
      this.message = new Date().toLocaleString();  ——②
    }
  }
});
```

53

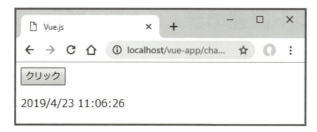

▲ 図3-2　ボタンクリック時に現在時刻を表示

イベントハンドラーを設定するのは、v-on ディレクティブの役割です（❶）。

▼ 構文：v-on ディレクティブ

v-on: イベント名="..."

リスト3-1では構文の「...」の部分にメソッドの名前を指定しており、まずはこれが基本と考えてください。今回の例であれば、ボタンをクリックしたときに呼び出されるべき onclick メソッド（❷）を紐付けているわけです[*1]。onclick メソッドでは、現在日時を求めたうえで、その値を message プロパティに代入することで、ページに反映させています。

▶ 別解：イベント処理の記法

リスト3-1の❶のコードは、別解として、以下のように表すこともできます。

```
ⓐ JavaScript 式を直書き
<button v-on:click="message = new Date().toLocaleString()">クリック</button>

ⓑ メソッド呼び出し
<button v-on:click="onclick()">クリック</button>
```

ⓐは、v-on に JavaScript の式を直書きするパターンです。手軽ですが、テンプレートにコードが混在するため、見通しが悪くなります。動作テストのための暫定的なコードや、ごくシンプルなコードでの利用にとどめ、基本的には独立したメソッドとして切り出しましょう。

ⓑは、元のリスト3-1と似ていますが、末尾に「()」が付いている点に注目してください。つまり、元のリスト3-1がメソッドの名前を指定しているのに対して、ⓑはメソッド呼び出しの式ということです。

[*1] メソッドは methods オプションで宣言するのでした。忘れてしまった方は、第2章を参照してください。

ⓑ の構文を利用することで、たとえば

```
v-on:click="onclick('Hoge')"
```

のように、イベントハンドラーになんらかの値を渡すことも可能になります（具体的な例は、後ほど紹介します）。

> **Note**
>
> **v-on の省略構文**
>
> v-bind と並んで、v-on はよく利用することから、省略構文が用意されています。リスト 3-1 の event.html を省略構文で書き換えると、以下のようになります。
>
> ```
> <button @click="onclick">クリック</button>
> ```
>
> どちらを利用しても構いませんが、v-bind のときと同様、アプリの中では記法を揃えることを強くお勧めします。本書では、初学者にも意図を汲み取りやすいよう、本来の v-on: 〜構文を利用していきます。

3-1-2 Vue.js で利用できる主なイベント

Vue.js（というよりも JavaScript）で利用できる主なイベントを、以下にまとめておきます。

分類	イベント名	概要
フォーム	focus	要素にフォーカスが入ったとき
	blur	要素からフォーカスが外れたとき
	change	要素の値を変更したとき（input、select、textarea など）
	select	テキストボックス／テキストエリアのテキストを選択したとき
	submit	フォームから送信したとき
マウス	click	要素をクリックしたとき
	dblclick	要素をダブルクリックしたとき
	mousedown	マウスのボタンを押したとき
	mouseover	要素にマウスポインターが乗ったとき
	mouseenter	要素にマウスポインターが乗ったとき
	mouseleave	要素からマウスポインターが外れたとき

次ページへ続く

分類	イベント名	概要
マウス	mouseout	要素からマウスポインターが外れたとき
	mousemove	要素の中をマウスポインターが移動したとき
	mouseup	マウスのボタンを離したとき
キー	keydown	キーを押したとき
	keyup	キーを離したとき
	keypress	キーを押し続けているとき
その他	resize	ウィンドウのサイズを変更したとき
	scroll	ページや要素をスクロールしたとき
	error	ページ内でエラーが発生したとき
	contextmenu	コンテキストメニューを表示する前

▲ 表 3-2　JavaScript で利用できる主なイベント

　本項ですべてのイベントについて例を挙げることはできませんが、この後、よく利用するものを順に紹介していきます。

▶ マウスの出入りに応じて画像を切り替える

　以下は、mouseenter または mouseleave イベントを利用して、画像にマウスポインターが出入りしたタイミングで画像を差し替える例です。

リスト 3-3　event_mouse.html　　　　　　　　　　　　　　　　　　　　　　`HTML`

```html
<div id="app">
  <img v-bind:src="path" alt="ロゴ画像"
    v-on:mouseenter="onmouseenter" v-on:mouseleave="onmouseleave" />
</div>
```

リスト 3-4　event_mouse.js　　　　　　　　　　　　　　　　　　　　　　　　`JS`

```js
new Vue({
  el: '#app',
  data: {
    path: 'http://www.web-deli.com/image/linkbanner_l.gif'
  },
  methods: {
    // 画像にマウスポインターが乗った時
```

次ページへ続く

```
      onmouseenter: function() {
        this.path = 'http://www.web-deli.com/image/home_chara.gif';
      },
      // 画像からマウスポインターが外れた時
      onmouseleave: function() {
        this.path = 'http://www.web-deli.com/image/linkbanner_l.gif';
      }
    }
  });
```

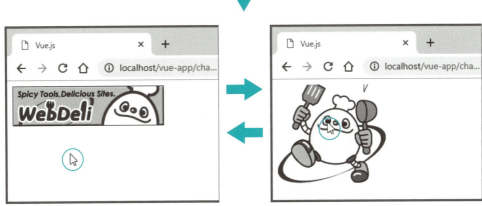

▲ 図3-3　マウスの出入りで表示画像を切り替え

▶ 補足：mouseenter ／ mouseleave と mouseover ／ mouseout の相違点

　mouseenter ／ mouseleave と mouseover ／ mouseout は、いずれも要素に対してマウスポインターが出入りしたタイミングで発生するイベントですが、その挙動は微妙に異なります。
　具体的な違いは、以下のように、要素が入れ子になる状況で発生します。イベントハンドラーは、外側の要素（id="outer"）に対して設定されているものとします。

リスト 3-5　event_mouse2.html　　　　　　　　　　　　　　　　　　　　　　HTML

```html
<div id="app">
  <!--mouseenter／mouseleaveイベント-->
  <div id="outer"
    v-on:mouseenter="onmousein" v-on:mouseleave="onmouseout">
```

次ページへ続く

```
    外 (outer)
    <p id="inner">
      内 (innner)
    </p>
  </div>
  <div v-html="result"></div>*2
</div>
```

リスト3-6　event_mouse2.js　　　　　　　　　　　　　　　　　　　　JS

```
new Vue({
  el: '#app',
  data: {
    result: ''
  },
  methods: {
    // mouseenter/mouseleaveイベントの情報をresultに反映
    onmousein: function(e) {
      this.result += 'Enter:' + e.target.id + '<br />';*3
    },
    onmouseout: function(e) {
      this.result += 'Leave:' + e.target.id + '<br />';
    }
  }
});
```

*2　v-htmlは、指定された値をHTML文字列として埋め込むためのディレクティブです。詳しくは3-4-2項で解説します。
*3　eはイベント情報を扱うためのオブジェクトで、イベントオブジェクトと呼ばれます。詳しくは3-1-3項で解説するので、ここでは「e.target.id」でイベント発生元のid値を表すとだけ理解しておいてください。

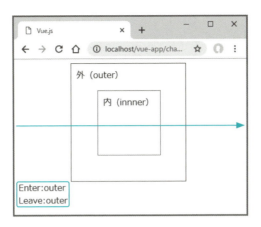

▲ 図 3-4　マウスポインターを、要素を横切るように動かした場合（mouseenter／mouseleave）

続いて、リスト 3-5 の太字の部分を mouseover／mouseout イベントで置き換えてみると、結果は以下のようになります。

```
<div id="outer"
  v-on:mouseover="onmousein" v-on:mouseout="onmouseout">
```

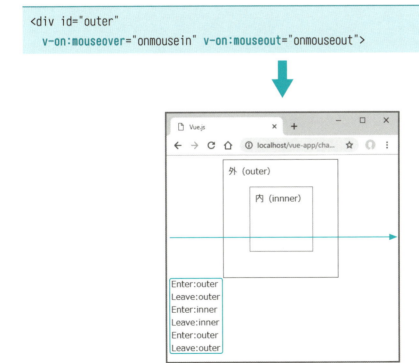

▲ 図 3-5　マウスポインターを、要素を横切るように動かした場合（mouseover／mouseout）

図 3-4 と図 3-5 を比べてみるとわかるように、mouseenter／mouseleave イベントは対象

となる要素の出入りに際してのみ発生しますが、mouseover／mouseout イベントは内側の要素に出入りしたときにも発生します。

思わぬ挙動に悩まないためにも、双方の違いを理解しておきましょう。

▶ 画像が読み込めない場合にダミー画像を表示する

以下では、error イベントを利用して、<img> 要素で指定の画像が正しく読み込めなかった場合に、代替の画像を表示します。

リスト 3-7 event_error.html

```html
<div id="app">
  <img v-bind:src="path" v-on:error="onerror" />
</div>
```

リスト 3-8 event_error.js

```js
new Vue({
  el: '#app',
  data: {
    path: './images/wings.jpg'
  },
  methods: {
    // 画像を読み込めない場合はエラー画像を表示
    onerror: function() {
      this.path = './images/noimage.jpg';
    }
  }
});
```

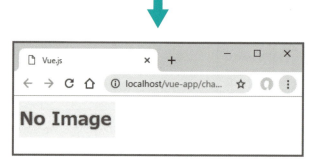

▲ 図 3-6　wings.jpg が存在しない場合、noimage.jpg を表示

3-1　イベント関連のディレクティブ

wings.jpg を正しく配置した場合には、本来の画像が表示されることもあわせて確認してお
きましょう。

3-1-3　イベントオブジェクト

　イベントオブジェクトとは、その名のとおり、イベントにかかわる情報を管理するための
オブジェクトで、JavaScript によって自動生成されます。イベントオブジェクトを利用する
ことで、イベントに関する情報（発生したイベントの種類や発生元など）にアクセスしたり、
イベントハンドラーの挙動を操作したり（キャンセルなど）、といったことが可能になります。
　イベントハンドラーからイベントオブジェクトを参照するには、イベントハンドラーの第 1
引数に「e」や「ev」*4 を設置しておくだけです。たとえば以下は、ボタンクリック時にイベン
トオブジェクトをログ出力する例です。

リスト 3-9　event_obj.html　　　　　　　　　　　　　　　　　　　　　　　　　　　HTML

```html
<div id="app">
  <button v-on:click="onclick">クリック</button>
</div>
```

リスト 3-10　event_obj.js　　　　　　　　　　　　　　　　　　　　　　　　　　　　JS

```js
new Vue({
  el: '#app',
  methods: {
    // クリック時にイベントオブジェクトをログに出力
    onclick: function(e) {
      console.log(e)
    }
  }
});
```

---

*4　名前に決まりはありませんが、event の頭文字をとって「e」や「ev」とするのが一般的です。

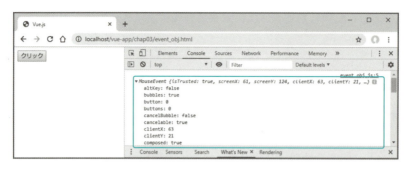

▲ 図 3-7　ログからイベントオブジェクトを確認（デベロッパーツールの［Console］タブ）

イベントオブジェクトが提供する情報は、元となるイベントの種類によって変化します。以下の表に、主なものをまとめておきます。

メンバー	概要
target	イベント発生元の要素
type	イベントの種類（click、focus など）
timeStamp	イベントの作成日時を取得
clientX	イベントの発生時のブラウザー上での X 座標
clientY	イベントの発発生時のブラウザー上での Y 座標
screenX	イベントの発生時のスクリーン上での X 座標
screenY	イベントの発発生時のスクリーン上での Y 座標
pageX	イベントの発生時のページ上での X 座標
pageY	イベントの発生時のページ上での Y 座標
offsetX	イベントの発生時の要素上での X 座標
offsetY	イベントの発生時の要素上での Y 座標
stopPropagation()	イベントの親要素への伝播を中止
preventDefault()	イベント既定の動作をキャンセル

▲ 表 3-3　イベントオブジェクトの主なメンバー

▶ 例：イベント発生時のマウス情報を取得したい

表 3-3 を見てもわかるように、イベントオブジェクトでは、イベント発生時の座標を取得するために複数の xxxxxX、xxxxxY プロパティを持っています。これらのプロパティは、どこを基点とした座標を返すかが異なります。

3-1 イベント関連のディレクティブ

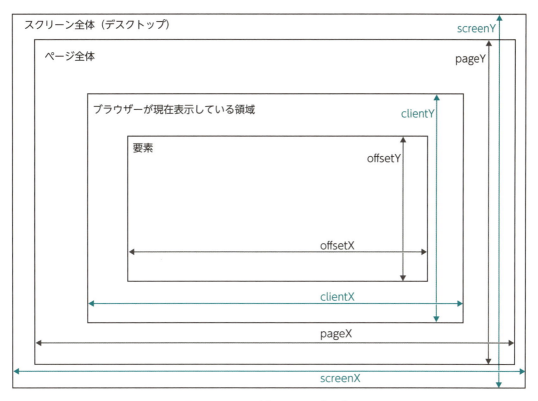

▲ 図3-8 マウス座標に関するプロパティ

具体的な例でも、座標の違いを確認してみましょう。

リスト3-11　event_point.html　　　　　　　　　　　　　　　　　　　　　　HTML

```html
<div id="app">
  <div id="main" v-on:mousemove="onmousemove">
    screen: {{ screenX }}/{{ screenY }}<br />
    page: {{ pageX }}/{{ pageY }}<br />
    client: {{ clientX }}/{{ clientY }}<br />
    offset: {{ offsetX }}/{{ offsetY }}
  </div>
</div>
```

リスト3-12　event_point.js　　　　　　　　　　　　　　　　　　　　　　　　JS

```js
new Vue({
  el: '#app',
```

次ページへ続く

```
  data: {
    screenX: 0,
    screenY: 0,
    pageX: 0,
    pageY: 0,
    clientX: 0,
    clientY: 0,
    offsetX: 0,
    offsetY: 0
  },
  methods: {
    onmousemove: function(e) {
      this.screenX = e.screenX;
      this.screenY = e.screenY;
      this.pageX = e.pageX;
      this.pageY = e.pageY;
      this.clientX = e.clientX;
      this.clientY = e.clientY;
      this.offsetX = e.offsetX;
      this.offsetY = e.offsetY;
    }
  }
});
```

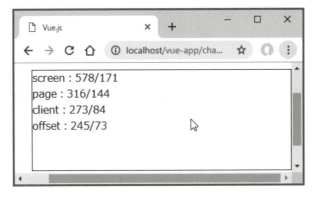

▲ 図 3-9 「id="main"」である要素配下のマウス位置を取得

▶ イベントハンドラーに任意の引数を渡す

以上、ここまでは標準的な JavaScript と同じなので、JavaScript に慣れている人であれば、迷うところはないはずです。しかし、イベントハンドラーになんらかの値を引き渡す場合には、どうでしょう。

たとえば以下は、クリック時に引数経由で渡した文字列をログ出力する例です。

リスト 3-13 event_args.html　　HTML

```html
<div id="app">
  <button v-on:click="onclick('ようこそ！')">クリック</button>
</div>
```

リスト 3-14 event_args.js　　JS

```js
new Vue({
  el: '#app',
  methods: {
    // .htmlファイルから渡されたメッセージをログ出力
    onclick: function(message) {
      console.log(message);
    }
  }
});
```

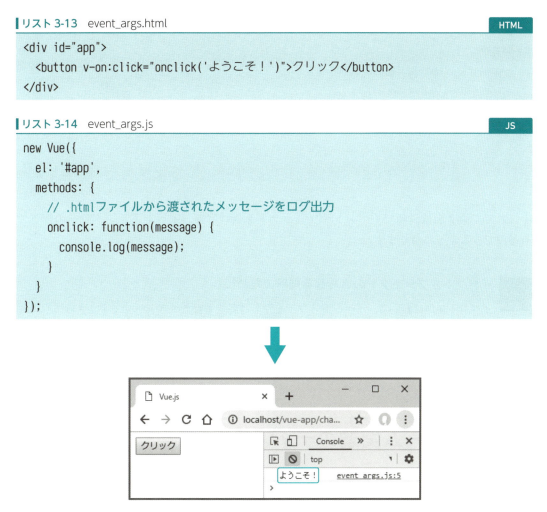

▲ 図 3-10　引数経由で渡した値をログ出力

この状態では、第 1 引数が他の値で埋められてしまうので、イベントオブジェクトを参照することができません。

では、どうするのか。呼び出し側で、明示的に $event（イベントオブジェクト）を渡してやります。$event は Vue.js で決められた名前で、固定です。

リスト 3-15 event_args2.html `HTML`

```html
<div id="app">
  <button v-on:click="onclick('ようこそ！', $event)">クリック</button>
</div>
```

リスト 3-16 event_args2.js `JS`

```js
new Vue({
  el: '#app',
  methods: {
    onclick: function(message, e) {
      console.log(message);
      console.log(e);
    }
  }
});
```

　これで、第2引数以降でイベントオブジェクトを受け取り、イベントハンドラーの配下でも参照できるようになります。

> **Note** ■ **イベントオブジェクトのさらなる理解のために**
>
> イベント処理において、イベントオブジェクトは肝とも言うべきテーマです。さらに、Vue.js（v-on）ではイベントオブジェクトをより簡単に利用するために、修飾子と呼ばれるしくみを提供しています。これらのテーマは本格的にアプリを開発するうえでは欠かせないものですが、イベントのより深い理解が前提となるため、3-5節であらためて解説します。

3-2 フォーム関連のディレクティブ

　フロントエンド開発において、フォームはエンドユーザーからの入力を受け取る代表的な手段です。Vue.js はユーザーからの入力を受けて処理を開始し、その結果をテンプレートに反映します。そうした意味では、フォーム開発とは、Vue.js アプリ実行の基点、肝とも言えるでしょう。本節では、フォーム開発の基本となるしくみから、入力要素に応じた具体的な例を紹介していきます。

3-2-1 双方向データバインディング

Vue.jsのフォーム開発について解説する前に、その前提知識となる**双方向データバインディング**について解説しておきます。

2-1-1項などで説明したデータバインディングは、データオブジェクト⇒テンプレートの、いわゆる**片方向データバインディング**です。しかし、双方向データバインディングでは、データオブジェクト⇒テンプレートのデータ反映はもちろん、テンプレート（一般的にはテキストボックスなどの入力）⇒データオブジェクトのデータ反映を可能にします。双方向データバインディングとは、**データオブジェクトとテンプレートの状態を同期するしくみ**と言い換えてもよいでしょう。

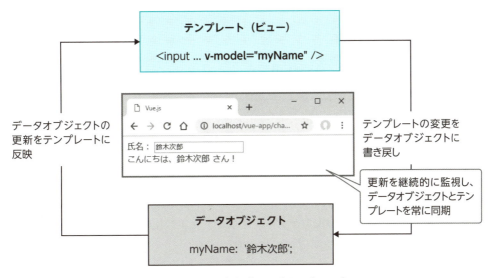

▲ 図 3-11 双方向データバインディング

具体的な例も見てみましょう。たとえば以下は、テキストボックスに入力された名前に応じて、「こんにちは、●○さん！」というあいさつメッセージを生成するサンプルです。

リスト 3-17 form.html　　　　　　　　　　　　　　　　　　　　　　　　　HTML

```
<div id="app">
  <form>
    <label for="name">氏名：</label>
    <input type="text" id="name" v-model="myName" />
  </form>
  <div>こんにちは、{{ myName }} さん！</div>
</div>
```

リスト 3-18　form.js

```js
new Vue({
  el: '#app',
  data: {
    myName: '匿名'
  }
});
```

▲ 図 3-12　入力した名前に応じて、メッセージも変化

　双方向データバインディングを実現しているのは、v-model ディレクティブです。「v-model="myName"」で、テキストボックスとデータオブジェクトの myName プロパティを紐付けているわけです。初期状態で、データオブジェクト側の値がテキストボックスに反映されること、テキストボックスへの入力がデータオブジェクトに反映され、文字列「こんにちは、●○さん！」が更新されることを確認しておきましょう。

> **Note　value 属性は無視される**
>
> v-model を利用した場合、テキストボックスの初期値は紐付いたプロパティの値となります。value 属性を指定しても無視されるので、注意してください。
> 同様に、ラジオボタンまたはチェックボックスの checked 属性、選択ボックスまたはリストボックスの selected 属性も、v-model を利用した場合は無視されます。

　以上、双方向データバインディングの基本を理解したところで、ここからはよく利用されるフォーム要素をデータオブジェクトと連結する例を見ていきます。
　なお、<input> 要素では type 属性を変更することで、数値スピナー、日付入力ボックスなどを表現できます。が、これらはすべて標準的なテキストボックスと同じように処理できるので、本書では解説を割愛します。

3-2 フォーム関連のディレクティブ

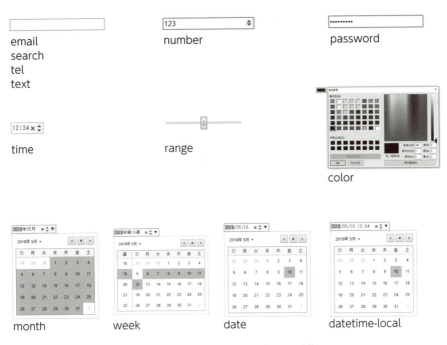

▲ 図 3-13　フォーム要素（type 属性）

3-2-2　ラジオボタン

　ラジオボタンでは、すべての選択オプションに対して、同一の v-model を渡すのがポイントです。これによって、v-model の値と value 属性が等しいオプションが選択状態になります。

リスト 3-19　model_radio.html　　　HTML

```
<div id="app">
  <form>
    <label for="dog">いぬ</label>
    <input type="radio" id="dog" value="いぬ" v-model="pet" />
    <br />
    <label for="cat">ねこ</label>
    <input type="radio" id="cat" value="ねこ" v-model="pet" />
    <br />
    <label for="other">その他</label>
    <input type="radio" id="other" value="その他" v-model="pet" />
  </form>
```

次ページへ続く

```
  <p> ペット：{{ pet }}</p>
</div>
```

リスト 3-20　model_radio.js `JS`

```
new Vue({
  el: '#app',
  data: {
    pet: 'いぬ'
  }
});
```

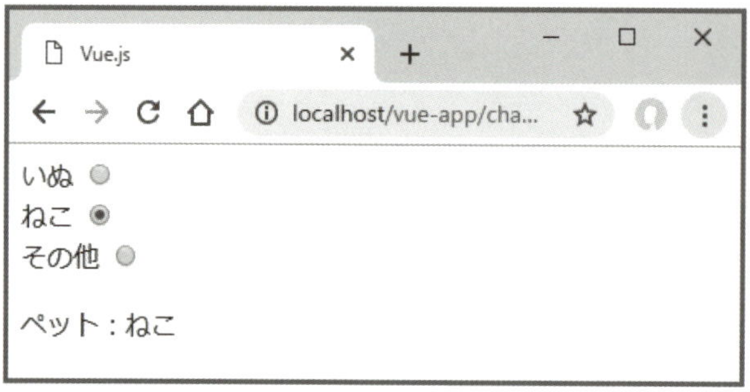

▲ 図 3-14　ラジオボタンの選択値を表示

3-2-3　チェックボックス（単一）

チェックボックスは、単一でオン／オフを表す場合と、リストで複数選択オプションを表す場合とがあります。

まずは、オン／オフを表す場合です。

リスト 3-21　model_check.html `HTML`

```
<div id="app">
  <form>
    <label for="agree">同意する：</label>
    <input type="checkbox" id="agree" v-model="agree" />
  </form>
  <div>回答：{{ agree }} </div>
</div>
```

3-2 フォーム関連のディレクティブ

リスト 3-22 model_check.js `JS`

```js
new Vue({
  el: '#app',
  data: {
    agree : true
  }
});
```

▲ 図 3-15　チェックボックスのオン／オフ状態を表示

　チェックボックスの値は、既定でブール値（true または false）として管理されます。もしも別の値で置き換えたい場合には、true-value または false-value 属性を利用してください。

```html
<input type="checkbox" id="agree" v-model="agree"
  true-value="yes" false-value="no" />
```

3-2-4　チェックボックス（複数）

　複数のチェックボックスを並べる場合には、ラジオボタンの場合と同じく、これらすべてに対して同一の v-model を渡します。

リスト 3-23 model_check_multi.html `HTML`

```html
<div id="app">
  <form>
    <div>お使いのOSは？</div>
    <label for="windows">Windows</label>
```

次ページへ続く

71

```
    <input type="checkbox" id="windows" value="Windows" v-model="os" />
    <label for="linux">Linux</label>
    <input type="checkbox" id="linux" value="Linux" v-model="os" />
    <label for="mac">macOS</label>
    <input type="checkbox" id="mac" value="macOS" v-model="os" />
  </form>
  <p> 回答：{{ os }}</p>
</div>
```

リスト 3-24　model_check_multi.js

```
new Vue({
  el: '#app',
  data: {
    os: [ 'Windows', 'macOS' ]
  }
});
```

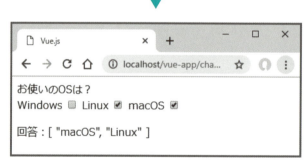

▲ 図3-16　複数のチェックボックスの状態を表示

　チェックボックスが複数選択された場合には、プロパティにも複数の値が配列として格納されます。

3-2-5 選択ボックス

選択ボックスは、ほぼ特筆すべき点はありません。`<select>` 要素に v-model を指定するだけです。

▼ リスト 3-25　model_select.html　　　　　　　　　　　　　　　　　　　　　　　HTML

```html
<div id="app">
  <form>
    <label for="os">お使いのOSは？</label><br />
    <select id="os" v-model="os">
      <option value="">OSを選択してください</option>
      <option>Windows</option>
      <option>Linux</option>
      <option>macOS</option>
    </select>
  </form>
  <p> 回答：{{ os }}</p>
</div>
```

▼ リスト 3-26　model_select.js　　　　　　　　　　　　　　　　　　　　　　　　JS

```js
new Vue({
  el: '#app',
  data: {
    os: ''
  }
});
```

▲ 図 3-17　選択ボックスの選択値を表示

複数選択を可能にした場合に、プロパティには配列が格納される点はチェックボックスと同じです。

リスト 3-27 select_multi.html　　HTML

```html
<select v-model="os" multiple size="3">...</select>
```

リスト 3-28 select_multi.js　　JS

```js
new Vue({
  el: '#app',
  data: {
    os: ['Windows', 'macOS']
  }
});
```

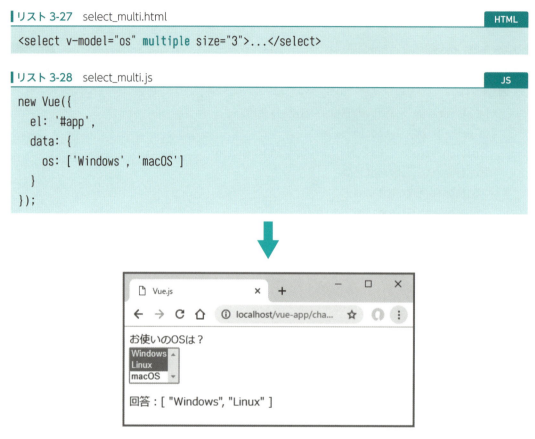

▲ 図 3-18　複数の選択値を反映

▶ 補足：オブジェクトをバインドする

ラジオボタンやチェックボックス、選択ボックスなどには、文字列だけでなくオブジェクトを引き渡すこともできます。

リスト 3-29 model_obj.html　　HTML

```html
<div id="app">
  <form>
    <label for="million">百万：</label>
    <input type="radio" id="million" v-model="unit" v-on:change="onchange"
```

次ページへ続く

```
      v-bind:value="{ name: '百万', size: 1000000 }" /><br />
    <label for="billion">十億：</label>
    <input type="radio" id="billion" v-model="unit" v-on:change="onchange"
      v-bind:value="{ name: '十億', size: 1000000000 }" /><br />
    <label for="trillion">一兆：</label>
    <input type="radio" id="trillion" v-model="unit" v-on:change="onchange"
      v-bind:value="{ name: '一兆', size: 1000000000000 }" />
  </form>
</div>
```

リスト3-30　model_obj.js

```
new Vue({
  el: '#app',
  data: {
    unit: {}
  },
  methods: {
    // 選択されたオプションの値をログに出力
    onchange: function() {
      console.log(this.unit.name + ' : ' + this.unit.size);
    }
  }
});
```

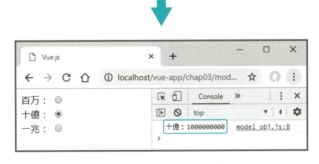

▲ 図3-19　選択されたラジオボタンの値をログに出力

　value属性にバインドしたオブジェクトがログにも反映されていることが確認できます。選択ボックスであれば、オブジェクトは<option>要素のvalue属性にバインドします。

3-2-6 ファイル入力ボックス

　他のフォーム要素と異なり、ファイル入力ボックスはアプリから値が設定されることはありません（ユーザーが指定した値をアプリが受け取るだけで、アプリが特定のファイルを指定することはできません）。よって、双方向データバインディングという概念もなく、change などのイベントを受けて処理を実行します。

リスト 3-31　model_file.html `HTML`

```html
<div id="app">
  <form>
    <input ref="upfile" type="file" v-on:change="onchange" />        ❶
  </form>
  <div>{{ message }}</div>
</div>
```

リスト 3-32　model_file.js `JS`

```js
new Vue({
  el: '#app',
  data: {
    message: ''
  },
  methods: {
    onchange: function() {
      // アップロードファイルを準備
      let fl = this.$refs.upfile.files[0];        ❷
      let data = new FormData();
      data.append('upfile', fl, fl.name);          ❸
      // サーバーにデータを送信
      fetch('upload.php', {
        method: 'POST',
        body: data,                                 ❹
      })
      // 成功時には結果を表示
      .then(function (response) {
        return response.text();
      })
      .then(function (text) {
```

次ページへ続く

```
      this.message = text;
    })
    // 失敗時にはエラーメッセージをダイアログ表示
    .catch(function (error) {
      window.alert('Error: ' + error.message);
    });
  }
 }
});
```

▲ 図 3-20　指定されたファイルをアップロード

　`<input type="file">` 要素には、後でイベントハンドラーからアクセスできるように、ref 属性で名前を付けておきます（❶）。ref 属性は Vue.js で予約された特殊な属性で、ここで命名された要素は、イベントハンドラーなどから「this.$refs. 名前」の形式でアクセスできるようになります（❷）。

> **Note** **ref 属性の意味**
>
> 要素にアクセスするのであれば、id、name、class 属性をキーに document.getElementById などのメソッドを利用すればよい、と思われるかもしれません。
> それは可能ですが、望ましくありません。というのも、id、name、class 属性を利用するということは、コードの側がテンプレートの構造を把握していなければならない、ということだからです。それは、ソフトウェア工学における「関心の分離」という観点からも望ましくありませんし、単体テストを難しくする要因ともなります。
> しかし、ref 属性を利用することで、コード側は this.$refs を介して、要素オブジェクトが渡ってくることだけを意識すればよいので、コードがよりシンプルになります。テンプレートとコードとは、まずはデータオブジェクトでもってデータ交換すべきですが、やむを得ず、要素にアクセスしたい場合にも ref 属性を利用するようにしてください[5]。

---

[5] ただし、その場合も $refs 経由でデータを更新してはいけません（参照に限定すべきです）。$refs 経由での更新は、後で Vue.js 本来のデータバインディングによって上書きされる可能性があるからです。

$refs 経由で取得した <input type="file"> 要素からは、files プロパティを参照することで指定されたファイルを取得できます。

files プロパティは、戻り値としてアップロードされたファイル群を、FileList オブジェクトとして返します（アップロードされたファイルがひとつであったとしても **FileList** です[*6]）。ここでは、ファイルがひとつであることを前提としているので、決め打ちでリスト先頭のファイル（File オブジェクト）を取得します。

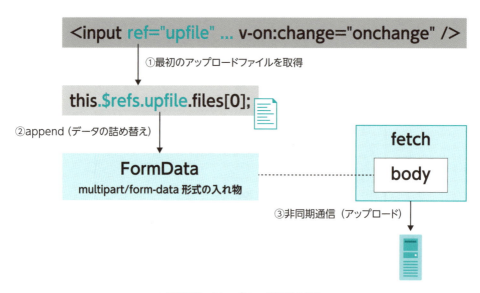

▲ 図 3-21　アップロード処理の流れ

ただし、File オブジェクトのままではアップロードできないので、送信のための形式（FormData オブジェクト）に変換しておきます（❸）。FormData は、multipart/form-data 形式のフォームデータを、キーと値の形式で表現します。

FormData にファイル（データ）を追加するのは、append メソッドの役割です。

▼ **構文：append メソッド**

append(*name*, *value* [,*file*])
name　：キー名 *value*　：値 *file*　：ファイル名

[*6] 複数のファイルを選択できるようにするには、<input type="file"> 要素で multiple 属性を指定します。

3-2　フォーム関連のディレクティブ

以上でファイルを送信するための準備は完了です。後は、fetch メソッドで、サーバー（upload.php）にデータを送信するだけです（❹）。fetch メソッドについては 11-3-4 項で詳しく解説するので、ここではアップロードデータは body オプションに渡す、とだけ覚えておきましょう。送信先の upload.php については、本書の守備範囲を外れるので、解説は割愛します。完全なコードは、ダウンロードサンプルを参照してください。

3-2-7　バインドの動作オプションを設定する

v-model ディレクティブではさまざまな修飾子が用意されており、バインド時の挙動を細かく制御できるようになっています。**修飾子**とは、ディレクティブ（属性名）の後方に、ピリオド（.）区切りで付与する追加情報です。たとえば「v-model.number="..."」のように表します。「v-model.number.lazy」のように、複数連結しても構いません。

▶ 入力値を数値としてバインドする 〜 .number 修飾子

.number 修飾子を利用することで、テキストボックスへの入力値を（文字列ではなく）数値としてプロパティにバインドできます。ユーザーからの入力値は、既定で文字列と見なされますが[7]、.number 修飾子を利用することで、コード側での数値変換が不要になります。

リスト 3-33　model_number.html　　　　　　　　　　　　　　　　　　　HTML

```html
<div id="app">
  <form>
    <label for="temperature">サウナの温度：</label>
    <input type="text" id="temperature" v-model.number="temperature"
      v-on:change="onchange" />
  </form>
</div>
```

リスト 3-34　model_number.js　　　　　　　　　　　　　　　　　　　　　JS

```js
new Vue({
  el: '#app',
  data: {
    temperature: 0
  },
```

次ページへ続く

---

[7]　これは、数値入力ボックス（type="number"）からの入力でも同様です。

79

```
  methods: {
    // 入力値を小数点以下1位に丸め、ログ出力
    onchange: function() {
      console.log(this.temperature.toFixed(1));  ――――❶
    }
  }
});
```

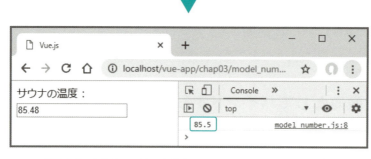

▲ 図 3-22 入力された値を小数点以下１位に丸めたものをログ出力

確かに入力された値が数値として扱えている（= Number オブジェクトの toFixed メソッドを呼び出せている）ことを確認してください。.number 修飾子がない場合、toFixed メソッドの呼び出しは「Uncaught TypeError: this.temperature.toFixed is not a function」のようなエラーとなります。

▶ 入力値の前後の空白を除去する 〜 .trim 修飾子

.trim 修飾子を利用することで、入力値をプロパティにバインドする前に、前後の空白を除去できます。

以下は、入力された文字列から空白を除去したうえで、ログに出力する例です。

リスト 3-35 model_trim.html

```html
<div id="app">
  <form>
    <label for="memo">メモ：</label>
    <input type="text" id="memo" v-model.trim="memo"
      v-on:change="onchange" />
  </form>
</div>
```

リスト 3-36　model_trim.js

```js
new Vue({
  el: '#app',
  data: {
    memo: ''
  },
  methods: {
    // 入力値をログに出力
    onchange: function() {
      console.log('入力値は「' + this.memo + '」です。');
    }
  }
});
```

▲ 図 3-23　入力値から空白が除去されている

3-2-8　バインドのタイミングを遅延させる 〜 .lazy 修飾子

　v-model によるバインドの既定タイミングは input イベントの発生時です。つまり、キー入力のタイミングで即座にバインドします[*8]。これを change イベント――変更後、フォーム要素からフォーカスが移動したタイミング――でバインドさせるのが、.lazy 修飾子の役割です。

リスト 3-37　model_lazy.html

```html
<div id="app">
  <form>
    <label for="name">氏名：</label>
```

次ページへ続く

[*8]　ただし、日本語（IME を介した）入力では、テキスト更新のタイミングです。

```
      <input type="text" id="name" v-model.lazy="myName" />
    </form>
    <div>こんにちは、{{ myName }} さん！</div>
</div>
```

リスト 3-38 model_lazy.js
JS

```
new Vue({
  el: '#app',
  data: {
    myName: '匿名'
  }
});
```

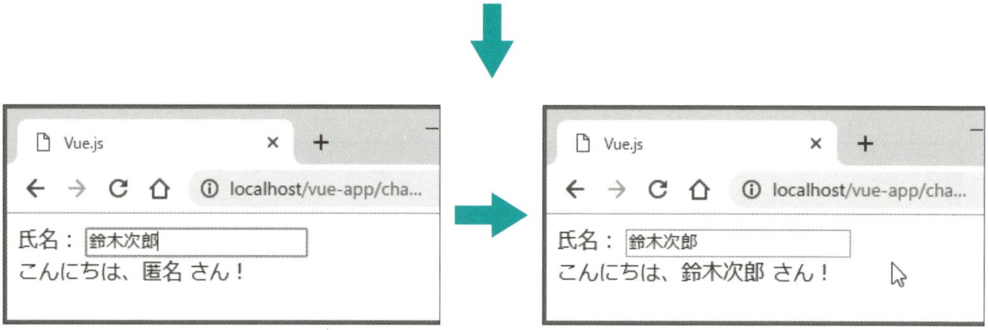

▼ 図 3-24　フォーカスが外れたタイミングで入力値が変化

3-2-9　双方向データバインドのカスタマイズ

　双方向データバインドの理解を深めるために、最後に v-model を利用せずに双方向データ
バインドを実装してみましょう。

　v-model ディレクティブは、内部的には、v-bind や v-on:input の別記法です。よって、以
下の2行のコードは意味的に等価です。

```
<input v-model="str" />
<input v-bind:value="str" v-on:input="str=$event.target.value" />
```

　input イベントで、入力値（$event.target.value）を str プロパティにバインドし、value
属性に str プロパティをバインドしているわけです。もちろん、一般的には v-model を使っ
たほうがシンプルですが、v-model では事足りない場合があります。

それは、入力された値をプロパティにバインドする際になんらかの処理を挟みたい場合です。そのような場合には、v-bind:value や v-on:input の組み合わせを利用します。

たとえば以下は、入力されたメールアドレス（セミコロン区切り）を分割し、配列として mails プロパティに反映させる例です（本来であれば、算出プロパティなどを利用すべきですが、簡単化のためにテンプレート内でコードを記述しています）。

リスト 3-39 model_custom.html　HTML

```html
<div id="app">
  <form>
    <label for="mail">メールアドレス：</label>
    <textarea id="mail" v-bind:value="mails.join(';')"
      v-on:input="mails=$event.target.value.split(';')"></textarea>
  </form>
  <ul>
    <li v-for="mail in mails">
      {{ mail }}
    </li>
  </ul>
</div>
```

❶ ❷ ❸

リスト 3-40 model_custom.js　JS

```js
new Vue({
  el: '#app',
  data: {
    mails: [],
  }
});
```

▲ 図 3-25　入力されたメールアドレスをリスト表示

まず、❶が「テンプレート→データオブジェクト」方向のデータの流れです。入力されたセミコロン区切りの文字列をsplitメソッドで分割し、mailsプロパティに反映させます。

配列化されたmailsプロパティの内容は、❷で再びjoinメソッドで連結したうえで、<textarea>要素にバインドしています。「データオブジェクト→テンプレート」方向の流れです。

❶、❷の組み合わせによって、v-model相当の双方向データバインディングを実装していることを確認してください。

なお、v-forによる配列の展開（❸）については、この後に解説します。ここでは、配列をもとに<ul>、<li>リストを作成している、とだけ理解しておきましょう。

3-3 制御関連のディレクティブ

本節では、条件分岐やループなどの制御にかかわるディレクティブについて解説します。JavaScriptのifおよびfor命令に相当する機能で、動的なテンプレートの組み立てには欠かせません。

3-3-1 式の真偽に応じて表示と非表示を切り替える ～ v-if

v-ifは、JavaScriptのif命令に相当するディレクティブです。指定された条件式がtrueの場合にだけ、現在の要素を出力します。

たとえば以下は、チェックボックスのオン／オフに対して、<div id="panel">要素の表示と非表示を切り替える例です。

リスト 3-41 if.html `HTML`

```html
<div id="app">
  <form>
    <!--チェックボックスをshowに紐付け-->
    <label for="show">表示／非表示</label>
    <input type="checkbox" id="show" v-model="show" />
  </form>
  <!--showプロパティの値に応じて、パネルの表示／非表示を切り替え-->
  <div id="panel" v-if="show">
    <h3>RSSフィードについて</h3>
    <div>WINGSでは、弊社執筆の書籍／雑誌／Web記事の...</div>
```

次ページへ続く

84

3-3 制御関連のディレクティブ

```
    </div>
  </div>
```

リスト 3-42　if.js　　　　　　　　　　　　　　　　　　　　　　　　　`JS`

```js
new Vue({
  el: '#app',
  data: {
    // パネルの表示状態を表すフラグ
    show: true
  }
});
```

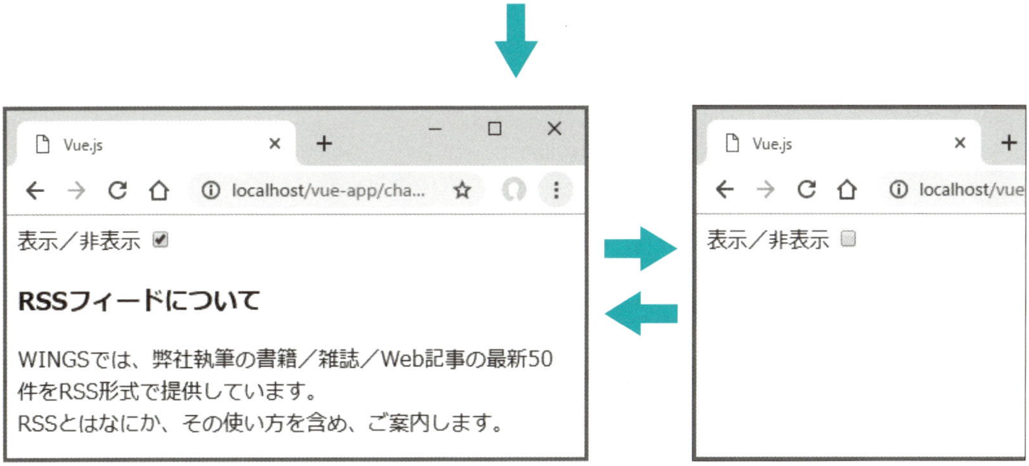

▲ 図 3-26　チェックボックスのオン／オフでパネルの表示を切り替え

　v-if には true や false として評価できる式を指定します。この例では、データオブジェクトの show プロパティを渡しています。show プロパティはチェックボックスに紐付いているので、結果として、チェックボックスのオン／オフに応じてパネルの表示と非表示も切り替わるというわけです。

▶ 式が false の場合の表示を定義する

　条件式が true のときだけでなく、false のときにもなんらかのコンテンツを表示したい場合には、v-else ディレクティブを利用します。
　たとえば以下は、リスト 3-41 の if.html を修正して、チェックボックスをオフにした場合は「現在、非表示状態です。」というメッセージを表示します。

85

リスト 3-43 if.html（修正版） `HTML`

```
<div id="panel" v-if="show">
  ...中略...
</div>
<div v-else>現在、非表示状態です。</div>
```

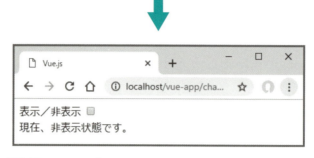

▲ 図 3-27　チェックボックスをオフにすると、非表示メッセージを表示

v-else は、v-if（または後述する v-else-if）の直後に置かれていなければなりません。

▶ 複数の分岐を表現する

if...else if に相当するディレクティブもあります。v-else-if ディレクティブです。v-else-if は v-if の直後に複数列記でき、いわゆる多岐分岐を表すために利用できます。

たとえば以下は、選択ボックスでの選択に応じて、パネルの表示を切り替える例です。

リスト 3-44 if_else.html `HTML`

```
<div id="app">
  <form>
    <label for="holiday">祝日：</label><br />
    <select id="holiday" v-model="holiday">
      <option value="">祝日を選択してください。</option>
      <option value="new">元日</option>
      <option value="child">こどもの日</option>
      <option value="culture">文化の日</option>
      <option value="labor">勤労感謝の日</option>
    </select>
  </form>
```

次ページへ続く

3-3　制御関連のディレクティブ

```
  <div v-if="holiday==='new'">1月1日。年のはじめを祝う</div>
  <div v-else-if="holiday==='child'">5月5日。こどもの人格を重んじ...</div>
  <div v-else-if="holiday==='culture'">11月3日。自由と平和を愛し...</div>
  <div v-else-if="holiday==='labor'">11月23日。勤労をたつとび...</div>
  <div v-else>なにも選択されていません。</div>
</div>
```

リスト 3-45 if_else.js　　　　　　　　　　　　　　　　　　　　　　　　`JS`

```
new Vue({
  el: '#app',
  data: {
    holiday: ''
  }
});
```

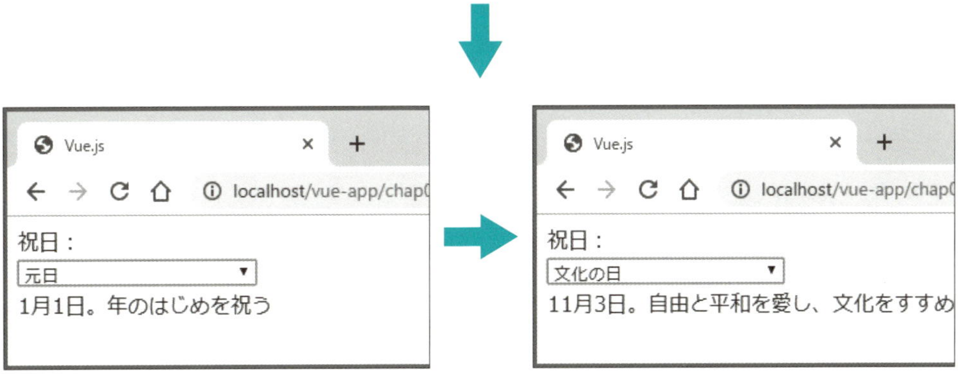

▲ 図 3-28　選択ボックスに応じてメッセージを切り替え

▶ 注意：要素の再利用による問題

　v-else-if および v-else で文書ツリーを切り替え表示するようになると、前の要素の状態
が残るなど、思わぬ挙動に遭遇することがあります。

　具体的には、以下のような例を見てみましょう。ラジオボタンで［支払方法］を切り替えると、
［カード番号］［口座番号］の入力ボックスが切り替わる、よくある仕掛けです。

リスト 3-46 if_key.html（意図したように動作しない版）　　　　　　　　　　`HTML`

```
<div id="app">
```

次ページへ続く

3
ディレクティブ

87

```
  <fieldset>
    <legend>支払方法</legend>
    クレジットカード：
    <input type="radio" name="pay" value="credit" v-model="pay" />
    銀行振込：
    <input type="radio" name="pay" value="bank" v-model="pay" />
    <hr />
    <!--支払方法に応じて、入力ボックスを切り替え-->
    <div v-if="pay === 'credit'">
      カード番号：
      <input type="text" />
    </div>
    <div v-else-if="pay === 'bank'">
      口座番号：
      <input type="text" />
    </div>
  </fieldset>
</div>
```

リスト 3-47 if_key.js　　　　　　　　　　　　　　　　　　　　　　　`JS`

```
new Vue({
  el: '#app',
  data: {
    pay: 'credit'        // 支払方法
  }
});
```

　よくありそうなコードですが、これは意図したようには動作しません。たとえばクレジットカード情報を入力して、銀行振込に切り替えると、カード番号がそのまま残ってしまうのです。

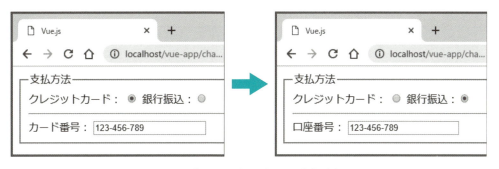

▲ 図 3-29　入力ボックスを切り替えても内容が残ってしまう

　これは、Vue.js が描画効率を上げるために、変化していない（と思われる）要素を再利用してしまうからです[*9]。この例であれば、リスト 3-46 の太字で示した要素を同じと見なして、Vue.js は据え置きます。

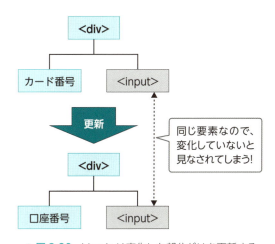

▲ 図 3-30　Vue.js は変化した部分だけを更新する

　結果、切り替え前後の入力値がそのまま残ってしまうわけです。もちろん、このような状況は望ましくないので、要素同士を Vue.js が明確に区別できるようにしておくべきです。

　これには、対象の要素に対して特別な属性として key を指定してください。key 属性には、要素を一意に識別するためのキー文字列を渡します（区別できれば、値そのものはなんでも構いません）。

[*9]　描画のしくみ（リアクティブシステム）については、2-3-1 項も併せて参照してください。

リスト 3-48　if_key.html（修正版）　　　　　　　　　　　　　　　　　　　HTML

```html
<div v-if="pay === 'credit'">
  カード番号：
  <input type="text" key="credit" />
</div>
<div v-else-if="pay === 'bank'">
  口座番号：
  <input type="text" key="bank" />
</div>
```

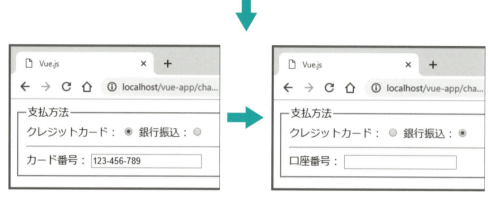

▲ 図 3-31　入力ボックスを切り替えると内容が消えるようになる

3-3-2　式の真偽に応じて表示／非表示を切り替える 〜 v-show

　v-show ディレクティブは、与えられた条件式が true の場合にだけ、現在の要素を表示します。一見して、v-if と同じに見えますが、もちろん双方は異なるものです。

　まずは、v-if のサンプル（リスト 3-41 の if.html）を実行し、Chrome のデベロッパーツールの［Elements］タブから文書ツリーの変化を確認してみましょう。

3-3 制御関連のディレクティブ

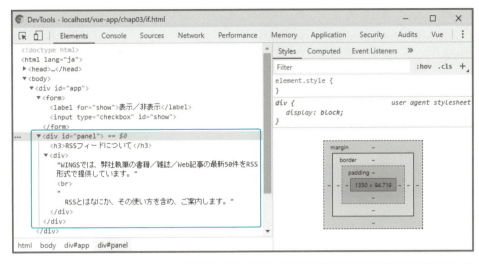

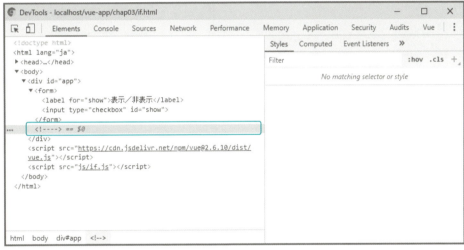

▲ 図 3-32　上：パネルが表示状態のとき／下：非表示のとき

　v-if の世界では、パネルが非表示になったとき、要素そのものが文書ツリーから破棄されていることが確認できます[*10]。逆に言えば、v-if は条件式が true になるまで要素を出力しません（遅延描画）。

　その性質上、v-if は頻繁に表示と非表示を切り替える場合に、描画コストが高まるおそれがあります。そのような状況では、v-show を利用してください。以下は、P.84 の if.html を v-show で書き換えた例です。

[*10] 非表示のコンテンツを文書ツリーに残しておくことは、リソースの無駄遣いです。

リスト 3-49　if.html（修正版 2）　　　　　　　　　　　　　　　　　　　　　　HTML

```
<div id="panel" v-show="show">
  ...中略...
</div>
```

この状態でサンプルを実行し、同じくデベロッパーツールを確認してみましょう。

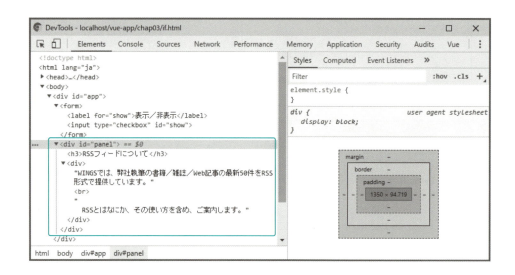

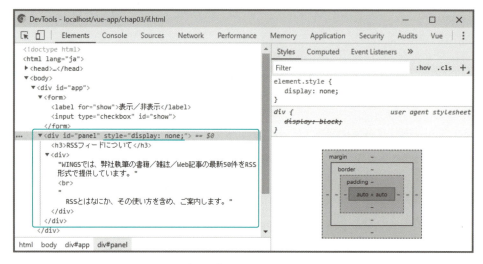

▲ 図 3-33　上：パネルが表示状態のとき／下：非表示のとき

今度は要素そのものは常に文書ツリーに組み込まれた状態で、スタイルシート（display プ

ロパティ）によってのみ表示と非表示が切り替わっていることが確認できます。

以上から、一般的には、以下の基準で v-show と v-if を使い分けてください。

- 表示と非表示を頻繁に切り替えるコンテンツには v-show
- 最初に表示（非表示）にしたらめったに変更しないものは v-if

3-3-3 配列やオブジェクトを繰り返し処理する ～ v-for

v-for ディレクティブは、指定された配列やオブジェクトから順に要素を取り出し、その内容をループ処理します。JavaScript の for 命令に相当します。

さまざまな構文があるので、具体的な例とともに用法を見ていきましょう。

▶ 配列から要素を順に取得する

たとえば以下は、あらかじめ用意された書籍情報（オブジェクト配列）から書籍リストを生成するサンプルです。

リスト 3-50 for.html　　　　　　　　　　　　　　　　　　　　　`HTML`

```html
<link rel="stylesheet"
  href="https://stackpath.bootstrapcdn.com/bootstrap/4.3.1/css/bootstrap.min.css" />*11
  ...中略...
<div id="app">
  <table class="table">
    <th>ISBN</th><th>書名</th><th>価格</th>
    <tr v-for="b in books">
      <td>{{ b.isbn }}</td>
      <td>{{ b.title }}</td>
      <td>{{ b.price }}円</td>
    </tr>
  </table>
</div>
```

リスト 3-51 for.js　　　　　　　　　　　　　　　　　　　　　　　`JS`

```js
new Vue({
  el: '#app',
```

次ページへ続く

---

*11 Bootstrap（**https://getbootstrap.com/**）は CSS フレームワークの一種で、class 属性を付与するだけで見栄えのするデザインを手軽に適用できます。ここでは表組みのスタイル付けに利用しています。

```
  data: {
    books: [
      {
        isbn: '978-4-7981-5757-3',
        title: 'JavaScript逆引きレシピ',
        price: 2800
      },
      ...中略...
    ]
  }
});
```

▲ 図 3-34　オブジェクト配列 books をもとにリストを生成

v-for ディレクティブの構文は、以下のとおりです。

▼ 構文：v-for ディレクティブ

<*element* v-for="*item* in *list*">...</*element*>

element：任意の要素
item　 ：仮変数
list　 ：任意の配列

この例では、配列 books（引数 *list*）から順に書籍オブジェクトを取り出し、仮変数 b（引数 *item*）に格納します。配下では、「b.isbn」のような形式で、オブジェクトのプロパティ

値にアクセスできます。v-forでは、これを配列の中身がなくなるまで繰り返すわけです。

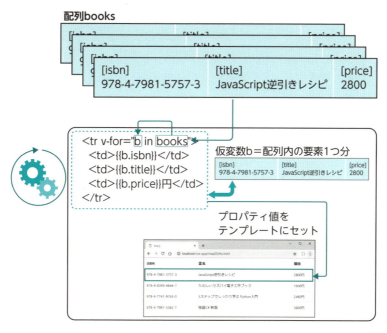

▲ 図3-35 v-forディレクティブによる出力

なお、v-forの中の式は「*item in list*」の代わりに「*item of list*」とすることも可能です。ofは、ECMAScript 2015のfor...ofにも近い構文なので、こちらのほうが直観的に理解しやすいかもしれません。

▶ インデックス番号を取得する

v-forの仮変数には、既定で配列要素がセットされます。しかし、仮変数を2個用意することで「配列要素，インデックス番号」の順にセットすることも可能です。先ほどのリスト3-50を書き換えて、インデックス番号でNo.を振ってみましょう。インデックス番号は0から始まるので、+1している点にも注目です。

リスト3-52　for_index.html　　　　　　　　　　　　　　　　　　　　　　　HTML

```
<tr v-for="(b, i) in books">
  <td>{{i + 1}}</td>
    ...中略...
</tr>
```

▲ 図 3-36　インデックス番号をもとに No. を振る

▶ オブジェクトのプロパティを順に処理する

　v-for では、配列要素だけでなく、オブジェクトのプロパティを順に処理することもできます。以下は、オブジェクト book の内容を順にリスト表示する例です。

リスト 3-53　for_obj.html　　　　　　　　　　　　　　　　　　　　　　　　　　　**HTML**

```html
<div id="app">
  <ul v-for="(value, key, i) in book">
    <li>{{ key }} : {{ value }}</li>
  </ul>
</div>
```

リスト 3-54　for_obj.js　　　　　　　　　　　　　　　　　　　　　　　　　　　　　**JS**

```js
new Vue({
  el: '#app',
  data: {
    book: {
      isbn: '978-4-7981-5757-3',
      title: 'JavaScript逆引きレシピ',
      price: 2800
    }
  }
});
```

▲ 図 3-37 オブジェクト book の内容を順に列挙

オブジェクトを扱う場合、仮変数は最大 3 個（先頭から順に「値、キー名、インデックス番号」）受け取れます。この例では、先頭から順に value、key、i で表しています。ただし、キー名、インデックス番号は不要であれば、省略しても構いません。

> **Note　プロパティの列挙順**
>
> プロパティの列挙順は、Object.keys メソッドの戻り値に依存します。ただし、keys メソッドによる列挙順序は、ブラウザーの実装によって変動する可能性があります。必ずしも定義順に並ぶわけではないので、注意してください。

▶ 数値を列挙したい場合

v-for では、配列やオブジェクトの代わりに、整数値を渡すこともできます。この場合、v-for は 1 〜指定値の間で値を変化させながら、ループを繰り返します（いわゆる JavaScript の一般的な for ループです）。

リスト 3-55　for_num.html　　　　　　　　　　　　　　　　　　　　　　　　　　HTML
```html
<div id="app">
  <span v-for="i in 5">{{ i * 2 }} </span>
</div>
```

リスト 3-56　for_num.js　　　　　　　　　　　　　　　　　　　　　　　　　　　JS
```js
new Vue({
  el: '#app'
});
```

▲ 図 3-38　数値を列挙

3-3-4　v-for によるループ処理の注意点

　以上が、v-for ディレクティブの基本的な用法です。ただし、v-for ディレクティブは、よく利用するディレクティブだけに、利用にあたっては注意点もあります。以下に、その主なものをまとめます。

▶ 配列の絞り込みには算出プロパティを利用する

　たとえば価格が 2500 円以上の書籍情報だけを列挙したい場合には、以下のようにします。

リスト 3-57　for_filter.html　　　　　　　　　　　　　　　　　　　　　　　　　　HTML

```html
<div id="app">
  <table class="table">
    <th>ISBN</th><th>書名</th><th>価格</th>
    <tr v-for="b in expensiveBooks">
      ...中略...
    </tr>
  </table>
</div>
```

リスト 3-58　for_filter.js　　　　　　　　　　　　　　　　　　　　　　　　　　　JS

```js
new Vue({
  el: '#app',
  data: {
    books: [{
      ...中略...
    }]
```

次ページへ続く

```
  },
  // 2500円以上の書籍情報を取得する算出プロパティ
  computed: {
    expensiveBooks: function() {
      return this.books.filter(function(b) {       ─────❶
        return b.price >= 2500;
      })
    }
  }
});
```

▲図3-39　2500円以上の書籍だけを取得

❶のfilterはJavaScript標準のメソッドで、コールバック関数の条件に合致する（＝戻り値がtrueである）要素だけを返します。算出プロパティexpensiveBooksは、filterメソッドの戻り値を返すことで、フィルター済みの配列をv-forに渡しています。

> **Note　ソートも同じように**
> 配列をソートしたうえで列挙したい、という場合にも、同じように算出プロパティを利用できます。算出プロパティ経由で、ソート済みの配列を返すようにするわけです。
> 算出プロパティを利用できない状況では、メソッドを利用しても構いません。

別解として、v-forやv-ifを併用する方法もあります。たとえばリスト3-57のfor_filter.htmlは、以下のように表してもほぼ同じ意味です。同じ要素にv-forとv-ifを併記した場合、**v-for ⇒ v-ifの優先順**で処理されるわけです。

リスト 3-59 for_filter.html（別解）　`HTML`

```html
<tr v-for="b in books" v-if="b.price >= 2500">
```

ただし、通常はこのような記述は避けてください。条件式が複雑になった場合にテンプレートの見通しも悪化しますし[12]、なにより常にフィルター前の配列をループ処理するので、処理効率がよくありません。

Note　ループそのものをスキップするならば

ループの実行そのものをスキップする目的であれば、v-if は v-for を配置した要素のラッパー（親要素）に対して記述します。たとえば以下は、配列 books が空でない場合にだけループを実行するためのコードです。

```html
<table class="table" v-if="books.length">
  <th>ISBN</th><th>書名</th><th>価格</th>
  <tr v-for="b in expensiveBooks">...</tr>
</table>
```

▶ 異なる要素のセットを繰り返し出力する 〜 <template> 要素

v-for は、それが指定された開始タグから終了タグまでをひとつの塊として、要素を繰り返し出力します。その性質上、複数の要素セットをそのまま v-for で出力することはできません。たとえば以下のコードであれば、<header> 要素だけが繰り返しの対象となり、<div> および <footer> 要素はループの外です。

```html
<header v-for="a in articles">...</header>  ——— 繰り返しの対象となるのはここだけ
<div>...</div>
<footer>...</footer>
```

もしも <header> に加え、<footer> 要素までをループの対象としたい場合、まずは以下のような方法があります。

```html
<div v-for="a in articles">
  <header>...</header>
```

次ページへ続く

---

[12] v-for と v-if の優先順序を意識しなければならない状態も好ましくありません。

3-3 制御関連のディレクティブ

```
  <div>...</div>
  <footer>...</footer>
</div>
```

　ループの対象を便宜的な `<div>` 要素で束ねるわけです。ただし、`v-for` の都合で、本来のマークアップとしては無駄な `<div>` 要素を一段挟み込むのは望ましい状態ではありません。このような状況では、`<template>` 要素を利用します。`<template>` は、その名のとおり、テンプレートを定義するための要素で、それそのものは出力されません。複数の要素を束ねるためだけの役割を担います。

リスト 3-60 for_multi.html `HTML`

```html
<div id="app">
  <template v-for="s in songs">
    <header>{{ s.title }}</header>
    <div>{{ s.lyrics }}</div>
    <footer>{{ s.composer }} 作曲</footer>
  </template>
</div>
```

リスト 3-61 for_multi.js `JS`

```js
new Vue({
  el: '#app',
  data: {
    songs: [
    {
      title: '赤とんぼ',
      lyrics: '夕焼け小焼けの赤とんぼ...',
      composer: '山田耕作'
    },
    ...中略...
    ]
  }
});
```

101

```
<header>赤とんぼ</header>
<div>夕焼け小焼けの赤とんぼ...</div>
<footer>山田耕作 作曲</footer>
<header>荒城の月</header>
<div>春高楼の花の宴 巡る盃影さして...</div>
<footer>瀧廉太郎 作曲</footer>
<header>どんぐりころころ</header>
<div>どんぐりころころ どんぶりこ...</div>
<footer>梁田貞 作曲</footer>
<header>七つの子</header>
<div>烏 なぜ啼くの 烏は山に...</div>
<footer>本居長世 作曲</footer>
```

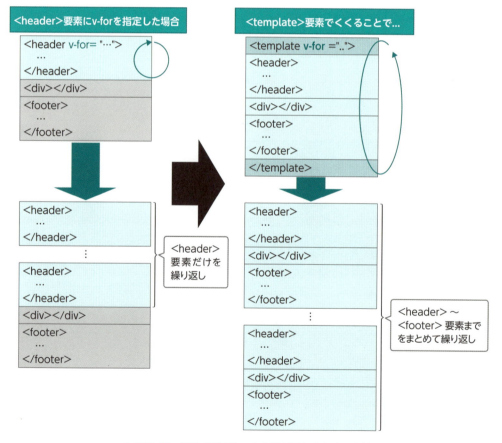

▲ 図 3-40　複数の要素セットを繰り返し出力する方法

3-3 制御関連のディレクティブ

> **Note** **`<template>` 要素は `v-if` でも利用できる**
>
> `<template>` 要素は、`v-if` で複数の要素を束ねる場合も同様に利用できます。
>
> ```html
> <template v-if="songs[0].title">
>   <header>{{ songs[0].title }}</header>
>   {{ songs[0].lyrics }}
>   <footer>{{ songs[0].composer }} 作曲</footer>
> </template>
> ```

3-3-5 配列の変更を反映する ～ 変更メソッド

Vue.js では、配列の既存の要素を書き換えた場合、これを検出することはできません（配列への参照そのものは変化しないためです）。よって、以下のようなコードは正しく動作しません。

リスト 3-62 for_change.html `HTML`

```html
<div id="app">
  <form>
    <input type="button" value="変更" v-on:click="onclick" />
  </form>
  <ul>
    <li v-for="item in list">{{ item }}</li>
  </ul>
</div>
```

リスト 3-63 for_change.js（正しく動作しない版） `JS`

```js
new Vue({
  el: '#app',
  data: {
    list: [ '赤パジャマ', '青パジャマ', '黄パジャマ' ]
  },
  methods: {
    // ボタンクリック時に2番目の要素を変更
    onclick: function() {
      this.list[1] = '茶パジャマ';
```

次ページへ続く

103

```
      }
    }
});
```

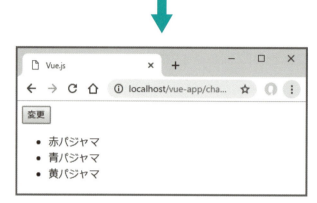

▲ 図 3-41　ボタンをクリックしてもリストの内容が反映されない

　配列への変更を Vue.js に伝達するには、Vue.set メソッドを利用してください。リスト 3-63 の太字部分を以下のように書き換えます[13]。

```
Vue.set(this.list, 1, '茶パジャマ');
```

　set メソッドは、更新を Vue.js に通知してくれるので、今度は正しく変更が画面にも反映されるはずです。あるいは、以下のように書いても同じ意味です。

```
this.list.splice(1, 1, '茶パジャマ');
```

　splice は Array 標準のメソッドですが、Vue.js によってラップされており、配列の変更を Vue.js に通知します。その他、Vue.js によって拡張された配列メソッドには、以下のようなものがあります。

---

[13] Vue.set メソッドは Vue オブジェクトの $set インスタンスメソッドのエイリアスです。「this.$set(...);」としても同じ意味です。

メソッド	概要
push(*elem*,...)	末尾に要素を追加
pop()	末尾の要素を削除
shift()	先頭の要素を削除
unshift(*elem*,...)	先頭に要素を追加
splice(*start* [,*count* [,*elem1* [,*elem2* ....]]])	*start* 番目から *count* 個の要素を *elem1*、*elem2*... 要素で置換
sort()	要素を順番に並び替え
reverse()	要素の並び順を反転

▲ 表 3-4　変更系の配列メソッド

Note　変更しないメソッド

表 3-4 で挙げたメソッドは、元の配列を変更する、いわゆる変更メソッドです。一方、filter、slice のように元の配列を変更しない（処理結果の配列を戻り値として返す）メソッドもあります。このようなメソッドを利用する場合には、以下のように戻り値を元のプロパティに書き戻すようにします。

```
this.list = this.list.concat('茶パジャマ');
```

3-3-6　配列要素の追加／削除を効率的に行う

先ほどのリスト 3-63 の太字部分を以下のように修正したうえで、Chrome のデベロッパーツールの［Elements］タブを開いた状態で実行してみましょう。

リスト 3-64　for_change.js（修正版）　　JS

```
// 配列の先頭要素を削除
this.list.shift();
```

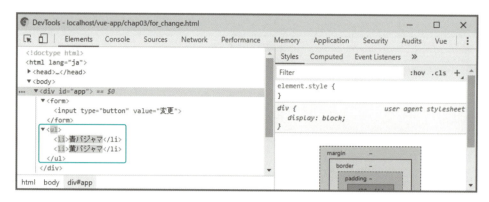

▲ 図 3-42 ［変更］ボタンをクリックすると、すべての項目が再生成される

`<ul>`および`<li>`要素に注目すると、要素が削除されるだけでなく、すべての`<li>`要素がピンクに点灯する（＝再生成された）ことが確認できるはずです。Vue.jsからは**どの項目が**削除されたかは識別できないので、配列からリスト全体を生成しているわけです。これは、このサンプル程度のデータ量であれば問題ありませんが、より大きなリストでは無視できないオーバーヘッドとなります。

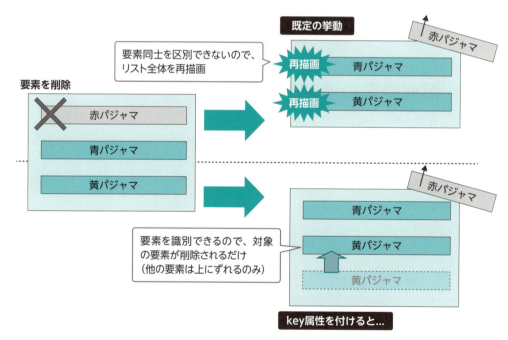

▲ 図 3-43 配列を操作したときの挙動

そこで登場するのが、予約属性である key です。key は、要素を識別するためのキー情報を

Vue.js に通知するための属性です。テンプレート（リスト 3-62）を修正してみましょう。

リスト 3-65 for_change.html（修正版） `HTML`

```html
<ul>
  <li v-for="item in list" v-bind:key="item">{{ item }}</li>
</ul>
```

key 属性には、要素を一意に識別できるならば任意の文字列や数値を渡せます[14]。ここでは、配列の要素値をそのまま渡していますが、一般的には、データ個々を識別するための id 値を渡すことになるでしょう（要素値そのものは、必ずしも一意を保証できるとは限りません）。

> **Note** **インデックス値は不可**
>
> 配列であれば、インデックス値が一意になるではないか、と思われるかもしれませんが、これは不可です。というのも、インデックス値は一意ですが、要素の追加や削除、ソートによって、変化する可能性があるからです。

テンプレートを修正した状態で、デベロッパーツールの［Elements］タブを開いたまま、サンプルを実行してみると、どうでしょう。今度は、該当の要素だけが削除され、他の要素は維持される（＝他の <li> 要素はピンク色に点灯しない）ことが確認できます。

v-for ディレクティブを伴うリストで更新を行う場合には、必ず key 属性を指定するようにしてください。

3-4 データバインディング関連のディレクティブ

データバインディングの基本は、2-2-1 項を中心に既に解説しています。しかし、データバインディングはテンプレート開発の基本中の基本でもあり、それだけに奥深い世界でもあります。本節では、前掲の理解を前提に、さらにバインディングの知識を深めていきます。

3-4-1 属性に値をバインドする 〜 v-bind

まずは、属性に値をバインドする v-bind ディレクティブからです。v-bind の基本については 2-2-1 項も併せて参照してください。

---

[14] 配列やオブジェクトのような非スカラー値は不可です。

107

▶ 複数の属性をまとめて指定する

v-bind ディレクティブには、「属性名：値,...」形式のオブジェクトを渡すことで、複数の属性をまとめてバインドすることもできます。たとえば以下は、<input> 要素に size、maxlength、required 属性をまとめて設定する例です。

リスト 3-66 bind_obj.html — HTML

```html
<div id="app">
  <form>
    <label for="memo">メモ：</label>
    <input type="text" id="memo" v-bind="attrs" />
  </form>
</div>
```

リスト 3-67 bind_obj.js — JS

```js
new Vue({
  el: '#app',
  data: {
    // 属性情報をまとめて定義
    attrs: {
      size: 20,
      maxlength: 14,
      required: true
    }
  }
});
```

```html
<form>
  <label for="memo">メモ：</label>
  <input type="text" id="memo" size="20" maxlength="14" required="required">
</form>
```

属性情報をハッシュとして渡す場合には、v-bind ディレクティブの引数（「v-bind:xxxxx」の「xxxxx」）は不要です。また、required 属性のように値を持たない（＝固定である）属性を設定する場合には、値は true としておきます（false の場合は属性は付与されません）。

3-4 データバインディング関連のディレクティブ

要素オブジェクトのプロパティを設定する

v-bind では、属性だけでなく、要素オブジェクトのプロパティを設定することもできます。たとえば v-bind ディレクティブで、要素配下のテキスト（textContent プロパティ）を設定するには、以下のように表します。もちろん、テキストのバインドには、まずは {{...}} 構文を利用すべきなので、これはあくまで参考のためのサンプルと捉えてください。

リスト 3-68 bind_prop.html | HTML

```html
<div id="app">
  <div v-bind:text-content.prop="text"></div>
</div>
```

リスト 3-69 bind_prop.js | JS

```js
new Vue({
  el: '#app',
  data: {
    text: '皆さん、こんにちは！'
  }
});
```

プロパティ値をバインドするための構文は、以下のとおりです。プロパティ名は、本来のキャメルケース（ここでは textContent）ではなく、ケバブケース（ここでは text-content）で表します。

▼ 構文：プロパティバインディング

v-bind: プロパティ名 .prop=" 値 "

v-bind ディレクティブでは、.prop の他にも、以下の表のような修飾子を指定できます。

修飾子	概要
.prop	プロパティに値をバインド
.camel	ケバブケース記法（ハイフン区切り）の属性名をキャメルケース記法（単語の区切りを大文字）に変換
.sync（2.3 以降）	バインド値を更新（5-2-3 項）

▲ 表 3-5　v-bind ディレクティブの修飾子

109

.camel 修飾子は、たとえば SVG[15] のようにキャメルケース記法で表された属性に値をバインドするような状況で用います。以下は、<svg> 要素の viewBox 属性を v-bind 経由で設定する例です。

```
<svg height="150" width="200" v-bind:view-box.camel="'0 0 4 3'">...</svg>
```

```
<svg height="150" width="200" viewBox="0 0 4 3"></svg>
```

.camel 修飾子を付けない場合には、結果は以下のように変化し、（当然ながら）viewBox 属性は正しく認識されません。

```
<svg height="150" width="200" view-box="0 0 4 3"></svg>
```

▶ JavaScript 式から属性値を決定する

Vue.js 2.6 以降では、属性名をブラケットでくくることで、属性名を式の値から動的に生成できます（**動的引数**[16]）。たとえば以下は、入力値に応じて、<img> 要素の height および width 属性を設定する例です。

リスト 3-70 bind_dynamic.html　　　　　　　　　　　　　　　　　　　　　　　HTML

```html
<div id="app">
  <select v-model="attr">
    <option value="height">高さ</opton>
    <option value="width">幅</opton>
  </select>：
  <input type="text" size="5" v-model="size" /><br />
  <img src="https://wings.msn.to/image/wings.jpg" v-bind:[attr]="size" />
</div>
```

---

[15] Scalable Vector Graphics。XML 形式で表現できる画像形式の一種で、ベクター形式（座標情報）のため、拡大や縮小に強いという性質を持ちます。

[16] ここでは v-bind を例にしていますが、「v-on:[event]="..."」のように、v-on でも同じように動的引数を利用できます。

3-4　データバインディング関連のディレクティブ

リスト 3-71　bind_dynamic.js　　　　　　　　　　　　　　　　**JS**

```js
new Vue({
  el: '#app',
  data: {
    attr: 'width',
    size: 100
  },
});
```

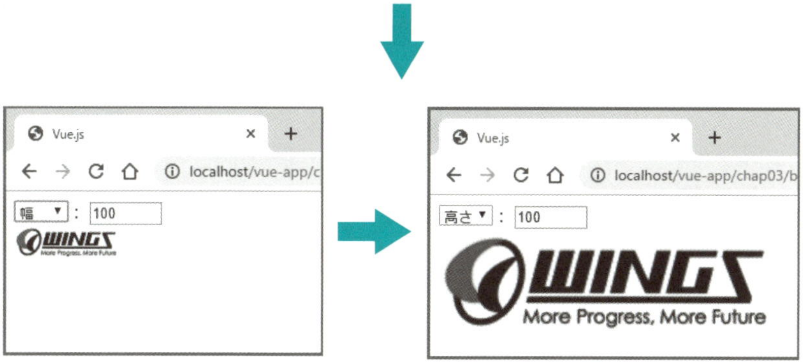

▲ 図 3-44　指定に応じて、画像の幅、または高さを設定

　この例であれば、属性名（attr）を選択ボックスに、高さや幅（size）をテキストボックスに紐付けているので、それぞれの値に応じて、画像の変化を確認できます。ポイントとなるのはリスト 3-70 の太字部分の動的引数だけで、バインドの構文はこれまでにも見てきたものです。

Note **属性名の制約**

動的引数を用いる場合、以下のような記述は不可です。

```html
<img v-bind:['value' + num]="..." />  ──── ①空白／クォートが混在
<img v-bind:[attrName]="..." />  ──── ②大文字が混在
```

①、②はいずれも HTML 属性のルールに反するからです（②は内部的にすべて小文字の attrname に変換され、結果、attrname は見つからない、というエラーになります）。①であれば算出プロパティで置き換えるべきですし、②はそもそも大文字交じりの命名を避けてください。

3-4-2　文字列を HTML として埋め込む 〜 v-html

テンプレートの文字列埋め込みは、初歩的な（そして、典型的な）脆弱性の一因になる可能性があります。たとえば、ユーザーが入力した文字列をそのまま表示するアプリがあったとします。そのアプリに対して、ユーザーがスクリプトを混入させたら、アプリ上では任意のコードを実行できることになってしまいます。

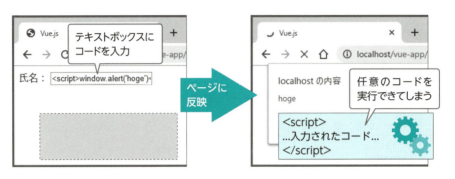

▲ 図 3-45　入力値をそのままページに反映した場合

これは、**クロスサイトスクリプティング**（XSS）と呼ばれる脆弱性の、ごく簡単化した例です。

しかし、Vue.jsでは、式によるテキスト埋め込みにも、セキュリティ的な考慮がなされています。たとえば、以下の例を見てみましょう。

リスト 3-72　html.html　　　　　　　　　　　　　　　　　　　　　　　　　　HTML

```html
<div id="app">
  <p>{{ message }}</p>
</div>
```

リスト 3-73　html.js　　　　　　　　　　　　　　　　　　　　　　　　　　　JS

```js
new Vue({
  el: '#app',
  data: {
    message: `<h3>WINGSプロジェクト</h3>
      <img src="https://www.web-deli.com/image/linkbanner_l.gif" alt="ロゴ" />`
  }
});
```

▲ 図 3-46　HTML 文字列がそのまま表示される

　文字列を埋め込む際に、内部的にエスケープ処理[*17]されて、（タグではなく）単なる文字列としてページに埋め込まれているわけです。これによって、意図しないコードの挿入を未然に防げます。

　もっとも、時として、動的に HTML を生成し、ページに反映させたいというケースもあります。これには、リスト 3-72 の太字部分を以下のように書き換えてください。

```
<p v-html="message"></p>
```

▲ 図 3-47　HTML 文字列を HTML としてページに反映

　v-html ディレクティブで指定された式の値は、エスケープされずにそのまま要素配下に埋め込まれることが確認できます。
　{{...}} 構文や v-text ディレクティブが要素オブジェクトの textContent プロパティを設定するのに対して、v-html ディレクティブは innerHtml プロパティを設定する、と考えるとわかりやすいかもしれません。

[*17]「<」「>」のような HTML の予約文字を「<」「>」に置き換えることを言います。

> **Note** **信頼できるコンテンツにだけ利用する**
>
> ただし、本項冒頭でも触れたように、不特定多数の——特に、ユーザーまたは外部サービスからの——入力を v-html ディレクティブで埋め込むのは、脆弱性の原因となります。v-html ディレクティブは、信頼できる（＝適切なエスケープ処理がなされていることがわかっている）コンテンツに対してのみ利用してください。

> **Note** **テンプレート文字列** `ES20XX`
>
> `` `...` `` は、ES2015 で導入された文字列リテラルで、複数行にまたがる（＝改行文字を含んだ）文字列を表現できます。リスト 3-73 でも message プロパティで利用していますが、このような長い文字列を表現するのに重宝します。
>
> ちなみに、以下はテンプレート文字列を利用しなかった場合の記述です。

```
message: '<h3>WINGSプロジェクト</h3>¥n' +
  '<img src="https://wings.msn.to/image/wings.jpg" alt="ロゴ" />'
```

> クォート、「+」演算子、「¥n」と余計な文字が入る分、見通しが悪くなっています。本書では今後もよく登場しますし、構文そのものはなんら難しくないので、是非覚えておきましょう。

3-4-3 値を一度だけバインドする 〜 v-once

v-once ディレクティブを利用することで、配下のコンテンツを一度だけ描画します。コンテンツが初期値から変更されないことがわかっているならば、v-once を利用することで、ページの更新性能を最適化できます。

たとえば以下は、テキストボックスへの入力内容を v-once ありとなしの <div> 要素にそれぞれ反映させる例です。

リスト 3-74 once.html `HTML`

```html
<div id="app">
  <form>
    <label for="name">氏名：</label>
    <input type="text" id="name" v-model="name" />
  </form>
  <!--初回だけしか反映されない-->
  <div v-once>はじめまして、{{ name }} さん。</div> ————❶
  <div>はじめまして、{{ name }} さん。</div>
</div>
```

リスト 3-75 once.js

```js
new Vue({
  el: '#app',
  data: {
    name: '匿名'
  }
});
```

▲ 図 3-48 テキストボックスを変更しても片方しか反映されない

確かに v-once 付きの <div> 要素（❶）は、初期値から変化しないことが確認できます。

3-4-4 要素にスタイルプロパティを設定する 〜 v-bind:style

v-bind:style ディレクティブを利用することで、インラインスタイルを設定できます。Vue.js でスタイルを設定する、最もシンプルな手段です。

> **Note** v-bind:style の意味
>
> 説明の便宜上、独立したディレクティブのように呼んでいますが、v-bind:style とは v-bind ディレクティブで style 属性を設定しなさい、という意味です[18]。ただし、その設定値は、他の属性を設定する場合と異なるので、本書でも別物として解説しています。
>
> style 属性へのバインドを、Vue.js では**スタイルバインディング**と呼んでいます。

---

[18] v-bind は省略表記できるので、単に「:style」としても同じ意味です。

以下は、v-bind:style ディレクティブの具体的な例です。

リスト 3-76　style.html　　　　　　　　　　　　　　　　　　　　　　　　　　HTML

```html
<div id="app">
  <div v-bind:style="{ backgroundColor: 'Aqua', fontSize: '1.5em' }">
    皆さん、こんにちは！
  </div>
</div>
```

リスト 3-77　style.js　　　　　　　　　　　　　　　　　　　　　　　　　　　JS

```js
new Vue({
  el: '#app'
})
```

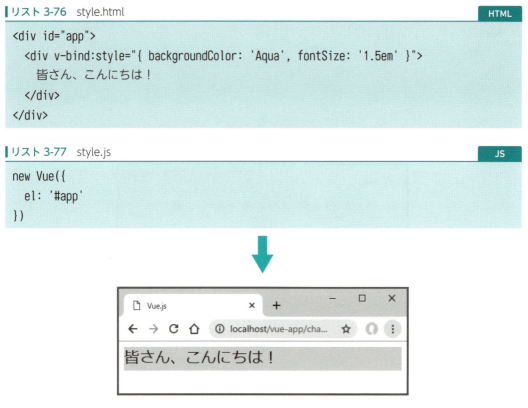

▲ 図 3-49　要素に指定のスタイルが適用された

スタイル情報は「スタイルプロパティ名：値,...」形式のオブジェクトとして指定します。ハイフン区切りのスタイルプロパティ名は、サンプルのようにキャメルケース記法で表記してください（ここでは background-color を backgroundColor とします）。

> **Note**　**ハイフン区切りのスタイルプロパティ名**
>
> ハイフン区切りのままで記述する場合は、以下のように名前の前後をクォートでくくってください。
>
> ```
> <div v-bind:style="{ 'background-color': 'Aqua', 'font-size': '1.5em' }">
> ```

複数のスタイル情報を適用する

v-bind:style ディレクティブには、配列形式で複数のオブジェクトを渡すこともできます。この場合、オブジェクト（スタイル情報）は内部的に結合された状態で、要素に適用されます。オブジェクト間で重複したスタイルプロパティは、後者が優先されます。

リスト 3-78 style_multi.html `HTML`

```html
<div id="app">
  <div v-bind:style="[ color, size ]">
    皆さん、こんにちは！
  </div>
</div>
```

リスト 3-79 style_multi.js `JS`

```js
new Vue({
  el: '#app',
  data: {
    // スタイル情報を準備
    color: {
      backgroundColor: 'Aqua',
      color: 'Red'
    },
    size: {
      fontSize: '1.5em'
    }
  }
})
```

⬇

```html
<div style="background-color: aqua; color: red; font-size: 1.5em;">
  皆さん、こんにちは！
</div>
```

▶ ベンダープレフィックスを自動補完する

v-bind:style ディレクティブでは、ブラウザーの対応状況に応じてベンダープレフィックスを補完する機能を備えています。ベンダープレフィックスは、往々にしてスタイル指定を冗長にしますが、この機能を利用することでスタイル指定がシンプルになります。

リスト 3-80　style_prefix.html　　HTML
```html
<div id="app">
  <a v-bind:style="{ 'tap-highlight-color': 'Aqua' }"
    v-bind:href="url">
    {{ url }}
  </a>
</div>
```

リスト 3-81　style_prefix.js　　JS
```js
new Vue({
  el: '#app',
  data: {
    url: 'https://wings.msn.to/'
  }
})
```

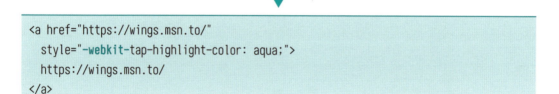

```html
<a href="https://wings.msn.to/"
  style="-webkit-tap-highlight-color: aqua;">
  https://wings.msn.to/
</a>
```

上は Chrome でアクセスした場合の結果です。確かに Chrome 向けのベンダープレフィックス -webkit が付与されて、-webkit-tap-highlight-color[19] という名前が生成されていることが確認できます。

---

[19] tap-highlight-color プロパティは、リンクをタップしているときの強調色を表します。非標準のプロパティで、現在は Chrome、Edge などがサポートしています。

3-4-5 要素にスタイルクラスを設定する 〜 v-bind:class

v-bind:styleによるスタイルの操作は手軽で便利ですが、問題もあります。というのも、JavaScriptコード（もしくはテンプレート）の中にスタイル情報が混在してしまうのです。スタイルを修正するために、スタイルとコードの双方を見なければならないのは、望ましい状態ではありません。

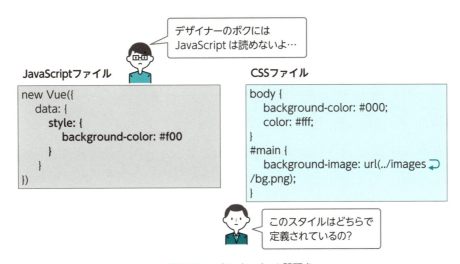

▲ 図 3-50　v-bind:style の問題点

そこで、基本的には v-bind:style はあくまで手軽なスタイル操作の手段と割り切り、本格的なアプリでは v-bind:class ディレクティブ[20]を利用すべきです。v-bind:class は、あらかじめ用意されたスタイルクラスを要素に割り当てるためのディレクティブです。

たとえば以下は、`<div>` 要素に対して small、color、frame クラスを割り当てる例です。

リスト 3-82　class.html　　HTML

```html
<div id="app">
  <div class="small" v-bind:class="{ color, frame: isChange }">
    皆さん、こんにちは！
  </div>
</div>
```

---

[20] v-bind は省略表記できるので、単に「:class」としても同じ意味です。

リスト 3-83　class.js

```js
new Vue({
  el: '#app',
  data: {
    color: true,
    isChange: true,
  }
})
```

```html
<div class="small color frame">
  皆さん、こんにちは！
</div>
```

　v-bind:class ディレクティブは「クラス名： true または false,...」形式のオブジェクトを受け取ります。これで、値が true であるクラスだけを有効にする、というわけです。
　v-bind:class は、静的な class 属性と併存できる点にも注目してください。今回のサンプルであれば、class 属性（small）と v-bind:class（color および frame）の結果がマージされた結果が描画されます。

> **Note　オブジェクトの省略構文　ES2015**
>
> リスト 3-82 の太字の { color, ... } は、{ color: color, ... } と表しても同じ意味です。この記法は ECMAScript 2015 で導入された構文で、オブジェクトリテラルでは**プロパティの名前と値とが等しい場合に、値を省略**できます。

▶ v-bind:class のさまざまな記法

　v-bind:class ディレクティブには、ハッシュ形式で指定する他、以下のような設定方法があります。

（1）文字列配列として渡す

　スタイルクラス名を文字列の配列として渡すこともできます。

リスト3-84 class_str.html `HTML`

```html
<div id="app">
  <div class="small" v-bind:class="[ colorClass, frameClass ]">
    皆さん、こんにちは！
  </div>
</div>
```

リスト3-85 class_str.js `JS`

```js
new Vue({
  el: '#app',
  data: {
    colorClass: 'color',
    frameClass: 'frame'
  }
})
```

```html
<div class="small color frame">
  皆さん、こんにちは！
</div>
```

(2) 文字列またはオブジェクトの配列として渡す

配列に「クラス名：trueまたはfalse」形式のオブジェクトを混在させることもできます。スタイルリストの一部が条件によってオン／オフ変動する場合に利用できます。

リスト3-86 class_multi.html `HTML`

```html
<div id="app">
  <div class="small"
    v-bind:class="[colorClass, { frame: isChange }]">
    皆さん、こんにちは！
  </div>
</div>
```

リスト 3-87　class_multi.js

```js
new Vue({
  el: '#app',
  data: {
    colorClass: 'color',
    isChange: true
  }
})
```

```html
<div class="small color frame">
  皆さん、こんにちは！
</div>
```

3-4-6　{{...}} 構文による画面のチラツキを防ぐ 〜 v-cloak

　{{...}} 構文では、要素配下のテキストとして、バインド式を指定するという性質上、ページを起動した最初のタイミングで、一瞬だけ生の構文（{{...}}）が表示されてしまうという問題があります。これは、Vue.js が初期化処理を終えて、{{...}} を処理するまでのごくわずかなタイムラグによって生じる不具合です。たいていは本当にごく一瞬ですが、生のコードがエンドユーザーの目に触れるのは望ましい状態ではありません。

　そこで利用するのが、v-cloak ディレクティブです。

リスト 3-88　cloak.html

```html
<div id="app">
  <p v-cloak>{{ message }}</p>
</div>
```

リスト 3-89　cloak.css

```css
[v-cloak] {
  display: none;
}
```
❶

3-5　より高度なイベント処理

リスト 3-90　cloak.js　　　　　　　　　　　　　　　　　　　　　**JS**

```js
new Vue({
  el: '#app',
  data: {
    message: '皆さん、こんにちは！'
  }
});
```

　v-cloak を利用する場合、まず、cloak.css のようなスタイルシートで v-cloak 属性付きの要素を非表示にします（❶）。

　Vue.js は、初期化のタイミングで v-cloak 属性（ディレクティブ）を見つけると、これを破棄します。これによって、初期化前には非表示だった要素が、初期化を終えたタイミングで初めて、表示状態になるというわけです。これによって、初期化前に {{...}} 構文を含んだ要素がそのまま表示されてしまうのを防ぐことができます[21]。

3-5　より高度なイベント処理

　イベント関連のディレクティブについては、3-1 節でも学びました。本節では、そこでの理解を前提に、より細かなイベント処理について解説していきます。

3-5-1　定型的なイベント処理を宣言的に指定する 〜 イベント修飾子

　イベントハンドラーを記述していると、たとえばイベント既定の動作をキャンセルしたい、イベントのバブリング[22]を停止したい、など、決まりきったコードが発生します。

　これらのコードはごくシンプルですが、定型的なものであれば、コードから追い出したほうが本来のロジックに集中でき、コードの見通しも改善します。そのような用途のために Vue.js で用意しているのが、**イベント修飾子**です[23]。イベントにかかわる定型的な処理を、属性の形式で表すための仕掛けです。

▼ 構文：イベント修飾子

```
v-on: イベント名 . 修飾子 ="..."
```

---

[21] 別解として、v-text を利用しても構いません。v-text は属性なので、初期化前の式が露出することはありません。

[22] 詳しくは 3-5-4 項で後述します。

[23] 修飾子については、3-2-7 項も併せて参照してください。

123

v-onで利用できる主なイベント修飾子は、以下の表のとおりです。

修飾子	概要
.stop	イベントの親要素への伝播を中止（stopPropagationメソッドに相当）
.prevent	イベント既定の動作をキャンセル（preventDefaultメソッドに相当）
.capture	イベントハンドラーをキャプチャモードで動作
.self	イベント発生元がその要素自身の場合にだけ実行
.once	イベントハンドラーを一度だけ実行
.passive	Passiveモードを有効化

▲ 表3-6　主なイベント修飾子

以下では、これらのイベント修飾子について、具体的な例を挙げながら解説していきます。

> **Note**
>
> **Passive モード**
>
> **Passive モード**とは、イベントハンドラーがpreventDefaultメソッドを呼び出さ**ない**ことを宣言します。scrollイベントでPassiveモードを有効にすることで、ブラウザー（特にモバイル環境）ではイベントハンドラーの完了を待たずにスクロールを開始できるので、パフォーマンスの改善が期待できます。
>
> その性質上、.passive修飾子と.prevent修飾子は同時には利用できません[24]。

3-5-2　イベントの既定の動作をキャンセルする

イベントの既定の動作とは、イベントに伴ってブラウザー上で発生する動作のことです。たとえば、リンクをクリック（click）したら別ページに移動する、サブミットボタン（submit）を押したら入力値を送信する、テキストボックスでキーを入力したら（keypress）対応する文字が反映されるなどの動作が、これに当たります。

イベント処理後、これら既定の動作をキャンセルするのが、.prevent修飾子の役割です。たとえば以下は、<div id="main">要素の配下でブラウザー標準のコンテキストメニュー（右クリックメニュー）を無効化する例です。

リスト3-91　event_prevent.html
`HTML`

```html
<div id="app">
  <div id="main" v-on:contextmenu.prevent>
```

次ページへ続く

---

[24] 「passive and prevent can't be used together.」のような警告が発生します。

      この領域では、コンテキストメニューは表示されません。
    </div>
</div>
```

### リスト 3-92　event_prevent.js

```js
new Vue({
  el: '#app'
});
```

▲ 図 3-51　右クリックしても、コンテキストメニューが表示されない

　イベント修飾子を指定した場合、イベントハンドラーそのものを省略しても構いません。この例であれば、contextmenu イベントの既定の動作をキャンセルすることだけが目的なので、コード部分は不要です。

▶ 補足：イベントの既定の動作をキャンセルする（修飾子を利用しない例）

　.prevent 修飾子は、イベント既定の動作を無条件にキャンセルする場合にのみ利用できます。一方、たとえば、入力フォームをサブミットする際にダイアログを表示し、送信してもよいかを確認するような状況があります（［キャンセル］で送信を中止します）。このような状況では、以下のように preventDefault メソッドを使用します。

リスト 3-93　event_submit.html

```html
<div id="app">
  <form v-on:submit="onsubmit">
```

次ページへ続く
```

```
    <label for="email">メールアドレス：</label>
    <input id="email" name="email" type="email" />
    <input type="submit" value="送信" />
  </form>
</div>
```

リスト 3-94 event_submit.js

```js
new Vue({
  el: '#app',
  methods: {
    // サブミット時に確認ダイアログを表示
    onsubmit: function(e) {
      if (!confirm('送信しても良いですか？')) {
        e.preventDefault();
        return;
      }
    }
  }
});
```

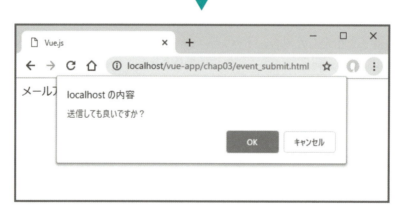

▲ 図 3-52　サブミット時に確認ダイアログを表示

　この例では、confirm メソッドが false を返した（＝［キャンセル］ボタンを押した）場合にだけ、preventDefault メソッドでサブミットボタン既定の動作をキャンセルしているわけです。このような条件付きキャンセルは、.prevent 修飾子では対応できません。

3-5　より高度なイベント処理

3-5-3　一度だけしか実行されないハンドラーを登録する

　.once 修飾子を付与することで、一度だけしか実行されないイベントハンドラーを定義できます。たとえば以下は、今日の運勢を表示するサンプルです。結果は、初回クリック時に一度だけ表示され、2回目以降のクリックでは変動しません。

リスト 3-95　event_once.html　`HTML`

```html
<div id="app">
  <input type="button" value="結果表示" v-on:click.once="onclick" />
  <p>今日の運勢は{{ result }}点です。</p>
</div>
```

リスト 3-96　event_once.js　`JS`

```js
new Vue({
  el: '#app',
  data: {
    result: '―'
  },
  methods: {
    onclick: function(e) {
      this.result = Math.floor(Math.random() * 100) + 1;  [25]
    }
  }
});
```

↓

```
┌─────────────────────────────────────┐
│ 🗋 Vue.js          ×   +      ─  □  ×│
├─────────────────────────────────────┤
│ ←  →  C  ⌂  ⓘ localhost/vue-app/cha... ☆  ○  ⋮│
├─────────────────────────────────────┤
│ 結果表示                             │
│ 今日の運勢は57点です。               │
│                                     │
└─────────────────────────────────────┘
```

▲ 図 3-53　今日の運勢を表示

　ボタンを2回以上クリックしても、結果が変化**しない**ことも確認しておきましょう。

---

[25] 太字の部分は 1 〜 100 の整数をランダムに求めています。

3-5-4 イベントの伝播を抑制する

「伝播の抑制」について解説する前に、イベントの伝播そのものについて、軽く解説しておきます。これまでは、「イベントが発生したら、対応する処理が呼び出される」とだけ解説してきましたが、実はイベントが目的の要素（**ターゲット**）に到達するまでには、次の図のような過程を経ています。

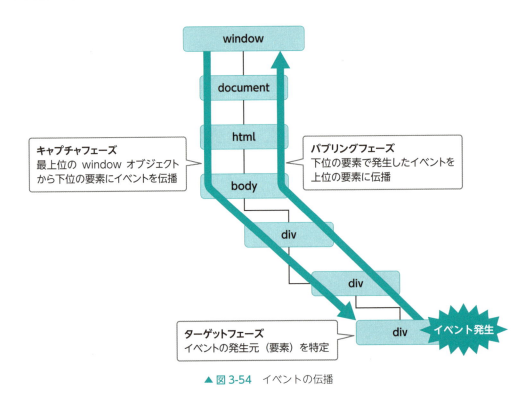

▲ 図 3-54 イベントの伝播

まず、キャプチャフェーズでは最上位の window オブジェクトから文書ツリーをたどって、下位の要素にイベントが伝播します。そして、ターゲットフェーズでイベントの発生元（要素）を特定します。

バブリングフェーズ[*26]は、イベントの発生元から上位の要素に向かって、イベントが伝播していくフェーズです。最終的に、最上位の window オブジェクトに到達したところで、イベントの伝播は終了です。

複雑にも思われるかもしれませんが、まずは、**イベント処理はイベントの発生元だけで実行されるわけではない**ことを理解できれば十分です。伝播の過程で、対応するハンドラーが存在する場合には、それらも順に実行されます。以下は、その具体的な例です。

[*26] イベントが上へ上へと昇っていく様子を泡（bubble）になぞらえて、このように呼ばれます。

3-5 より高度なイベント処理

リスト 3-97 event_propagation.html   HTML

```html
<div id="app">
  <div id="parent" v-on:click="onParentClick">
    親要素
    <div id="my" v-on:click="onMyClick">
      現在要素
      <div id="child" v-on:click="onChildClick">
        子要素
      </div>
    </div>
  </div>
</div>
```

リスト 3-98 event_propagation.js   JS

```js
new Vue({
  el: '#app',
  methods: {
    onParentClick: function(e) {
      console.log('#parent run...');
    },
    onMyClick: function(e) {
      console.log('#my run...');
    },
    onChildClick: function(e) {
      console.log('#child run...');
    }
  }
});
```

　入れ子関係にある <div> 要素に対して、それぞれ click イベントハンドラーが設定されて
います。この状態で、<div id="child"> 要素をクリックすると、以下のようなログ出力が得
られます（デベロッパーツールの［Console］タブで確認できます）。

```
#child run...
#my run...
#parent run...
```

129

イベントの発生元を基点に、上位の要素へ向かって順にイベントハンドラーが実行されています。言い換えれば、既定では**バブリングフェーズでイベントが処理されている**わけです。

ここまでが伝播を意識したイベント処理の理解です。このような伝播を制御するのが、.stop 修飾子の役割です。

（1）伝播をキャンセルする

リスト 3-97 の❶を以下のように書き換えてみましょう。

```
<div id="child" v-on:click.stop="onChildClick">...</div>
```

再度実行し、<div id="child"> 要素をクリックした結果のログ出力が、以下です。

```
#child run...
```

.stop 修飾子を利用することで、その場でイベントの伝播をキャンセルできます。結果、<div id="child"> 要素だけが処理されることになります。

（2）現在の要素だけを処理する

そもそも伝播を加味せず、その要素でイベントが発生した場合にだけ処理を実行したいならば、.self 修飾子を指定します。たとえばリスト 3-97 の❷を、以下のように書き換えてみましょう。

```
<div id="my" v-on:click.self="onMyClick">...</div>
```

この状態で、<div id="child">、<div id="my"> 要素をクリックした結果のログ出力が、それぞれ以下のとおりです（上が child、下が my）。

```
#child run...
#parent run...
```

```
#my run...
#parent run...
```

バブリングが抑制されているわけではありません。しかし、onMyClick メソッドは、<div id="my"> 要素**以外**でのクリックには反応しません（= <div id="child"> 要素のクリックでは、スキップされています）。これが .self 修飾子の意味です。

130

(3) 処理の順序を変更する

　.capture 修飾子を利用することで、処理の順序を切り替えることもできます。リスト 3-97 の❸を、以下のように書き換えてみましょう。

```
<div id="parent" v-on:click.capture="onParentClick">
  親要素
  <div id="my" v-on:click.capture="onMyClick">
    現在要素
    <div id="child" v-on:click.capture="onChildClick">
      子要素
    </div>
  </div>
</div>
```

　この場合、イベントは（バブリングフェーズではなく）キャプチャフェーズで処理されます。よって、<div id="child"> 要素をクリックしたときのログ出力は、以下のように変化します。

```
#parent run...
#my run...
#child run...
```

　この状態でさらに、<div id="child"> 要素に .stop 修飾子を付与して、再度実行してみましょう。

```
<div id="child" v-on:click.capture.stop="onChildClick">
  子要素
</div>
```

```
#parent run...
#my run...
#child run...
```

　この場合、上位要素から順にイベントが処理されるので、最下位の要素に .stop 修飾子を付与しても、結果のログ出力は変化しません。

(4) 修飾子を連結した場合

3-2-7項でも触れたように、イベント修飾子は「.」演算子で複数連結することも可能です。ただし、修飾子は連結順に解釈される点に注意してください。

具体的な例を見てみましょう。以下はリスト3-97の❷を書き換えたコードと、その状態で<div id="child">要素をクリックした場合の結果のログ出力です。

```
<div id="my" v-on:click.stop.self="onMyClick">...</div>
```

```
#child run...
```

この場合、<div id="my">要素はバブリングをキャンセルし、かつ、自分自身で発生したイベントしか処理しません。

では、以下のように修飾子の順序を入れ替えて、再度実行してみましょう。

```
<div id="my" v-on:click.self.stop="onMyClick">
```

```
#child run...
#parent run...
```

今度は、.stop修飾子は.self修飾子にかかります。つまり、<div id="my">要素（自分自身）で発生したイベントでのみバブリングをキャンセルします。結果、<div id="child">要素のクリックでは、<div id="my">要素のイベント処理がスキップされるだけで、バブリングはそのまま継続します。

3-5 より高度なイベント処理

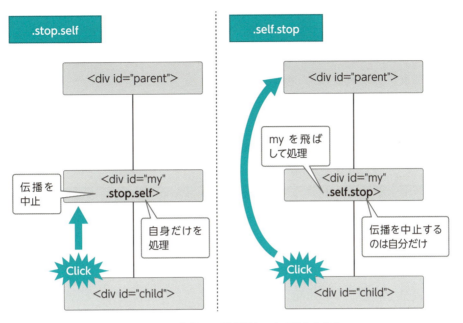

▲ 図 3-55 修飾子の記述順序による動作の変化

ちなみに、この状態で `<div id="my">` 要素をクリックすると、以下の結果が得られます。

```
#my run...
```

`<div id="my">` 要素で発生した click イベントを処理した後、バブリングはキャンセルされるわけです。

3-5-5 キーイベントでのキーを識別する 〜 キー修飾子

keyup、keydown、keypress などのキーイベントでは、押されたキーの種類に応じて処理を分岐することはよくあります。そこで Vue.js では、いちいちイベントハンドラー側でキー判別のコードを記述しなくてもよいように、**キー修飾子**を用意しています。

▼ 構文：キー修飾子

```
v-on:keyup. キーコード ="..."
```

たとえば以下は、テキストボックス内で Esc キー（キーコードは 27）が押された場合に、テキストボックスの値をクリアする例です。

リスト 3-99　event_key.html

```html
<div id="app">
  <form>
    <label for="name">氏名：</label>
    <input type="text" id="name" v-on:keyup.27="clear" v-model="name"/>
  </form>
</div>
```

リスト 3-100　event_key.js

```js
new Vue({
  el: '#app',
  data: {
    name: '匿名'
  },
  methods: {
    // Esc キーでテキストをクリア
    clear: function() {
      this.name = '';
    }
  }
});
```

▲ 図 3-56　テキストボックス内で Esc キーを押すと、内容をクリア

　ただし、利用するキーコードをすべて覚えておくのは困難ですし、なによりコードから即座にキーを判別できないのは不便です。そこで、以下の（1）〜（3）のような設定値も許容しています。

(1) キーコードのエイリアス

よく利用するキーについてはエイリアス（別名）が用意されています。具体的には、以下のものです。

- .enter
- .tab
- .delete（`delete` `Backspace` いずれにも対応）
- .esc
- .space
- .up
- .down
- .left
- .right

よって、先ほどのリスト 3-99 は、以下のように表しても同じ意味です。

```
<input type="text" id="name" v-on:keyup.esc="clear" v-model="name" />
```

(2) KeyboardEvent.key の値をケバブケース記法に変換

JavaScript 標準の KeyboardEvent.key プロパティ[27] で定義された値を、ケバブケース記法（ハイフン区切りの文字列）に変換したものを、キー修飾子として利用することも可能です。以下には、主な key プロパティの値をまとめます[28]。

key 値	ケバブケース	キー
Escape	escape	`Esc` キー
NumLock	num-lock	`Num Lock` キー
Backspace	backspace	`Backspace` キー
Insert	insert	`Insert` キー
Delete	delete	`Delete` キー
PrintScreen	print-screen	`Print Screen` キー

次ページへ続く

---

[27] KeyboardEvent オブジェクトは、キーイベントで渡されるイベントオブジェクトです。

[28] 完全なリストは、「Key Values」（**https://developer.mozilla.org/ja/docs/Web/API/KeyboardEvent/key/Key_Values**）も参照してください。

key 値	ケバブケース	キー
Home	home	home キー
End	end	End キー
PageUp	page-up	Page Up キー
PageDown	page-down	Page Down キー
ScrollLock	scroll-lock	Scroll Lock キー
AudioVolumeUp	audio-volume-up	◀ ▲ キー
AudioVolumeDown	audio-volume-down	◀ ▼ キー

▲ 表 3-7　KeyboardEvent.key プロパティの主な値

　この方法で、リスト 3-99 を書き換えると、以下のようになります。

```
<input type="text" id="name" v-on:keyup.escape="clear" ng-model="name" />
```

(3) カスタムのキーエイリアス

　後から判別しやすいように、アプリでキーの別名（エイリアス）を定義しておくこともできます。これには、Vue.config.keyCodes プロパティに対して、「別名：キーコード ,...」形式のオブジェクトを渡します（別名はケバブケース記法とします）。実際の記述はダウンロードサンプルの .js ファイルも参照してください。

```
Vue.config.keyCodes = {
  'zen-han': 243,     // 半角/全角 キー
  'no-change': 29     // 無変換 キー
};
```

　これで、以下のようなコードが有効になります。

```
<input type="text" id="name" v-on:keyup.no-change="clear" v-model="name" />
```

3-5-6 システムキーとの組み合わせを検知する

Alt 、 Ctrl 、 Shift などは、たいがい、他のキーとセットで利用するキーです（たとえば Ctrl + Z のように、です）。これらの組み合わせを表現するには、以下のキー修飾子を利用してください。

- .ctrl
- .alt
- .shift
- .meta （Windows 環境では ⊞ キー、mac 環境では ⌘ キー）

たとえば以下は、テキストボックス内で Alt + Q を押下することで、簡易ヘルプを表示する例です。

リスト 3-101　event_sys.html　HTML

```html
<div id="app">
  <form>
    <label for="name">氏名：</label>
    <input type="text" id="name" v-on:keyup.alt.81="help" v-model="name" />
  </form>
</div>
```

リスト 3-102　event_sys.js　JS

```js
new Vue({
  el: '#app',
  data: {
    name: '匿名'
  },
  methods: {
    // Alt + q でヘルプメッセージを表示
    help: function() {
      window.alert('氏名（漢字）を入力してください');
    }
  }
});
```

▲ 図3-57 キー押下でヘルプダイアログを表示

　なお、keyup.alt.81は最低限 Alt + q が押されていることを検知するもので、たとえば Ctrl + Alt + q のように余計なキーが押されていても、同じくイベントを検知します。もしも厳密に Alt + q の組み合わせを検知したいならば、.exact修飾子を利用してください。.exact修飾子はVue.js 2.5以降で利用可能です。

```html
<input type="text" v-on:keyup.alt.exact.81="help" v-model="name" />
```

3-5-7 マウスの特定のボタンを検知する 〜 マウス修飾子

　マウス修飾子を利用することで、マウスの特定のボタン（left、right、middle）に応じたイベントハンドラーを設置することもできます。たとえば以下は、<div id="main">要素の範囲内でマウスを右クリックした場合に独自のコンテキストメニュー（右クリックメニュー）を表示する例です。左クリックで、メニューを非表示にできます。

リスト3-103　event_mousebtn.html

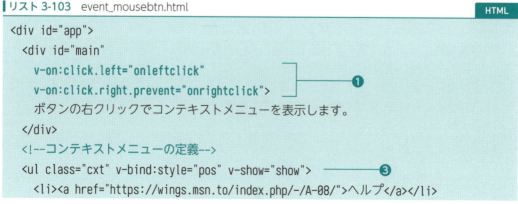

次ページへ続く

```html
      <li><a href="https://wings.msn.to/index.php/-/B-14/">質問掲示板</a></li>
      <li><a href="https://wings.msn.to/index.php/-/B-11/">よくある質問一覧</a></li>
    </ul>
  </div>
```

リスト 3-104　event_mousebtn.js

```js
new Vue({
  el: '#app',
  data: {
    // コンテキストメニューの表示位置
    pos: {
      left: 0,
      top: 0
    },
    // コンテキストメニューの表示状態
    show: false
  },
  methods: {
    // 左クリックでメニューを非表示
    onleftclick: function() {
      this.show = false;
    },
    // 右クリックでメニューを表示
    onrightclick: function(e) {
      this.pos = {
        top: e.pageY + 'px',
        left: e.pageX + 'px'
      };
      this.show = true;
    }
  }
});
```
❷

▲ 図 3-58 マウスの右クリックで独自のコンテキストメニューを表示

　<div>要素の左クリック、右クリックに対応して、.left、.right 修飾子でイベントハンドラーを紐付けているのは❶です。.right 修飾子に .prevent 修飾子も付与しているのは、右クリックでは既定の動作として、ブラウザー標準のコンテキストメニューが表示されてしまうからです。

　後は、イベントハンドラー側（❷）で、スタイル情報を表すプロパティを操作するだけです。それぞれのプロパティの意味は、以下です。

- pos　：メニューの表示位置（left：X 軸、top：Y 軸）
- show：メニューを表示するかどうか（true、false）

pos - top ／ left プロパティには、それぞれイベントオブジェクト経由で取得したマウスの座標情報（pageX、pageY）を設定します。

　これら pos および show プロパティは、コンテキストメニューの v-bind:style や v-show ディレクティブに紐付いているので（❸）、結果として、マウスの左／右クリックでメニューの表示と非表示が切り替わるというわけです。

> **Note　システムキーとの組み合わせも可能**
>
> マウスイベントでも、システムキー修飾子（.ctrl、.alt など）や .exact 修飾子は利用できます。たとえば以下は [Ctrl] キーを押しながらマウスボタンを右クリックしたときに、イベントハンドラーが実行されます。

```
<div id="main"
  v-on:click.left="onleftclick"
  v-on:click.ctrl.exact.right.prevent="onrightclick">
```

Column

Vue.js アプリ開発を支援するブラウザー拡張「Vue.js devtools」

　Vue.js devtools はブラウザー拡張の一種で、Vue.js アプリ開発のための支援機能を提供します。具体的には、Chrome ／ Firefox 標準のデベロッパーツールに対して、以下のような機能を追加します。

- コンポーネントの親子関係、データオブジェクトをツリー表示
- イベントのロギング／パフォーマンスの監視
- Vuex ストアの内容をリスト表示
- Vue Router によるルーティング情報や履歴をリスト表示

　デバッグ時の状態把握がぐんと簡単化するので、Chrome ／ Firefox を利用しているならば導入しておいて損はありません。インストールには、利用しているブラウザーに応じて、以下の Web ページにアクセスし、[Chrome に追加][Add to Firefox]などのボタンをクリックするだけです。

- Chrome 拡張（**https://chrome.google.com/webstore/detail/vuejs-devtools/nhdogjmejiglipccpnnnanhbledajbpd**）
- Firefox 拡張（**https://addons.mozilla.org/en-US/firefox/addon/vue-js-devtools/**）

　後は、デベロッパーツールを起動すると［Vue］タブが追加されていることが確認できるはずです[*29]。

▲図 3-59　Vue.js devtools の表示（［Routing］タブ）

[*29] Chrome でファイルシステムから Vue.js を実行する場合には、拡張機能の設定画面を開き、［ファイルの URL へのアクセスを許可する］を有効にする必要があります。

Chapter 4 コンポーネント（基本）

本章のポイント

- コンポーネントはページを構成するUI部品で、テンプレートと関連するロジックから構成されます。
- 親子関係にあるコンポーネント間では、プロパティ／イベントを使ってデータを受け渡しできます。
- スロットは、呼び出し元で指定したコンテンツをテンプレートに埋め込むための機能です。

コンポーネントとは、ページを構成するUI部品のことです。テンプレートと、それに付随するロジックから構成されます。

前章までは、ページのすべての機能を単一のVueインスタンスで表してきました。しかし、複雑なアプリではコードの見通しも悪くなりますし、なにより個々の機能（UI）を再利用しにくくなります。そこで、それぞれの機能をコンポーネントとして切り出し、組み合わせることで、ページを組み上げていくようにします。

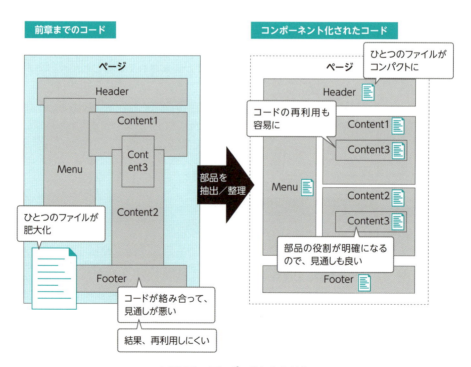

▲ 図 4-1 コンポーネントとは？

コンポーネントはひとつの画面に複数配置することもできますし、階層構造にすることもできます。ページをコンポーネント化することで、コードのシンプルさを維持しやすくなるというわけです。

本書もいよいよ中盤となる本章では、こうしたコンポーネント開発の基本について解説していきます。

4-1 コンポーネントの基本

まずは、ごく基本的なコンポーネントとして、「こんにちは、Vue.js！」という文字列を反映させるだけのmy-helloコンポーネントを定義します。

▲図4-2　my-hello コンポーネントによる出力

4-1-1 コンポーネントの定義

my-helloコンポーネントを定義するのは、以下のコードです。

リスト4-1　comp_basic.js（抜粋）　　　　JS

```js
Vue.component('my-hello', {                    ❶
  template: `<div>こんにちは、{{ name }}！</div>`, ❷
  data: function() {
    return {
      name: 'Vue.js'                           ❸
    };
  }
});
```

コンポーネントを定義するのは、Vue.component メソッドの役割です。

▼ 構文：component メソッド

component(*id*, *def*)

- -

id ：コンポーネントの名前
def：コンポーネントの定義情報

❶コンポーネントの名前

　コンポーネントは自由に命名して構いませんが、一般的には、なんらかの接頭辞を加えた複数の単語で命名するのが望ましいでしょう。これには、既存の HTML タグが単一の単語で構成されていることから、**名前のバッティングを防げる**というメリットがあります。

　一般的なプログラミング言語で複数単語を表記するには、いくつかの記法がありますが（P.50 のコラム参照）、まずは my-hello のようにケバブケース記法[*1]での命名をお勧めします。というのも、標準的な HTML では大文字小文字を区別せず、現在、コンポーネントの標準仕様として検討が進められている Web Components（**https://www.webcomponents.org/**）でも、ケバブケース記法で名前を定義することを前提としているからです。

> **Note　Pascal ケース記法**
>
> ただし、Vue.js のスタイルガイド（**https://jp.vuejs.org/v2/style-guide/**）では、文字列テンプレート（後述）、単一ファイルコンポーネント（7-2 節）では Pascal ケース記法（＝すべての単語の頭文字が大文字）での命名を推奨しています。
>
> ケバブケース記法（my-hello）よりも Pascal ケース記法（MyHello）のほうが、標準的な HTML、Web Component との区別がしやすい、Pascal ケース記法は JavaScript でも利用されるので馴染みやすい、などのメリットがあるからです。
>
> 本書のコンポーネントの名前も、前半はケバブケース記法を用い、単一ファイルコンポーネント（Vue CLI）が登場する 7-2 節以降は、Pascal ケース記法を用いることにします[*2]。一般的なアプリでは、原則、いずれかの記法で統一するようにしてください。

❷コンポーネントの定義情報（引数 *def*）

　引数 *def* は、「オプション名： 値 ,...」形式のオブジェクトとして指定します。利用できるオプションは、Vue コンストラクターのそれと同等です。というのも、Vue.js では、コンポーネントとは再利用可能な（＝名前の付いた）Vue インスタンスであるからです。

[*1]　すべての単語が小文字、単語の区切りはハイフンで表す記法を言います。

[*2]　自動生成されたコードが Pascal ケース記法となっているため、ルールの混在を防ぐためです。

もっとも、コンポーネントでは、Vue コンストラクターでは利用しなかったオプションも登場します。リスト 4-1 で登場している template もまさにそれで、コンポーネントによって描画されるテンプレート[3]を表します[4]。テンプレート内では、これまでと同じく、{{ ... }} 構文やディレクティブも利用できますが、一点だけ**単一のルート要素を持たなければならない**点に注意してください。

　たとえば、以下のようなテンプレートは、「Error compiling template: Component template should contain exactly one root element.」のようなエラーとなります。

```
template: `
  <div>こんにちは、{{ name }}！</div>
  <div>こんばんは、{{ name }}！</div>
`,
```

　この例であれば、複数の要素を <div> 要素で束ね、ルート要素はひとつになるようにしてください。

```
template: `<div>
  <div>こんにちは、{{ name }}！</div>
  <div>こんばんは、{{ name }}！</div>
</div>`,
```

❸データオブジェクトの定義（data オプション）

　コンポーネントでも、Vue コンストラクターと同じく、内部データの管理は data オプションで行います。ただし、コンポーネントのそれは（オブジェクトリテラルではなく）**オブジェクトリテラルを返す関数**でなければならない点に注意してください。

　これは、ページ内に同一のコンポーネント（インスタンス）が複数存在する可能性があるためです。関数の戻り値として、データオブジェクトを返すようにすることで、各々が独立したものであることを保証できます[5]。

---

[3] 文字列リテラルで表されることから、文字列テンプレートとも言います。

[4] P.114 でも触れたように、`...` はテンプレート文字列の構文です。テンプレートのように複数行におよぶ文字列を表す場合に便利です。

[5] さもなくば、すべてのインスタンスが同一のデータオブジェクトを参照するため、いずれかへの操作は、すべてのインスタンスに影響することになるでしょう。

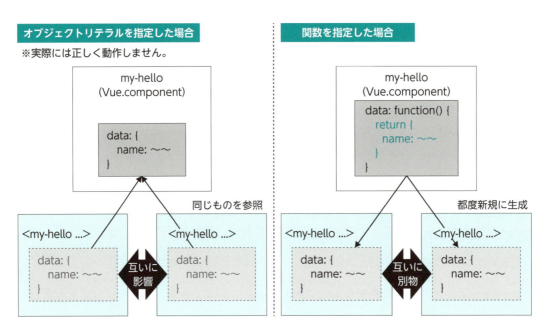

▲ 図4-3 data オプションにはオブジェクトリテラルを返す関数を指定する

4-1-2 コンポーネントの呼び出し

以上、コンポーネントを定義できたところで、これを呼び出すのは、以下のコードです。

リスト4-2　comp_basic.html　　　　　　　　　　　　　　　　　　　　　　HTML

```html
<div id="app">
  <my-hello></my-hello>　　❶
</div>
```

リスト4-3　comp_basic.js（抜粋）　　　　　　　　　　　　　　　　　　　JS

```js
Vue.component(...);

new Vue({
  el: '#app'
});
```

コンポーネントを呼び出すには、component メソッドの引数 id で定義されたコンポーネント名を使って、タグ形式で表すだけです（❶）。もちろん、コンポーネントタグを記述するのは、Vue コンストラクター（el オプション）で指定された要素の配下でなければなりません。

> **Note** **Pascal ケース記法とケバブケース記法**
>
> component メソッド側から Pascal ケース記法で名前を定義した場合、呼び出し側では Pascal ケース記法、ケバブケース記法のどちらでも呼び出しが可能です[*6]。一方、ケバブケース記法で定義された名前は、呼び出し側でもケバブケース記法でしか呼び出せません。

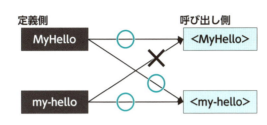

▲ 図 4-4　Pascal ケースとケバブケース

以上を学んだところで、サンプルを実行してみましょう。デベロッパーツールの[Elements]タブから、以下のような文書ツリーが生成されていることが確認できるはずです。`<my-hello>`要素の部分が、テンプレートの内容で置き換わっている点に注目してください。

```
<div id="app">
  <div>こんにちは、Vue.js！</div>
</div>
```

4-1-3　グローバル登録とローカル登録

Vue.component メソッドによるコンポーネント定義は**グローバル登録**とも呼ばれ、すべての Vue インスタンス呼び出しでコンポーネントを有効にします。一方、特定の Vue インスタンス配下でしか利用しないことがわかっている場合、コンポーネントをインスタンスに所属させることもできます。これを**ローカル登録**と言います。

ローカル登録には、Vue コンストラクターの components オプションを利用します。以下は、先ほどの comp_basic.js の例をローカル登録で書き換えたものです[*7]。

リスト 4-4　comp_local.js　　　　　　　　　　　　　　　　　　　　　　　　**JS**

```
// MyHelloコンポーネントの本体
let MyHello = {
```

次ページへ続く

[*6] ただし、.html ファイルから呼び出す記述では、ケバブケースだけが有効です。

[*7] comp_local.html は comp_basic.html と同じなので、紙面上は割愛します。

```
    template: `<div>こんにちは、Vue.js！</div>`
};

new Vue({
  el: '#app',
  // コンポーネントをローカル登録
  components: {
    'my-hello': MyHello
  }
});
```

　ここでは、my-helloコンポーネントの本体と、Vueインスタンスへの紐付けを別々にしていますが、以下のようにまとめて表しても同じ意味です。

```
components: {
  'my-hello': {
    template: `<div>こんにちは、Vue.js！</div>`
  }
}
```

　汎用的なライブラリを提供するのでなければ、たいがい、グローバル登録は望ましくありません。というのも、後でwebpack（Vue CLI）のようなビルドシステムを利用した場合、グローバルコンポーネントでは使用の有無にかかわらず、常にビルド結果に含まれてしまうからです（コードの最適化が働きません）。ローカルコンポーネントであれば、そのような心配はありません。まずはローカルコンポーネントの利用をお勧めします[8]。

4-2 コンポーネント間の通信

　コンポーネント定義の基本を説明したところで、ここからはより実践的な話題です。まず、一般的なアプリでは、ひとつのページをひとつのコンポーネントが制御することは稀です。本章の冒頭でも触れたように、複数のコンポーネントを並列に、または入れ子に配置、組み合わせることで、ひとつのページを構成するのが普通です。これによって、コンポーネント個々の見通しも良くなりますし、なにより機能をできるだけ限定することで、部品としての再利用性も高まります。

---

[8]　ただし、本書のサンプルでは解説の都合上、グローバル登録を使用しています。

4-2-1 コンポーネントのスコープ

もっとも、複数のコンポーネントを扱うようになると、これまでほとんど意識してこなかった**スコープ**という概念とも無縁ではいられなくなります。スコープとは、データの有効範囲のこと。大雑把には、**コンポーネントで定義された情報——データ（data）、メソッド（methods）など——にアクセスできるのは、そのコンポーネントからのみ**ということです[*9]。

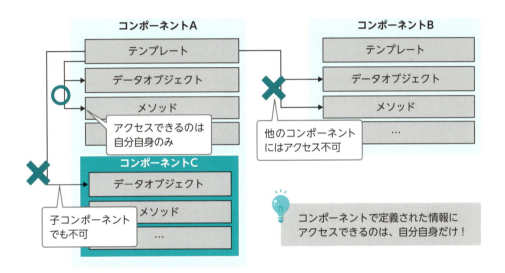

▲ 図 4-5　コンポーネントのスコープ

つまり、コンポーネント間でデータを交換するには、値を受け渡しするために、以下の表のようなしくみを用いる必要があります。

手段	対象
プロパティ	親コンポーネントから子コンポーネントへ
カスタムイベント	子コンポーネントから親コンポーネントへ
Vuex	アプリ全体（共通のデータストア）

▲ 表 4-1　コンポーネント間の通信手段

まず、初歩的なコンポーネントでは、プロパティとカスタムイベントでの親子間通信が基本です（このアプローチを **Props down, Event up** と呼びます）。本節のテーマです。

[*9] 他の人間が作成したコンポーネントが、自分の作成したコンポーネントに作用しては困りますから、これは当然のことですね。

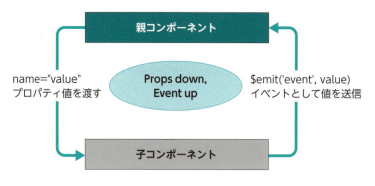

▲ 図4-6 Props down, Event up

　ただし、これは、あくまで親子間での通信手段なので、並列関係にあるコンポーネント間では利用できません。また、そもそも親子階層が深くなった場合には、「Props down, Event up」アプローチはデータの受け渡しが煩雑になります。よって、より大きなアプリになった場合には、Vuexと呼ばれる状態管理のためのライブラリを利用すべきです。こちらは新たな概念の理解も必要になるため第9章で解説します。

4-2-2　親コンポーネント⇒子コンポーネントの伝達 〜 props オプション

　まずは、最もよく利用する（また、わかりやすい）**プロパティ**（Props）から説明します。親コンポーネントから子コンポーネントに対して、なんらかのパラメーターを引き渡すために利用できます。

▲ 図4-7　親→子コンポーネント通信（プロパティ）

　たとえば以下は、前節の`my-hello`コンポーネントを改良して、`yourName`プロパティ経由で任意の名前を渡せるようにした例です。これを受けて、`my-hello`コンポーネントは「こんにちは、●○さん！」のようなメッセージを生成します。

4-2　コンポーネント間の通信

リスト4-5　prop_basic.html　　　　　　　　　　　　　　　　　　　HTML

```html
<div id="app">
  <!-- my-helloコンポーネントの呼び出し -->
  <my-hello your-name="鈴木"></my-hello> ————————❷
</div>
```

リスト4-6　prop_basic.js　　　　　　　　　　　　　　　　　　　　　JS

```js
Vue.component('my-hello', {
  // プロパティを定義
  props: [ 'yourName' ], ————————❶
  template: `<div>こんにちは、{{ yourName }}さん！</div>`
})

new Vue({
  el: '#app'
});
```

　プロパティは、props オプションに [プロパティ名 , ...] 形式の文字列配列として定義
できます（❶）。ここでは yourName プロパティをひとつ定義しているだけですが、もちろん、
複数のプロパティを列記しても構いません。プロパティ名が複数の単語で構成される場合に
は、サンプルのようにキャメルケース記法で表します。

　定義済みの my-hello コンポーネントを呼び出しているのが❷です。プロパティはコンポー
ネントタグの属性として指定できます。この際、いくつか注意すべき点があります。

（a）属性名の記法

　属性名はケバブケース記法（すべて小文字で、単語の区切りはハイフン）で表します。
yourName プロパティであれば、your-name 属性です。

（b）属性値は文字列扱い

　「your-name=" 鈴木 "」の形式で指定された属性値は、すべて文字列と見なされます。この
例では明快ですが、たとえば「your-name="1"」のような数値でも JavaScript の扱いは文字列
なので注意してください。

　もしも数値として値を渡したい場合には、v-bind を利用して「v-bind:your-name="1"」の
ように表します（もちろん、数値以外の任意のオブジェクトを引き渡すのにも v-bind は利用
できます）。

> **Note** **v-bind で文字列を渡す場合**
>
> 逆に、v-bind で文字列を渡す場合は、「v-bind:your-name="' 鈴木 '"」のようにクォートで
> くくるのを忘れないようにしてください。あくまで v-bind で指定する値は JavaScript の式
> だからです。

(c) プロパティ値はコンポーネント内部で変更しない

　プロパティ値は親コンポーネントから任意のタイミングで変更される可能性があります。
よって、コンポーネント内部でプロパティ値を変更すべきではありません[10]。プロパティは、
あくまで親コンポーネントからの値受け取りの窓口に限定すべきです。

　もしもなんらかの理由でプロパティ値を操作したい場合には、値をいったん、データオブ
ジェクトに退避させるようにしてください[11]。

▶ 例：プロパティで受け取った値を更新する

　プロパティで受け取った値を更新するための具体的な例も見てみましょう。

　以下は［増やす］ボタンのクリック回数をカウントできる my-counter コンポーネントの例
です。カウンターの初期値を init 属性で引き渡せるものとします。

リスト 4-7　prop_inner.html　　　　　　　　　　　　　　　　　　　　　　　　**HTML**

```html
<div id="app">
  <my-counter init="0"></my-counter>
</div>
```

リスト 4-8　prop_inner.js　　　　　　　　　　　　　　　　　　　　　　　　　**JS**

```js
Vue.component('my-counter', {
  props: [ 'init' ],
  template: `<div>現在値は{{ current }}です！
    <input type="button" v-on:click="onclick" value="増やす" /></div>`,
  // データオブジェクトを定義
  data: function() {
    return {
      current: this.init  ──────❶
```

次ページへ続く

---

[10] コンポーネント配下でプロパティ値を変更した場合、「Avoid mutating a prop directly since the value will be overwritten whenever the parent component re-renders.」のような警告が発生します。

[11] ただ、加工した値を返したい場合には、算出プロパティを利用してもよいでしょう。

```
      };
    },
    methods: {
      // クリック時にcurrentプロパティをインクリメント
      onclick: function() {
        this.current++;
      }
    }
  })

  new Vue({
    el: '#app'
  });
```
❷ (attached to onclick function block)

▲ 図 4-8 ［増やす］ボタンクリックでカウンターをインクリメント

　この例であれば、init 属性（プロパティ）をそのまま更新するのは望ましくありません。そこで、コンポーネント内部のデータオブジェクト（current）に退避させ❶、これを更新するようにします。

　後は、onclick イベントハンドラーで（init プロパティではなく）current プロパティを操作します（❷）。

▶ 補足：props 定義されていない属性が渡された場合

　コンポーネントには、props オプションで定義されていない任意の属性を渡すこともできます。まずは、具体的な例を見てみましょう。

リスト 4-9　prop_attr.html　　　　　　　　　　　　　　　　　　　　　　　HTML

```html
<div id="app">
```

次ページへ続く

```
    <my-hello title="input" my-attr="mytext" class="sub"></my-hello>
</div>
```

リスト 4-10　prop_attr.js　　　　　　　　　　　　　　　　　　　　　　　　　　　JS

```
Vue.component('my-hello', {
  template: `<div title="result" class="main">こんにちは、Vue.js！</div>`
});

new Vue({
  el: '#app'
});
```

```
<div title="input" class="main sub" my-attr="mytext">こんにちは、Vue.js！</div>
```

　props 定義されていない属性（非 prop 属性）は、テンプレートのルート要素（ここでは<div>）に付与されるわけです。もしも既存の属性と重複している場合には、基本、呼び出し側の値で上書きされます（ここでは title 属性の値が上書きされています）。ただし、class 属性や style 属性は例外で、既存の値とマージされます。

　こうした非 prop 属性は、配下の要素で不特定の属性を要求する場合には便利ですが[*12]、濫用は避けてください。あくまでコンポーネントに渡す値は、明示的に props オプションで宣言し、コンポーネントとしての仕様（入口）を明確にすべきです。

> **Note　非 prop 属性をルート要素に適用したくない場合**
>
> ただし、非 prop 属性をルート要素にそのまま反映させたくない場合もあります。その場合は、inheritAttrs オプションを false に設定してください。
>
> ```
> Vue.component('my-hello', {
>   inheritAttrs: false,
>   ...中略...
> });
> ```

[*12] たとえば属性によって挙動を制御するライブラリを利用している場合、これをすべてコンポーネントで定義していくのは冗長です。

これで非 prop 属性[13]がルート要素に反映されなくなります。非 prop 属性には「this.$attrs[名前]」の形式でアクセスできるので、たとえば v-bind ディレクティブを利用することで任意の要素にバインドできます。以下は、非 prop 属性を <input> 要素にまとめてバインドする例です。

```
<input v-bind="$attrs" />
```

4-2-3 プロパティ値の型を制限する

props オプションには、単にプロパティ名を列挙するだけでなく、「プロパティ名：検証ルール」形式のオブジェクトを指定することもできます。これによって、プロパティ値が（たとえば）数値型であるか、そもそも値が指定されているかなどを Vue.js が検証してくれます。たとえば以下は、リスト 4-6 の prop_basic.js を検証ルールを使って書き換えたものです。

リスト 4-11 prop_basic.js（修正版） `JS`

```
props: {
  yourName: {
    type: String,
    required: true
  }
}
```

検証ルールは「ルール名：値 ,...」形式のオブジェクトとして指定できます。ルール名として指定できるのは、以下の表のものです。

ルール名	概要
type	データ型（String、Number、Boolean、Function、Object、Array、Date、Symbol のいずれか）
required	プロパティが必須か
default	値が指定されなかった場合の既定値
validator	カスタムの検証関数

▲ 表 4-2　検証機能として利用できるルール

---

[13] style 属性または class 属性を除きます。

この例であれば yourName プロパティが String 型で、かつ、必須であることを示しています。この状態で呼び出し側の your-name 属性を省略してみると、デベロッパーツールの［Console］タブに「Missing required prop: "yourName"」のような警告が表示されます[14]。

一般的なアプリでは、コンポーネントの仕様を利用者に対して明確に表すために、最低限プロパティのデータ型は指定し、それ以外の検証ルールもできるだけ詳細に定義することをお勧めします[15]。

▶ 検証ルールのさまざまな表現方法

以下では、検証ルールの主な表現方法について示しておきます。

(1) データ型だけを指定する

データ型（type オプション）だけを指定したい場合には、「yourName: String」のように、型名をそのまま表記できます。最もシンプルな検証ルールの表記です。

プロパティが複数の型を取りうる場合には（たとえば Number か String のように）型名を配列として渡してください。

```
props: {
  // yourNameプロパティはString／Number型のいずれか
  yourName: [ String, Number ]
}
```

(2) 任意の型を検証する

type オプションは、内部的には instanceof 演算子で型を判定しています。よって、P.155 の表で挙げた以外にも、カスタムの型を指定できます。

```
props: {
  // userプロパティはUser型
  user: User
}
```

この場合、内部的には「user instanceof User」でプロパティ値が検証されます。

---

[14] あくまでデベロッパーツールへの出力で、ブラウザー画面に表示されるエンドユーザー向けのメッセージではありません。

[15] ただし、本書ではコード簡単化のために、型や制約の定義を省略している場合があります。

(3) 既定値の指定方法に注意

　文字列や数値、真偽型などの基本型については、特に問題ありません。default オプション
に値を渡すだけです。以下の例で呼び出し側の your-name 属性を省略したときに「名無権兵衛」
が適用されることを確認してみましょう。

```
props: {
  yourName: {
    type: String,
    default: '名無権兵衛'
  }
}
```

　ただし、既定値が配列やオブジェクトである場合には、値そのものではなく、以下のよう
に既定値を返す関数を渡します。

```
props: {
  details: {
    type: Object,
    default: function() {
      return { value: 'Hoge' }
    }
  }
}
```

(4) 自作の検証ルールも指定できる

　validator オプションを利用することで、自作の検証ルールを指定することもできます。た
とえば以下は yourName プロパティが文字列で、文字数が 5 文字以内であることをチェックし
ます。検証関数は、引数としてプロパティ値を受け取り、戻り値として検証の成否を true ま
たは false で返すようにします。

```
props: {
  yourName: {
    type: String,
    required: true,
    // 文字数が5文字以内であれば成功
```

次ページへ続く

```
    validator: function(value) {
      return value.length <= 5;
    }
  }
}
```

　yourName プロパティが 5 文字より大きい場合には、デベロッパーツールの［Console］タブに「Invalid prop: custom validator check failed for prop "yourName".」のようなエラーが表示されます。

4-2-4　子コンポーネント⇒親コンポーネントの伝達 〜 $emit メソッド

　一方、子コンポーネントから親コンポーネントに対して情報を渡すには、**カスタムイベント**（$emit）というしくみを利用します。

▲ 図 4-9　子→親コンポーネント通信（イベント）

　子コンポーネントでなんらかの処理を実行したときに、親コンポーネントに対して、「なんらかの変化が起こったこと」（イベント）を通知するわけです。その際に、関連するデータ（任意のオブジェクト）を添付できます。
　イベントというと、これまでは利用する側であることがほとんどであったせいか、通知の側に立つと馴染みづらい面もあるかもしれません。しかし、親コンポーネントに対して値を引き渡すという側面に着目すると、なんら特別なしくみではないことがわかるはずです[16]。異なるのは、あくまで見た目の書き方だけです。

▶ カスタムイベントの例

　具体的な例も見てみましょう。ページに［1］［2］［-1］ボタンがあり、クリックすると、ペー

---

[16] ただし、イベントデータを受け取るかどうかは、親コンポーネント次第です（v-on で監視されていなければ無視されます）。親子階層では、情報の受け渡しは親が主導権を握っている、と言ってもよいでしょう。

ジ上部のカウンターがボタンの値に応じて変化するサンプルです。

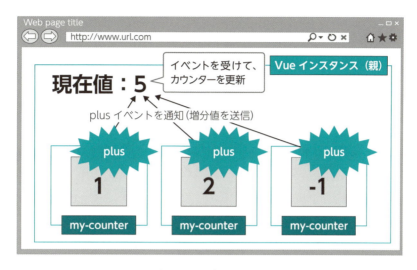

▲ 図 4-10 本項のサンプル（カスタムイベント）

　ルートコンポーネント（Vue インスタンス）の配下に、my-counter コンポーネントが配置されている構造です。my-counter はカウントアップのためのボタンを提供するだけで、カウント値は親コンポーネントが集中的に管理します。
　そこで my-counter では、ボタンがクリックされたタイミングで、独自の plus イベントを発生させ、親コンポーネント（カウンター）に加算、減算すべき値を通知します。
　この関係を理解したうえで、以下では、具体的な実装の手順を見ていきます。

[1] カウント機能を提供する my-counter コンポーネントを定義する

　まずは、子コンポーネントである my-counter からです。

リスト 4-12 emit_basic.js（抜粋）　　　　　　　　　　　　　　　JS

```js
Vue.component('my-counter', {
  // ボタンクリックで加算する値
  props: [ 'step' ],
  // クリック時にカウントアップ処理を実行
  template: `<button type="button" v-on:click="onclick">
    {{ step }}</button>`,
  methods: {
```

次ページへ続く

```
  // クリック時にplusイベントを発生
  onclick() {
    this.$emit('plus', Number(this.step));  ————————①
  }
 }
});
```

　ここでポイントとなるのは、一点だけ、①のコードです。ボタンクリックのタイミングで、カスタムイベント plus を発生させています。イベントを発生させるのは、$emit メソッドの役割です。

▼ 構文：$emit メソッド

$emit(*event* [,*args*])
event：イベント名 *args*　：親コンポーネントに引き渡すデータ

　イベント名（引数 *event*）は自由に決めて構いませんが、複数の単語から構成される名前ではケバブケース記法で統一してください（たとえば、myEvent でも MyEvent でもなく、my-event です）。コンポーネント名のように、Pascal ケース記法を許容**しない**ので、要注意です。
　引数 *args* は、親コンポーネントに引き渡す値です。今回の例であれば、step プロパティ（カウンターの増分値）を数値に変換したものを渡します[17]。

[2] ルートコンポーネントを編集する

　子コンポーネント my-counter を準備できたところで、親コンポーネント（Vue インスタンス）のコードを見てみましょう。

┃リスト 4-13　emit_basic.html　　　　　　　　　　　　　　　　　　　　`HTML`

```
<div id="app">
  <p>現在値：{{current}}</p>
  <!--増分値の異なるボタンを配置-->
```

次ページへ続く

---

[17] 複数の値を渡すならば、オブジェクトとして束ねます。たとえば、「this.$emit('plus', { id: 10, name: 'Yamada' });」のようになります。

4-2 コンポーネント間の通信

```
  <my-counter step="1" v-on:plus="onplus"></my-counter>
  <my-counter step="2" v-on:plus="onplus"></my-counter>
  <my-counter step="-1" v-on:plus="onplus"></my-counter>
</div>
```
❶

リスト 4-14 emit_basic.js（抜粋）   JS

```
Vue.component('my-counter', { ... });

new Vue({
  el: '#app',
  data: {
    // カウンター値
    current: 0
  },
  methods: {
    // plusイベントでカウンター値を更新
    onplus: function(e) {
      this.current += e;
    }
  }
});
```
❷

　カスタムイベントを監視するのは、これまでと同じく v-on ディレクティブです[18]。「plus イベントを受け取ったら、onplus メソッドを実行しなさい」というお馴染みの構文です（❶）。

　対応するイベントハンドラーも確認してみましょう（❷）。$emit メソッドの引数 *args* で渡された値は、イベントオブジェクト（引数 e）として受け取れます。今回の例であれば、引数 e には増分値が格納されているはずなので、そのまま current プロパティにインクリメントしています。

---

[18] もちろん、省略形の「@」を利用しても構いません。

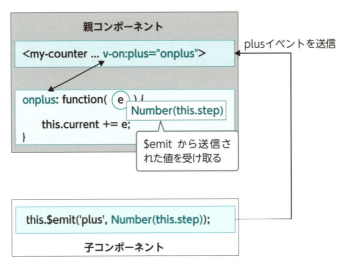

▲ 図 4-11 $emit メソッドとイベントハンドラー

▶ 補足：ブラウザーネイティブなイベントを監視する

コンポーネントでは、すべてのイベントは $emit メソッドで通知しなければなりません。そして、それは click のようなブラウザーネイティブなイベントでも例外ではありません。

たとえば、以下のようなコードは妥当に見えますが、動作しません。my-counter コンポーネント（リスト 4-12）のどこからも $emit されていないからです。

```
<!--clickイベントは発生しない-->
<my-counter step="1" v-on:click="onclick"></my-counter>
```

このような場合には、v-on ディレクティブに .native 修飾子を付与してください。

```
<my-counter step="1" v-on:click.native="onclick"></my-counter>
```

```
onclick: function(e) {
  this.current += Number(e.target.textContent);     ―❶
}
```

これで my-counter コンポーネントのルート要素（ここでは <button>）で発生した click イベントを監視できます。❶のようなコードで、ボタンキャプションを取得すれば、前項と同じような動作も実現できるでしょう。

ただし、.native 修飾子は濫用すべきではありません。一見すると、$emit よりも便利そう

ですが、コンポーネントの構造に影響されやすいからです。たとえば、以下のような例を見てみましょう。

リスト 4-15 ev_native.html `HTML`

```html
<div id="app">
  <my-input v-on:focus.native="onfocus"></my-input>　──────❶
</div>
```

リスト 4-16 ev_native.js `JS`

```js
// <input>要素を出力するだけのコンポーネント
Vue.component('my-input', {
  template: `<input type="text" />`
});

new Vue({
  el: '#app',
  methods: {
    // フォーカス時にイベント情報をログ表示
    onfocus: function(e) {
      console.log(e);
    }
  }
});
```

my-input は、<input> 要素を出力するだけのシンプルなコンポーネントです。❶で focus をネイティブイベントとして監視しているので、テキストボックスにフォーカスしたところでイベントオブジェクトがログ出力されます。

ところが、my-input を以下のように変更すると、どうでしょう。

```
template: `<label>名前：<input type="text" /></label>`
```

ルート要素は <label> となるので、今度は focus イベントが検知できません[19]。これはごくシンプルな例ですが、特定の条件で簡単に .native 修飾子が働かなくなることがわかるでしょう。

---

[19] focus イベントは上位要素に伝播しないからです。

4-2-5 props や $emit を利用しない親子間通信

　props、$emit を利用する代わりに、$parent および $refs プロパティを利用して、親⇔子コンポーネントを取得し、データを交換することもできます。ただし、コンポーネント間の通信は、まずは「Props down, Event up」が基本です。props や $emit を利用しないデータ交換はデータの流れが不明瞭になり、コンポーネント階層が複雑になった場合にはコードの可読性を著しく劣化させます。あくまで、例外的な手法と捉えてください。

　以下に、具体的な例を示します。以下は、メインコンポーネント（Vue インスタンス）の配下に my-child コンポーネントが配置された構造で、それぞれ子から親の、親から子のデータオブジェクトを設定してみます。

リスト 4-17 ev_parent.html `HTML`

```html
<div id="app">
  <p>親：{{ message }}</p>
  <my-child ref="child"></my-child> ————❸
</div>
```

リスト 4-18 ev_parent.js `JS`

```js
// my-childコンポーネントを定義
Vue.component('my-child', {
  data: function() {
    return {
      message: ''
    }
  },
  template: `<p>子：{{ message }}</p>`,
  // マウント時に親のmessageを設定
  mounted: function() {
    this.$parent.message = '子から設定'; ————❶
  }
});

new Vue({
  el: '#app',
  data: {
    message: ''
```

次ページへ続く

```
    },
    // マウント時に子のmessageを設定
    mounted: function() {
      this.$refs.child.message = '親から設定';     ❷
    }
  });
```

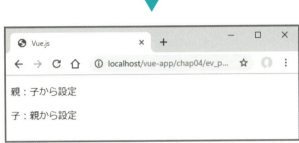

▲ 図 4-12 親から子、子から親に設定した値が反映された

　まず、子コンポーネント（my-child）から直上の親コンポーネントを取得するには、$parent プロパティを利用します（❶）。別解として、この例であれば、親はルートコンポーネントなので、$root プロパティで置き換えても同じ意味です。

　そして、親から子コンポーネントを参照するには、3-2-6 項でも登場した $refs プロパティを利用します（❷）。$refs を利用するには、子コンポーネントを呼び出す際にも ref 属性でコンポーネントの呼び出し名を宣言しておく必要があります（❸）。

4-3 コンポーネント配下のコンテンツを テンプレートに反映させる ～ スロット

　スロット機能を利用することで、コンポーネントの呼び出し元で指定したコンテンツをテンプレートに埋め込むことができます。たとえば以下は、前節の my-hello コンポーネント（prop_basic.html、prop_basic.js）を修正して、あいさつメッセージに埋め込むべき名前を、（属性ではなく）配下のコンテンツとして指定します。

▌リスト 4-19　slot_basic.html　　　　　　　　　　　　　　　　　　　　　　HTML

```html
<div id="app">
```

次ページへ続く

```
    <my-hello>鈴木</my-hello>        ❷
  </div>
```

リスト 4-20 slot_basic.js 　　　　　　　　　　　　　　　　　　　　JS

```
Vue.component('my-hello', {
  props: [ 'yourName' ],
  template: `<div>こんにちは、<slot>ゲスト</slot>さん！</div>`,      ❶
})

new Vue({
  el: '#app',
});
```

```
<div>こんにちは、鈴木さん！</div>
```

　スロットを利用するには、テンプレートの配下に <slot> 要素を埋め込むだけです（❶）。これによって呼び出し側で指定されたコンテンツ（❷）が、<slot> 要素のあった場所に埋め込まれます。

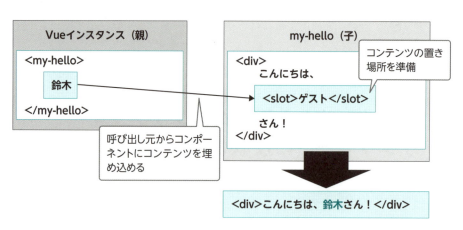

▲ 図 4-13　<slot> 要素

　<slot> 要素配下のコンテンツ（ここでは「ゲスト」）は、呼び出し元からコンテンツが渡されなかった場合に出力される既定のコンテンツです。

4-3-1 スロットのスコープ

呼び出し側のコンテンツには、任意の HTML タグ、子コンポーネント、{{...}}式、ディレクティブなどを含めることも可能です。ただし、{{...}}式、ディレクティブの式（JavaScript）は、（子コンポーネントではなく）あくまで現在のインスタンス（コンポーネント）に属します。

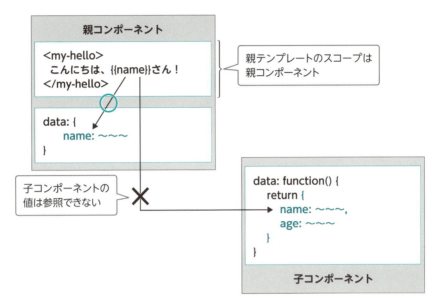

▲ 図 4-14　スロットのスコープ

つまり、親コンポーネントのテンプレートから子コンポーネントのデータオブジェクトにアクセスすることはできません。たとえば以下のコードは、子コンポーネントの name 属性へのアクセスを意図したものですが、不可です。

```
<my-hoge name="山田">
  こんにちは、{{name}}さん！ ────  子コンポーネントの情報にはアクセスできない
</my-hoge>
```

基本的なルールはシンプルで、**親テンプレートのすべては親コンポーネントが管理し、同様に、子テンプレートのすべては子コンポーネントが管理する**というわけです。

4-3-2 複数のスロットを利用する

テンプレートに複数のスロットを準備し、呼び出し側から複数のコンテンツを埋め込むことも可能です。まずは、具体的な例を見てみましょう。

リスト 4-21 slot_multi.html `HTML`

```html
<div id="app">
  <my-slot>
    <template v-slot:header>
      <h3>ようこそVue.jsへ</h3>
    </template>

    <p>一緒に勉強しましょう。</p>         ——— ❹

    <template v-slot:footer>
      <span>Written by WINGSプロジェクト</span>
    </template>                                        ❸

    <p>質問は掲示板へどうぞ。</p>       ——— ❺
  </my-slot>
</div>
```

リスト 4-22 slot_multi.js `JS`

```js
Vue.component('my-slot', {
  template: `<div>
    <header>
      <slot name="header">DEFAULT HEADER</slot>
    </header>
    <div>
      <slot>DEFAULT MAIN</slot>          ——— ❷              ❶
    </div>
    <footer>
      <slot name="footer">DEFAULT FOOTER</slot>
    </footer>
  </div>`
});

new Vue({
  el: '#app'
});
```

```
<div id="app">
  <div>
    <header>
      <h3>ようこそVue.jsへ</h3>
    </header>
    <div>
      <p>一緒に勉強しましょう。</p>
      <p>質問は掲示板へどうぞ。</p>
    </div>
    <footer>
      <span>Written by WINGSプロジェクト</span>
    </footer>
  </div>
</div>
```

複数のスロットを埋め込む場合には、互いを区別できるよう、<slot>要素にname属性を付与します（❶）。❷のような名前のない<slot>要素は、既定で「name=default」と見なされます。よって、この例であれば、header、default、footerスロットが用意されたことになります。

後は、これに対応するよう、呼び出し元でもスロット単位にテンプレートを準備します。これを行うのが<template>要素とv-slotディレクティブの役割です（❸）。

▼ 構文：名前付きスロット（v-slotディレクティブ）

<template v-slot:*name*> *contents* </template>

name　　　：埋め込み先スロットの名前
contents　：埋め込むコンテンツ

これで、それぞれ指定されたコンテンツが対応する<slot>要素に埋め込まれるというわけです。

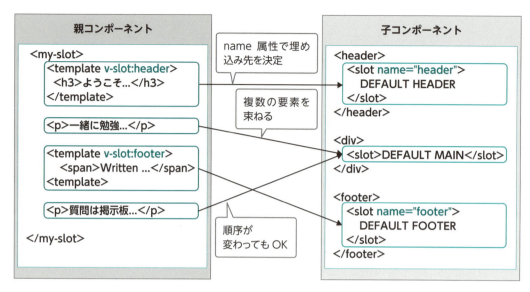

▲ 図4-15 複数のスロットを埋め込む場合

<template> 要素（v-slot）で明示的に指定されなかった要素（この例では <p> 要素）は、既定のスロット（name 属性のない <slot> 要素）に埋め込まれます（❹、❺）。複数の要素がある場合もマージされたうえで埋め込まれます[20]。

ちなみに、❹、❺は明示的に default テンプレートとして表しても同じ意味です。

```
<template v-slot:default>
  <p>一緒に勉強しましょう。</p>
  <p>質問は掲示板へどうぞ。</p>
</template>
```

Note　Vue.js 2.5 以前では

v-slot ディレクティブは、Vue.js 2.6 で導入されました。2.5 以前の環境では、以下のように slot 属性で表してください（<template> も利用しません）。

```
<h3 slot="header">ようこそ速習Vue.jsへ</h3>
```

slot 属性は 2.6 以降でも利用できますが、既に非推奨の扱いになっているので、v-slot の利用が許されるならば、まずはそちらを優先して利用すべきです。

---

[20] サンプルでは、順番に並んでいなくても問題ないことを確認するためにバラバラに記載していますが、一般的には同じスロットへのコンテンツは同じ箇所にまとめるべきです。

4-3 コンポーネント配下のコンテンツをテンプレートに反映させる 〜 スロット

➤ 補足：v-slot のさまざまな構文

v-slot には、いくつかの記法が用意されているので、以下に補足しておきます。

（1）ディレクティブの動的引数

3-4-1 項でも触れたディレクティブの動的引数は、v-slot ディレクティブでも利用できます。たとえば以下は name プロパティの値によって、埋め込み先のスロットを決定します。

```
<template v-slot:[name]>...</template>
```

（2）v-slot の省略構文

v-bind や v-on と同じく、v-slot にも省略構文が用意されており、「#」で表記できます。よって、リスト 4-21 のコードは、以下のように書いても同じ意味です。

```
<my-slot>
  <template #header>
    <h3>ようこそVue.jsへ</h3>
  </template>
  ...中略...
</my-slot>
```

4-3-3 スロットから子コンポーネントの情報を引用する 〜 スコープ付きスロット

前項でも触れたように、親テンプレート内は親コンポーネントのスコープなので、子コンポーネントの情報にアクセスすることはできません。よって、以下のようなコードは、正しく動作しません。

リスト 4-23 slot_scope.html（正しく動作しない版） `HTML`

```
<div id="app">
  <my-book>
    {{book.title}}（{{book.price}}円）          ❷
  </my-book>
</div>
```

171

■ リスト 4-24　slot_scope.js（正しく動作しない版）　　　　　　　　　　　　　　JS

```js
Vue.component('my-book', {
  data: function() {
    return {
      book: {
        isbn: '978-4-8222-5389-9',
        title: '作って楽しむプログラミング HTML5超入門 ',
        price: 2000,
        publish: '日経BP'
      }
    };
  },
  template: `<div>
    <slot>{{book.title}} ({{book.publish}}) </slot>
  </div>`
});

new Vue({
  el: '#app'
});
```
❶

　スロット既定のコンテンツでは、book プロパティの内容を「書名（出版社）」の形式で表示しようとしています（❶）。これを呼び出し側で「書名（価格）」の形式に差し替えよう、というわけです（❷）。

　しかし、親テンプレート（❷）で子コンポーネントの book プロパティにはアクセスできないので、「Property or method "book" is not defined on the instance ～～」のようなエラーとなります。

　そのような場合に利用できるのが、**スコープ付きスロット**です。先ほどのコードをスコープ付きスロットで書き換えたのが、以下です。

■ リスト 4-25　slot_scope.html（修正版）　　　　　　　　　　　　　　　　　　HTML

```html
<div id="app">
  <my-book>
    <template v-slot:default="slotProp">
      {{slotProp.book.title}} ({{slotProp.book.price}}円)
    </template>
```
❷

次ページへ続く

172

```
    </my-book>
</div>
```

リスト 4-26 slot_scope.js（修正版）　JS

```
Vue.component('my-book', {
  ...中略...
  template: `<div>
    <slot v-bind:book="book">{{book.title}} ({{book.publish}}) </slot>
    </div>`
});
```
――❶

スコープ付きスロットを利用するには、まず、子コンポーネント（<slot> 要素）の側で v-bind ディレクティブで book 属性を登録します（❶）。<slot> 要素にバインドされた属性のことを**スロットプロパティ**と呼びます。この例であれば、book 属性（中身は book プロパティの値）をスロットプロパティとして呼び出し側に公開しているわけです。

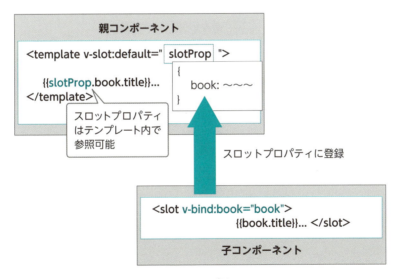

▲ 図 4-16　スコープ付きスロット

スロットプロパティを受け取るには、v-slot ディレクティブを宣言します（❷）。値は、すべてのスロットプロパティを含んだオブジェクトの名前です。今回は slotProp と命名しているので、スロットプロパティには **slotProp.プロパティ名**で、アクセスが可能になります[*21]。

[*21] slotProp は単なる例なので、名前は自由に変更できます。

> **Note** **分割代入** **ES2015**
>
> ES2015 の分割代入という機能を利用すれば、スロットプロパティ呼び出しのコードを少しだけ簡単化できます。

```
<my-book>
  <template v-slot:default="{ book }">
    {{book.title}} ({{book.price}}円)
  </template>
</my-book>
```

太字が分割代入のコードです。渡されたオブジェクトから目的のプロパティ（ここでは book）だけを取り出して、同名の変数に再割り当てします。これで、配下のテンプレートからは（slotProp.book ではなく）単なる book と書けるようになるので、コードが少しだけシンプルになります。

> **Note** **Vue.js 2.5 以前では**
>
> 先述したように、v-slot ディレクティブは Vue.js 2.6 で導入されました。2.5 以前の環境では、以下のように slot 属性と slot-scope 属性で表してください。

```
<my-book>
  <template slot="default" slot-scope="slotProp">
    {{slotProp.book.title}} ({{slotProp.book.price}}円)
  </template>
</my-book>
```

▶ default スロットの省略構文

　コンポーネント配下に default スロットしかない場合[*22]、v-slot は以下のようにも書けます。

```
<my-book v-slot:default="slotProp">
  {{slotProp.book.title}} ({{slotProp.book.price}}円)
</my-book>
```

`<template>` 要素の代わりに、コンポーネント要素そのもので v-slot 宣言するわけです。

[*22] 他の名前付きスロットがある場合は、省略構文は利用できません。

さらに、default スロットであることは明らかなので、「:default」を省略しても構いません。随分とすっきりしましたね。

```
<my-book v-slot="slotProp">...</my-book>
```

Column

Vue.js をより深く学ぶための参考書籍

本書は、フレームワークの入門書という性質上、JavaScript の基本を既に理解していることを前提としています。もし本書を読み進めるうえで、周辺知識の理解が足りていない、もっと知りたい、と思われた際は、以下のような書籍も併せて参照されることをお勧めします。

○『改訂新版 JavaScript 本格入門』（技術評論社）／『これから学ぶ JavaScript』（インプレス）／『JavaScript 逆引きレシピ 第 2 版』（翔泳社）

標準 JavaScript からブラウザー上で利用できるオブジェクトまでをまとめた入門書です。『これから～』は ES2015 以降の環境を前提に、モダンな知識をコンパクトにまとめています。『本格入門』は JavaScript の基本は知っているが、あらためて確かな知識を身に付けたいという本格派にお勧めです。逆に、目的／用途から手っ取り早くコード例を参照したいという用途には『レシピ』を脇に常備しておくとよいでしょう。

○『たった 1 日で基本が身に付く！ HTML&CSS 超入門』（技術評論社）／『これから学ぶ HTML/CSS』（インプレス）

フロントエンド開発を進めるにあたって、正しい HTML ／ CSS の知識は欠かせません。これまで「なんとなく」HTML ／ CSS を書いてきたという人は、これらの書籍でマークアップ／スタイリングのお作法を再確認してみてはいかがでしょうか。

○『Angular アプリケーションプログラミング』（技術評論社）／『速習 React』（Amazon Kindle）

JavaScript フレームワークとしてよく利用されているのは Vue.js ばかりではありません。代表格と目される Angular、React などもあわせて学ぶことで、より Vue.js の理解を深めるきっかけにもなるはずです。

○『独習 PHP 第 3 版』（翔泳社）

SPA（Single Page Application）の開発では、サーバーサイド技術との連携が常に付きまといます。サーバーサイド技術にもさまざまな種類がありますが、はじめの一歩としては PHP がお勧めです。低いハードルから、サーバーサイド開発の初歩を学びます。

Chapter

5 コンポーネント（応用）

本章のポイント

- <component> 要素は、コンポーネントを動的に切り替えるためのしくみを提供します。
- v-model を利用することで、コンポーネントにも双方向データバインディングのしくみを組み込めます。
- <transition> 要素を利用することで、要素にアニメーションを付与できます。
- コンポーネントからの出力は、文字列テンプレート以外にも、x-template、インラインテンプレート、render オプションなどで指定できます。

　前章では、コンポーネントの定義から、複数コンポーネント間での通信（props や $emit）、そして、呼び出し側からコンテンツを引き渡すスロットなど、コンポーネントを利用するうえでの基本的な事項について学びました。

　本章では、これらの基本を受けて、より高度にコンポーネントを活用する場合に知っておきたいテーマを扱います。具体的には、以下の内容です。

- 動的コンポーネント
- アニメーション
- 双方向データバインディング
- テンプレートの実装方法

　応用とは言っても、いずれも本格的なアプリを実装するうえでは欠かせない知識ばかりです。特に「双方向データバインディング」は、コンポーネント間の通信をよりスリムに表現するには欠かせない知識です。

5-1 動的コンポーネント

Vue.jsでは、特別な準備をすることなく利用できる**組み込みコンポーネント**を用意しています。たとえば4-3節で触れた`<slot>`要素も、実は、組み込みコンポーネントの一種です。

本節では、組み込みコンポーネントの一種である`<component>`要素について解説します。`<component>`要素は「コンポーネントの入れ物」[*1]で、あらかじめ用意したコンポーネントをインポートし、動的な切り替えを可能にします。

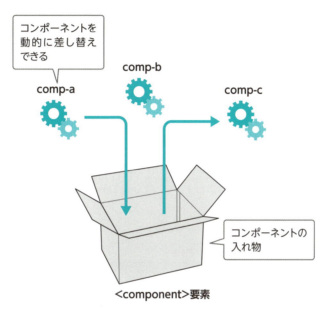

▲ 図5-1 動的コンポーネント

5-1-1 動的コンポーネントの基本

まずは、具体的な用例を見てみましょう。以下は、あらかじめ用意したバナー――`<banner-member>`、`<banner-new>`、`<banner-envs>`要素（コンポーネント）――を、3000ミリ秒ごとに切り替え表示する例です。

[*1] コンポーネントを制御するためのコンポーネント、という意味で、**メタコンポーネント**とも呼びます。

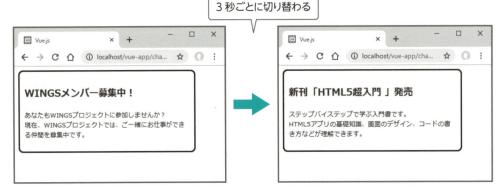

▲ 図 5-2　個々のコンポーネントを切り替え表示

では、実装の手順を追っていきます。

[1] インポートするコンポーネントを準備する

たとえば以下に、<banner-member> 要素の例を示します。他のコンポーネントも、テンプレートが異なるだけなので、紙面上は割愛します。完全なコードは、ダウンロードサンプルを参照してください。

▎リスト 5-1　banners.js（抜粋）　　　　　　　　　　　　　　　　　　　　　　　　　　JS

```js
// 個々のバナー
Vue.component('banner-member', {
  template: `<div class="banner">
    <h3>WINGSメンバー募集中！</h3>
    <p>あなたもWINGSプロジェクトに参加しませんか？<br />
      現在、WINGSプロジェクトでは、ご一緒にお仕事ができる仲間を募集中です。</p>
  </div>`
});
```

[2] コンポーネント呼び出しのコードを準備する

用意したコンポーネントを切り替え表示するための、呼び出し側のコードを準備します。

5-1 動的コンポーネント

リスト 5-2　banners.html　　　　　　　　　　　　　　　　　　　　　　HTML

```html
<div id="app">
  <component v-bind:is="currentBanner" />  ————————①
</div>
```

リスト 5-3　banners.js（抜粋）　　　　　　　　　　　　　　　　　　　JS

```js
Vue.component(...);
...中略...
new Vue({
  el: '#app',
  // 起動時にコンポーネント切り替え用のタイマーを準備
  created: function() {
    let that = this;
    this.interval = setInterval(function(){
      that.current = (that.current + 1) % that.components.length;
    }, 3000);
  },
  // コンポーネント破棄時にタイマーも破棄
  beforeDestroy: function() {
    clearInterval(this.interval);
  },
  computed: {
    // 現在表示すべきコンポーネント名を取得
    currentBanner: function() {
      return 'banner-' + this.components[this.current];
    }
  },
  data: {
    // 表示中のコンポーネント（インデックス）
    current: 0,
    // 表示すべきコンポーネントのリスト
    components: [ 'member', 'new', 'env' ]
  }
});
```

④
⑤
③
②

コードも複雑になってきたので、順にポイントを追っていきましょう。

179

❶コンポーネントの表示領域を決めるのは <component> 要素

まずは、コンポーネントの表示領域を <component> 要素で準備します。表示すべきコンポーネントは、is 属性で表します。今回の例であれば、currentBanner プロパティの値によって、表示するコンポーネントを決定します。

❷❸ data、computed オプションで表示コンポーネントを管理

表示すべきコンポーネントを制御するために、ここでは以下のプロパティ、算出プロパティを用意します。

プロパティ	概要
components	表示すべきコンポーネントのリスト（「banner-xxxxx」の xxxxx の部分のみ）
current	表示中のコンポーネント（components 配列内のインデックス番号）
currentBanner	表示すべきコンポーネントの完全名（banner-xxxxx）を取得（算出プロパティ）

▲ 表 5-1　コンポーネント制御にかかわるプロパティ

表示すべきコンポーネント（群）は components プロパティでリスト化しておきます。対象のコンポーネントを増やしたい場合には、ここに追加します。

current プロパティは、後からタイマーで制御するためのインデックス値です。この値を時間経過で変化させることで、表示コンポーネントを切り替えます。

表示コンポーネントの完全名（banner-xxxxx）は、components、current プロパティから currentBanner プロパティで算出します。

❹コンポーネント切り替えのタイマーを準備する

表示すべきコンポーネントを一定時間おきに切り替えるために、setInterval メソッドでタイマーを準備します。準備のタイミングは、メインコンポーネントを起動したタイミング（= created）です。

タイマーの中では「(that.current + 1) % that.components.length」で 0 〜最大インデックスの範囲で循環する値を求め[*2]、その値を current プロパティに反映させています。実際に <component> 要素に割り当てられているのは、currentBanner 算出プロパティですが、currentBanner は current を参照しているので、current プロパティの変化によって、表示コンポーネントも変化するわけです。

[*2]　つまり、ここでは「0、1、2、0、1…」のように値が変化します。

❺ タイマーを破棄する

タイマーのように、コンポーネント内で準備したリソースは、コンポーネントを破棄するタイミングで破棄すべきです。これを行うのが、beforeDestroyメソッドの役割です。createdメソッドともども、ライフサイクルフックについては2-2-3項も併せて参照してください。

5-1-2　タブパネルを生成する

動的コンポーネントを利用した例として、もうひとつ、ここではタブパネルを生成してみます。その過程で、もうひとつの組み込みコンポーネント<keep-alive>要素についても解説します。

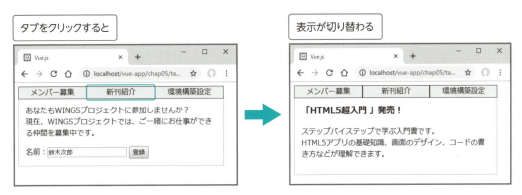

▲ 図 5-3　タブで表示パネルを切り替え

[1] パネルを表すコンポーネントを準備する

以下は、<tab-member>要素の例です。他のコンポーネントも、テンプレートが異なるだけで、構文上特筆すべき点はないので、紙面上は割愛します。完全なコードは、ダウンロードサンプルを参照してください。

リスト 5-4　tabs.js（抜粋）　　JS

```
Vue.component('tab-member', {
  template: `<div class="tab">
    <p>あなたもWINGSプロジェクトに参加しませんか？<br />
      現在、WINGSプロジェクトでは、ご一緒にお仕事ができる...</p>
    <label>名前：<input type="text" v-model="name" /></label>
    <input type="submit" value="登録" />
  </div>`,
```

次ページへ続く

```
    data: function() {
      return {
        name: ''
      }
    }
  });
```

[2] コンポーネント呼び出しのコードを準備する

用意したコンポーネント（パネル）をタブ切り替えするための、メインのコンポーネント
を準備します。

リスト 5-5 tabs.html　　　　　　　　　　　　　　　　　　　　　　　　　　　　　　　**HTML**

```
<div id="app">
  <div id="container">
    <!--タブを列挙-->
    <ul>
      <li v-for="tab in tabNames">
        <a href="#" v-on:click.prepend="onclick(tab)">{{ tabs[tab] }}</a>    ❷
      </li>
    </ul>
    <!--タブパネルを準備-->
    <keep-alive>
      <component v-bind:is="currentTab"></component>    ❹
    </keep-alive>
  </div>
</div>
```

リスト 5-6 tabs.js

```
Vue.component(...)
...中略...
new Vue({
  el: '#app',
  methods: {
    // クリック時にタブを切り替え
```

次ページへ続く

5-1 動的コンポーネント

```
    onclick: function(tab) {
      this.current = tab;              ❸
    }
  },
  computed: {
    // タブ名の取得（「tab-xxxxx」のxxxxxの部分）
    tabNames: function() {
      return Object.keys(this.tabs);
    },
    // 現在表示すべきコンポーネント名を取得
    currentTab: function() {
      return 'tab-' + this.current;
    }
  },
  data: {
    // 表示中のタブ
    current: 'member',
    // 表示すべきタブのリスト（「名前: タブ表示」）
    tabs: {
      'member': 'メンバー募集',
      'new': '新刊紹介',              ❶
      'env': '環境構築設定'
    }
  }
});
```

コンポーネント（応用） 5

　あらかじめ用意したタブリスト（❶）をもとにタブを生成し（❷）、タブクリック時には現在のパネルを表す current プロパティを切り替える（❸）という流れは[*3]、複合的ではありますが、これまでの知識で読み解ける内容です。

　本項でポイントとなるのは、❹のコードです。<component> 要素を <keep-alive> 要素でくくっている点に注目です。試しに、<keep-alive> 要素を削除して、サンプルを実行してみましょう。［メンバー募集］タブでテキストボックスに適当な値を入力して、タブを切り替え、また、［メンバー募集］タブに戻ってみましょう。

[*3] 動的コンポーネントに紐づいているのは currentTab プロパティですが、currentTab が current を参照しているので、current プロパティの変化によってパネルも切り替わります（前項のサンプルと同様ですね）。

183

▲ 図 5-4　タブ切り替えでコンポーネントは初期状態に

　最初に入力した内容は、消えてしまっているはずです。動的コンポーネントでは、コンポーネント変更時に、既定で、不要になったコンポーネントを破棄します。一般的には、不要になったリソースをその場で破棄するのは望ましいことですが、今回のサンプルのように、以前の状態を残しておきたいことがあります。

　そこで登場するのが、<keep-alive>要素です。<keep-alive>要素を利用することで、非アクティブになったコンポーネントを内部的に維持しておくことができます。サンプルを元に戻して、実際の挙動も確認しておきましょう。タブの行き来で入力内容が**消えない**（＝状態が維持されている）ことが確認できます。

▶ 補足：<keep-alive> 要素の属性

　<keep-alive>では、コンポーネントのキャッシュ方法を制御するために、以下のような属性を用意しています。

(1) max 属性

　キャッシュするコンポーネントの最大数を指定します。キャッシュの個数が、この値を超えた場合、その時点で最近一番アクセスされていないコンポーネントから破棄されます。

```
<keep-alive v-bind:max="5">...</keep-alive>
```

(2) include、exclude 属性

　キャッシュすべきコンポーネントを include 属性で、キャッシュすべきで**ない**コンポーネントを exclude 属性で、文字列（カンマ区切り）、配列、正規表現のいずれかで指定します[4]。以下は include 属性の例ですが、exclude 属性でも同じように指定が可能です。

---

[4] 文字列以外は、v-bind 経由でバインドします。

5-2 v-modelによる双方向データバインディング

```
<keep-alive include="com1,com2">...</keep-alive> ——————  文字列
<keep-alive v-bind:include="['com1', 'com2']">...</keep-alive> ——  配列
<keep-alive v-bind:include="/com[12]/">...</keep-alive> ——————  正規表現
```

　キャッシュ対象の（＝状態を維持すべき）コンポーネントが限定される場合には、max属性よりも効果的にキャッシュできます。

5-2 v-modelによる双方向データバインディング

　4-2-1項でも触れたように、コンポーネント間のデータ交換は、まずは「Props down, Event up」が基本です。もっとも、時として、この双方をまとめて表したいということがあります。たとえば、オリジナルの入力ボックス（<my-input>）であれば、

```
<my-input v-bind:value="..." v-on:input="..."></my-input>
```

ではなく、

```
<my-input v-model="..."></my-input>
```

と書きたいと思うのではないでしょうか。
　可能です。v-modelディレクティブは3-2節では、標準的なフォーム要素——<input>／<select>／<textarea>要素での用途で登場しました。しかし、それだけではなく、自作のコンポーネントで利用することもできます。

5-2-1 コンポーネントでのv-modelの利用例

　具体的な例も見てみましょう。以下のmy-inputは、配下にテキストボックスを持つだけのシンプルな入力用途のコンポーネントとしていますが、一般的には独自の機能を組み込むことになるでしょう。

リスト5-7 model_basic.html　　　　　　　　　　　　　　　　　　　　**HTML**

```
<div id="app">
  <my-input v-model="message"></my-input> ——————————— ❶
  <p>入力値：{{message}}</p>
</div>
```

リスト 5-8 model_basic.js `JS`

```js
Vue.component('my-input', {
  props: [ 'value' ],                              ②
  template: `<label>
    名前：
    <input
      type="text" v-bind:value="value"            ③
      v-on:input="$emit('input', $event.target.value)" />    ④
  </label>`
});

new Vue({
  el: '#app',
  data: {
    message: ''
  }
});
```

これまで何度か触れてきたように、v-model は v-bind、v-on の別記法にすぎません。よって、❶は、実は以下と同じ意味です。

```
<my-input v-bind:value="message"
  v-on:input="message = $event"></my-input>
```

ということは、これに対応する props、$emit を用意してやれば、このコンポーネントは正しく動作するということになります。これを行っているのが❷／❸と❹です。

❷で value プロパティを準備し[*5]、これを配下の <input> 要素（❸）にバインドします。❹は、<input> 要素の input イベントが発生したところで、コンポーネント自体の input イベントを $emit します。その際に、入力値（$event.target.value）を送出しているわけです。

これで、コンポーネントとして v-model に対応できたことになります。

▶ 別解：算出プロパティによる出し入れ

別解として、コンポーネント側は、算出プロパティを利用して、以下のように表すこともできます。

[*5] value プロパティの定義は、意外と忘れがちなところなので要注意です！

5-2　v-modelによる双方向データバインディング

```
Vue.component('my-input', {
  props: [ 'value' ],
  template: `<label>
    名前：
    <input type="text" v-model="internalValue" />          ❷
  </label>`,
  // valueプロパティを操作するための算出プロパティを準備
  computed: {
    internalValue: {
      get() {
        return this.value;
      },
      set(newValue) {
        if (this.value !== newValue) {          ❶
          this.$emit('input', newValue);
        }
      }
    }
  }
});

new Vue({
  el: '#app',
  data: {
    message: ''
  }
});
```

　internalValue は、ゲッター、セッターを備えた算出プロパティです（❶）。ゲッターで現在の value プロパティを取得し、セッターでは value プロパティと入力値（newValue）が異なる場合に、input イベントを $emit します。

　後は、この internalValue プロパティをテンプレート側で v-model としてバインドするだけです（❷）。

　リスト 5-8 と比べると、コードそのものは長くなっていますが、テンプレートから v-bind、v-on（と、それに伴う $emit 呼び出し）が追い出されているので、テンプレートの見通しは改善します。

187

> **Note** **プロパティは v-model に渡せない**
>
> よりシンプルに、value プロパティをそのまま v-model に渡してもよいではないか、と思われるかもしれません。
>
> ```
> <input type="text" v-model="value" />
> ```
>
> しかし、これは不可です。4-2-2 項でも触れたように、プロパティは親コンポーネントからのデータの受け口なので、読み取り専用とすべきだからです。実際、この状態でテキストボックスを編集すると、「Avoid mutating a prop directly ～」（プロパティを直接編集するのは避けること）のような警告が発生します。

5-2-2 v-model の紐付け先を変更する ～ model オプション

v-model によって紐付くプロパティやイベントは、model オプションによって変更することもできます[6]。

```
Vue.component('my-input', {
  props: [ 'name' ],
  // 紐付け先をnameプロパティ／changeイベントに変更
  model: {
    prop: 'name',
    event: 'change'
  },
  template: `<label>
    名前：
    <input
      type="text" v-bind:value="name"
      v-on:input="$emit('change', $event.target.value)" />
  </label>`
});

new Vue({
  el: '#app',
  data: {
    message: ''
```

次ページへ続く

---

[6] 既定では、value プロパティや input イベントに紐づくのでした。

188

```
  }
});
```

　たとえばチェックボックスやラジオボタンなどを表すコンポーネントであれば、入力値は checked プロパティに紐付けるのがより直観的です。チェックボックスやラジオボタンでは、value 属性はオプション値を表すだけで、実際の入力（＝チェック状態）を表すのは checked プロパティだからです[7]。

　その他にも、value プロパティ、input イベントを別の用途で利用している場合には、model オプションで紐付け先を宣言する必要があります。

5-2-3　複数のプロパティを双方向バインディングする 〜 .sync 修飾子

　v-model ディレクティブとほぼ同じ挙動を提供するのが、v-bind の .sync 修飾子です。まずは、5-2-1 項のサンプルを .sync 修飾子で書き換えてみましょう。

リスト 5-9　model_sync.html `HTML`

```html
<div id="app">
  <!--valueプロパティを同期化-->
  <my-input v-bind:value.sync="message"></my-input>  ────①
  <p>入力値：{{message}}</p>
</div>
```

リスト 5-10　model_sync.js `JS`

```js
Vue.component('my-input', {
  props: [ 'value' ],
  template: `<label>
    名前：
    <input
      type="text" v-bind:value="value"
      v-on:input="$emit('update:value', $event.target.value)" />  ────②
  </label>`
});
```

次ページへ続く

---

[7] checked 属性に value プロパティを割り当てても構いませんが、本来の value の用途と異なる分、コードの意図としては不明瞭になります。

```
new Vue({
  el: '#app',
  data: {
    message: ''
  }
});
```

❶は、以下の別記法です（考え方は v-model と同じで、イベント名が「update: プロパティ名」になっている点だけが異なります）。

```
<my-input v-bind:value="message"
  v-on:update:value="message = $event"></my-input>
```

よって、コンポーネントの側でも value プロパティ、update:value イベントに対応する props、$emit を用意してやればよいということです。この場合であれば、変更しなければならないのは❷だけです。

このように、v-model と .sync 修飾子とはほぼ同じ役割を持つわけですが、どのように使い分けをすべきなのでしょうか。

まず、単一のプロパティを扱うのであれば v-model を利用すれば十分でしょう。.sync 修飾子を利用すべきなのは、双方向データバインディングの対象が複数のプロパティに及んだ場合です。.sync 修飾子は、その性質上、任意の、かつ不特定多数のプロパティに対して付与できます。

5-3 アニメーション機能

Vue.js では、テンプレート要素に対してアニメーション効果を付与するしくみが標準で備わっています。アニメーション機能を利用することで、要素の追加や削除タイミングで、たとえば要素をフェードイン／フェードアウト、スライドさせるような効果をページに追加できます。具体的には、以下のような機能と連携できます。

- 条件付きの描画（v-if、v-show）
- リストへの追加、削除（v-for）
- 動的コンポーネント
- コンポーネントのルート要素（P.337）

5-3　アニメーション機能

アニメーションの濫用は避けるべきですが、適切に利用すれば、ユーザーに注目してほしいコンテンツを効果的に見せることができるでしょう。

5-3-1　アニメーションの基本

まずは、アニメーション機能を使って、基本的なサンプルを作成してみましょう。以下は、クリックによってパネル（`<div>`要素）がスライドアップ／スライドダウンする例です。

リスト5-11　anim.html　　　　　　　　　　　　　　`HTML`

```html
<div id="app">
  <!--ボタンクリックでパネルの表示を切り替え-->
  <input type="button" value="表示／非表示" v-on:click="onclick" />
  <!--アニメーションの対象領域-->
  <transition>
    <div id="panel" v-show="flag">WINGSプロジェクトで一緒に...</div>
  </transition>
</div>
```
❶

リスト5-12　anim.js　　　　　　　　　　　　　　`JS`

```js
new Vue({
  el: '#app',
  data: {
    flag: true
  },
  methods: {
    // ボタンクリック時に表示状態をオンオフ
    onclick: function() {
      this.flag = !this.flag;
    }
  }
});
```

191

リスト 5-13　anim.css

`CSS`

```css
#panel {
  border: 1px solid #000;
  width: 350px;
  overflow: hidden;
}
/* アニメーション全体の設定 */
.v-enter-active, .v-leave-active {
  transition: height 1s;
}


/* アニメーション前後のスタイルを設定 */

.v-enter {
  height: 0px;
}

.v-enter-to {
  height: 200px;
}

.v-leave {
  height: 200px;
}

.v-leave-to {
  height: 0px;
}
```

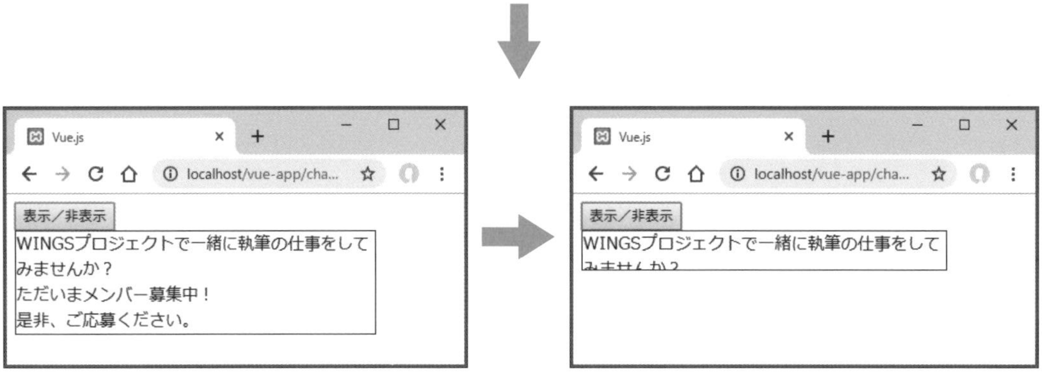

▲ 図 5-5　ボタンクリックでパネルをスライドダウン／スライドアップ

❶アニメーションの対象は <transition> 要素で宣言

アニメーションを有効にするには、まず、対象の要素を <transition> 要素[8] でくくります。今回のサンプルであれば、表示や非表示を切り替えるべき <div id="panel"> 要素が、その対象です。

<transition> 要素の直下は、単一の要素でなければならない点に注意してください（**単一要素トランジション**）。複数の要素がある場合、「<transition> can only be used on a single element」のようなエラーが発生します。

❷アニメーションはスタイル定義で制御する

<transition> 要素直下の要素には、以下のようなタイミングでスタイルクラスが付与されます。スタイルは、大きく「要素が追加（表示）されるとき」に付与される Enter と、「要素が破棄（非表示）されるとき」に付与される Leave とに分類できます。

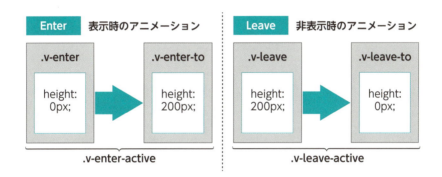

▲図 5-6 アニメーションのためのスタイルクラス

分類	クラス	概要
開始	v-enter	enter の開始状態。要素が挿入される前（表示開始）
	v-enter-to	enter の終了状態
最中	v-enter-active	Enter トランジションのフェーズ中
	v-leave-active	Leave トランジションのフェーズ中
終了	v-leave	leave の開始状態（非表示開始）
	v-leave-to	leave の終了状態

▲表 5-2 <transition> 要素によって付与されるスタイルクラス

---

[8] 正しくは、<component>、<slot> と同じく、Vue.js の組み込みコンポーネントです。

このうち、アニメーション前後の状態を表すのが、.v-enter ／ .v-enter-to、.v-leave ／ .v-leave-to クラスです。たとえば **ⓐ** であれば、.v-enter（表示開始）時に height を 0px、.v-enter-to（表示完了）時に 200px となるように、アニメーションを実行します。**ⓑ** はその逆で、.v-leave（非表示開始）時に height を 200px、.v-leave-to（非表示完了）時に 0px となるようにアニメーションします。

ただし、これだけではアニメーションの開始、終了時の状態を宣言しただけで、どのように変化させるか（所要時間、変化の度合いなど）は決まりません。これを宣言するのが transition プロパティの役割で、.v-enter-active ／ .v-leave-active クラス（**ⓒ**）に記述するのが一般的です。.v-enter-active ／ .v-leave-active クラスには、具体的なスタイルは書かずに transition プロパティの宣言に利用する、と覚えておくとよいでしょう。transition プロパティの構文は、以下のとおりです。

▼ 構文：transition プロパティ

transition: [*prop*] [*dur*] [*func*] [*delay*]

---

prop ：適用するプロパティ（カンマ区切り。既定値は none[*9]）
dur ：変化にかかる時間。既定値は 0（＝アニメーションしない）
func ：イージング。既定値は ease
delay ：開始タイミング。既定値は 0（即座に開始）

イージングとは、変化の度合いを表す情報です。以下の表のような情報を設定できます。

設定値	概要
ease	開始／終了を緩やかに
linear	一定の変化
ease-in	緩やかに開始
ease-out	緩やかに終了
ease-in-out	開始／終了を緩やかに（ease とほぼ同義）
cubic-bezier(x1,y1,x2,y2)	制御点（x1,y1）（x2,y2）からできるベジェ曲線

▲ 表 5-3　引数 func の設定値

[*9] all ですべてのプロパティを対象とし、none ですべてのプロパティを除外します。

> **Note** ベジェ曲線
>
> **ベジェ曲線**とは、n 個の制御点をもとに描かれる n-1 次曲線です。言葉で表すと難しそうに聞こえるかもしれませんが、要は、以下の図のような曲線です。

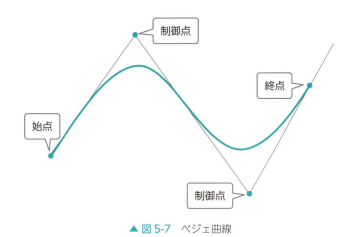

▲ 図 5-7 ベジェ曲線

transition プロパティでは、このようなベジェ曲線で時間軸に対する変化の度合いを表現しているわけです。表 5-3 の cubic-bezier もベジェ曲線を生成するための関数ですが、なにもないところから引数値を算出するのは厄介です。

そこで、独自のベジェ曲線を指定する場合は、以下のような Web ページを利用することをお勧めします。この Web ページでは、マウスのドラッグ操作で制御点を動かしながら、cubic-bezier 関数の引数値を自動生成できます。

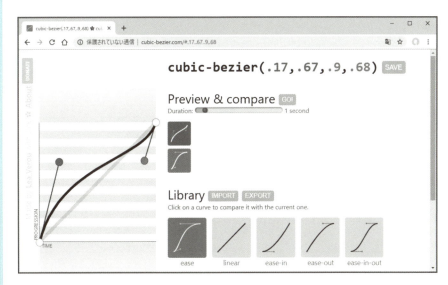

▲ 図 5-8 cubic-bezier 関数の引数値を生成（http://cubic-bezier.com）

▶例：フェードイン／フェードアウトの実装

スライドアップ／スライドダウンをフェードイン／フェードアウトに切り替えるには、anim.css（リスト 5-13）を書き換えるだけです。

リスト 5-14 anim.css（修正版） CSS

```css
/* アニメーション全体の設定 */
.v-enter-active, .v-leave-active {
  transition: opacity 5s;
}

/* アニメーション前後のスタイル */
.v-enter {
  opacity: 0.0;
}

.v-enter-to {
  opacity: 1.0;
}

.v-leave {
  opacity: 1.0;
}

.v-leave-to {
  opacity: 0.0;
}
```

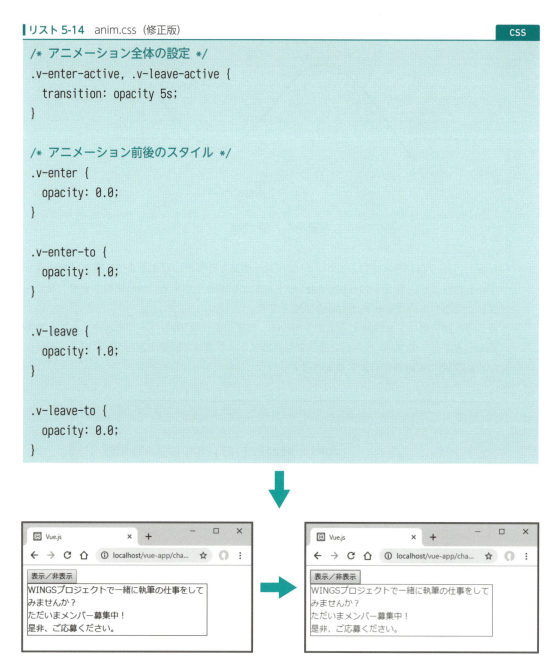

▲ 図 5-9 ボタンクリックでパネルをフェードアウト／フェードイン

opacityスタイルプロパティの値を0.0（透明）～1.0（不透明）で変化させているわけです。ただし、opacityプロパティの既定は1.0（不透明）なので、v-enter-to／v-leaveは省略しても構いません。ついでに、同じ設定値であるv-enter／v-leave-toを統合して、以下のようにコンパクト化してみましょう。随分とシンプルになりましたね。

リスト 5-15 anim.css（修正版2） CSS

```css
.v-enter-active, .v-leave-active {
  transition: opacity 5s;
}

.v-enter, .v-leave-to {   /* 同じスタイルは統合 */
  opacity: 0.0;
}
```

5-3-2 キーフレームによるアニメーション制御

CSSによるアニメーションは、実は、**CSS Transition**と**CSS Animation**とに分類できます。

CSS Transitionは前項で見た方法で、スタイルプロパティを指定時間で変化させることで、アニメーションを実現します。シンプルに実装できる半面、複雑な挙動を定義することはできません。CSS Transitionで実装しにくいような複雑な効果を演出したいならば、CSS Animationを利用してください。

CSS Animationは、いわゆるパラパラ漫画です。0%（開始）～100%（終了）の範囲でのスタイル（**キーフレーム**）を定義し、その集合によって、アニメーションを実装するわけです。CSS Transitionよりも定義は冗長になりますが、より細かな制御が可能になります。

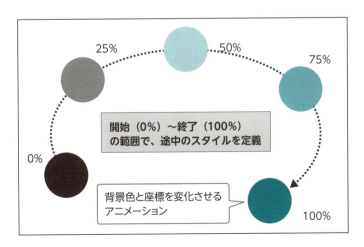

▲ 図 5-10　キーフレームの定義

では、CSS Animation の、具体的な例も見てみましょう。実装しているのは、以下のようなアニメーションです。

- スライドイン（最初は素早く入ってきて、急減速して止まる）
- スライドアウト（ゆっくり動き出し、最後は一気に出ていく）

なお、.html、.js ファイルはリスト 5-11、5-12 と同じなので、紙面上は割愛します。

リスト 5-16 anim.css（修正版 3）　　　　　　　　　　　　　　　　　　　　**CSS**

```css
/* キーフレームを定義 */
@keyframes slide-in {
  0% {
    transform: translateX(100%);
  }
  10% {
    transform: translateX(20%);
  }
  100% {
    transform: translateX(0);
  }
}

/* アニメーションの方法を宣言 */
.v-enter-active {
  animation: slide-in 1.5s;
}

.v-leave-active {
  animation: slide-in 1.5s reverse;
}
```

❶

❷

198

▲ 図5-11 ボタンクリックで要素をスライド

　CSS Animationを利用する場合、まずは開始〜終了時点を0%〜100%としたときの、途中でのスタイル情報（キーフレーム）を定義します（❶）。

▼ 構文：キーフレームの定義（@keyframes）

```
@keyframes name {
  per { ...props... }
  ...
}
```

name：キーフレームの名前
per 　：進捗率（0〜100%）
props：スタイル定義

　今回のサンプルでは、`slide-in`という名前で、0%、10%、100%のタイミングでのスタイルを設定しています。ここでは、水平方向の位置（translateX）を100%（右端）から20%、0（本来の位置）へと変化させているので、右→左へのスライドインを表すことになります。スライドの仕方は、「10%」のタイミングでのスタイルを変更することで変化します[*10]。

　後は、定義済みのキーフレームを`v-enter-active`／`v-leave-active`クラスに対して割り当てることで、Enter／Leave処理にCSS Animationを適用する、という意味になります。キーフレームを割り当てているのは、`animation`プロパティの役割です（❷）。

[*10] たとえば40%とすれば最初の入り込みは緩やかになりますし、5%とすればより鋭く入ってきます。

▼ 構文：animation プロパティ

```
animation: name [dur] [func] [delay] [count] [dir]
```

name ：キーフレームの名前
dur ：変化にかかる時間。既定値は 0（＝アニメーションしない）
fun ：イージング。既定値は ease
delay ：開始タイミング。既定値は 0（即座に開始）
count ：繰り返し回数。既定値は 1（＝繰り返さない）
dir ：アニメーション方向（reverse は逆方向）

　この例であれば、.v-leave-active（Leave 処理）でアニメーション方向を reverse としているので、slide-in が逆方向に再生され、スライドアウト効果を演出できます。

5-3-3 アニメーションの制御

　以上、アニメーションの基本を理解したところで、本項では <transition> 要素の属性を指定して、より細かくアニメーションを制御してみましょう[11]

▶ 初回表示でのアニメーション

　<transition> 要素は、既定で表示や非表示の切り替えタイミングでのみアニメーションを実施します。これをページの初回表示の際もアニメーションさせるには、<transition> 要素に appear 属性を付与します。

▌リスト 5-17 anim.html（修正版）　　　　　　　　　　　　　　　　　　　**HTML**

```html
<transition appear>
  <div id="panel" v-show="flag">WINGSプロジェクトで一緒に...</div>
</transition>
```

▶ 複数の要素を排他的に表示する

　<transition> 要素の直下には、単一の要素しか配置できない、と述べましたが、これは少しだけ嘘が混じっています。より正確には、<transition> 要素の配下では、**描画結果が単一**でなければいけません。よって、たとえば以下のコードは正しく動作します。

---

[11] ここでは、単一アニメーション（<transition> 要素）を例にしていますが、後述するリストトランジション（<transition-group> 要素）でも同様です。

リスト 5-18　anim_if.html（抜粋）　　　　　　　　　　　　　　　　　　　　　　　HTML

```
<transition>
  <div id="panel" v-if="flag" key="p1">
    WINGSプロジェクトで一緒に...
  </div>
  <div id="empty" v-else key="p2">
    パネルは非表示です。
  </div>
</transition>
```

▲ 図 5-12　パネル非表示時にはメッセージを表示

　v-if、v-elseで、いずれかの<div>要素が排他的に表示されることが保証されているので、このコードは正しく動作します。ただし、互いを区別するためにkey属性（3-3-6項）を明示してください[12]。

▶ key 属性をトリガーとしたアニメーション

　先ほども触れたように、<transition>要素は、key属性で対象の要素を識別しています。ということは、key属性を変化させることで、アニメーションを発動させることも可能です。
　たとえば以下は［切り替え］ボタンをクリックすることで、パネルの内容をふんわりと変化させる例です（前のテキストが徐々に消えて、同時に切り替え後のテキストが徐々に現れます）。

---

[12] ちなみに、「v-show="flag"」「v-show="!flag"」の組み合わせは不可です。v-showでは、互いに排他的であることが明らかではないからです。

リスト 5-19　anim_switch.html　　`HTML`

```html
<div id="app">
  <input type="button" value="切り替え" v-on:click="onclick" />
  <!--idプロパティをkey属性にバインド-->
  <transition>
    <div class="panel" v-bind:key="id">         ——————❷
      {{ panels[id] }}
    </div>
  </transition>
</div>
```

リスト 5-20　anim_switch.js　　`CSS`

```javascript
new Vue({
  el: '#app',
  data: {
    // 表示するパネル（インデックス番号）
    id: 0,
    // 表示パネルを配列として
    panels: [
      'WINGSプロジェクトは、ライター...',
      '山田祥寛著作の書籍に関するFAQ情報、...',
      '環境設定については、ページ上部...'
    ],
  },
  methods: {
    // クリック時にid値を0～2で変化
    onclick: function() {
      this.id = (this.id + 1) % this.panels.length;    ——————❸
    }
  }
});
```

リスト 5-21　anim_switch.css

```css
.panel {
  border: 1px solid #000;
  width: 350px;
```

次ページへ続く

5-3 アニメーション機能

```css
  overflow: hidden;
}


/* アニメーション全体の設定 */
.v-enter-active, .v-leave-active {
  transition: opacity 5s;
}


/* アニメーション前後のスタイル */
.v-leave-active {
  position: absolute;
}


.v-enter, .v-leave-to {
  opacity: 0.0;
}
```

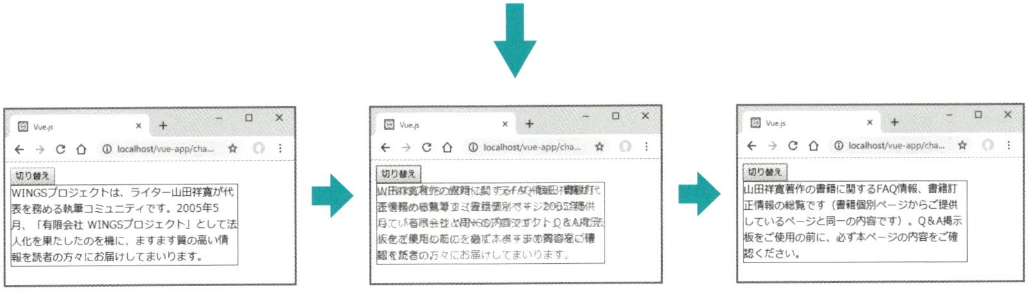

▲ 図 5-13　ボタンクリックでパネルのテキストが徐々に切り替わる

　表示すべきパネルを管理するための考え方は、5-1-1項のbanners.htmlのそれに似ています。panels（配列）でパネルの内容を管理し、idで表示中のパネル（panels配列のインデックス番号）を表します（❶）。

　キーとなる情報（ここではid）は、アニメーション対象のkey属性にバインドしておきます（❷）。これでkey（id）の変化によって、アニメーションが発動するようになります。

　idプロパティは、ボタンクリックのタイミングで0～2の範囲で循環します（❸）。循環の考え方については、5-1-1項も併せて参照してください。

▶ Enter、Leave のタイミングを制御する

　既定では、Enter、Leave 処理は同時に開始されます。よって、リスト 5-18 の anim_if.html ではパネルが消えかけている状態で、新しいパネルも表示されます。そして、パネルが完全に消えたところで、新しいパネルが上方向に移動するのです。

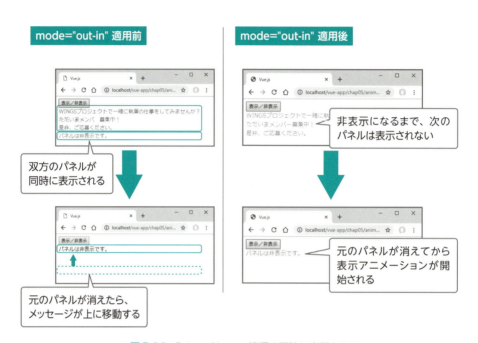

▲ 図 5-14　Enter／Leave 処理は同時に実行される

　このような状態はあまり美しくないので、Leave 処理が完了したところで Enter 処理を実行するようにしてみましょう。これを行うのが、`<transition>` 要素の `mode` 属性です。設定可能な値は、以下の表のとおりです。

設定値	概要
in-out	Enter 処理の後、Leave 処理を実施
out-in	Leave 処理の後、Enter 処理を実施

▲ 表 5-4　mode 属性の設定値

以下のように mode 属性を設定すると、パネルが完全に消えた後で、おもむろにメッセージが表示されることが確認できます。

```
<transition mode="out-in">
```

▶ 複数のアニメーションを同居させる

ひとつのページ（コンポーネント）内に複数の `<transition>` 要素が存在する場合、`<transition>` 要素に name 属性で名前を付けることもできます。

リスト5-22 anim_name.html（抜粋）　　`HTML`

```html
<transition mode="out-in" name="panel">
  <div id="panel" v-show="flag">WINGSプロジェクトで一緒に...</div>
</transition>
```

name 属性を付与した場合、対応するスタイルクラス（の接頭辞）も、以下のように変化します。

リスト5-23 anim_name.css（抜粋）　　`CSS`

```css
.panel-enter-active, .panel-leave-active {
  transition: opacity 5s;
}

.panel-enter, .panel-leave-to {
  opacity: 0.0;
}
```

これによって、複数のアニメーションが同居している場合にも、互いを区別できるわけです。これまで利用してきた「v-」は、name 属性が指定されていない場合の、既定の接頭辞だったわけです。

▶ トランジションクラスを置き換える

トランジションクラスは、（接頭辞だけでなく）名前そのものを置き換えることもできます。これには、`<transition>` 要素に対して、以下の表の属性を指定します。

属性	既定のスタイル
enter-active-class	v-enter-active
enter-class	v-enter
enter-to-class	v-enter-to
leave-active-class	v-leave-active
leave-class	v-leave
leave-to-class	v-leave-to

▲ 表 5-5　トランジションクラスを置き換えるための属性

　これらの属性を利用することで、たとえば Animate.css のようなアニメーションフレームワークとの連携も簡単になります。

> **Note**
>
> **Animate.css**
>
> Animate.css では、スライド、フェード、ズームなど、よく利用するアニメーション定義（スタイルクラス）があらかじめ用意されており、たとえば以下のように、要素に対して決められた class 属性を付与するだけで、アニメーションを実装できます。
>
> ```
> <h1 class="animated bounce">Vue.js</h1>
> ```
>
> animated は Animate.css に必須のスタイル、bounce が具体的なアニメーションの種類です。利用できるアニメーションは、公式サイト上で動作を確認できるので、あわせて確認してみるとよいでしょう。

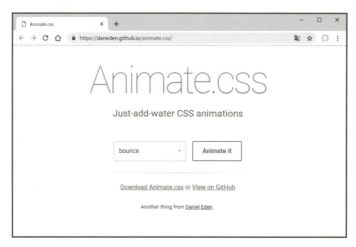

▲ 図 5-15　Animate.css の公式サイト（**https://daneden.github.io/animate.css/**）

たとえば以下は、Enter、Leave 処理に際して、それぞれ rollIn、rollOut 効果を付与する例です。

リスト 5-24 anim_custom.html

```html
<link rel="stylesheet" href="https://cdnjs.cloudflare.com/ajax/libs/
animate.css/3.7.0/animate.min.css" />
...中略...
<div id="app">
  <input type="button" value="表示／非表示" v-on:click="onclick" />
  <transition
    enter-active-class="animated rollIn"
    leave-active-class="animated rollOut">
    <div id="panel" v-show="flag">WINGSプロジェクトで一緒に...</div>
  </transition>
</div>
```

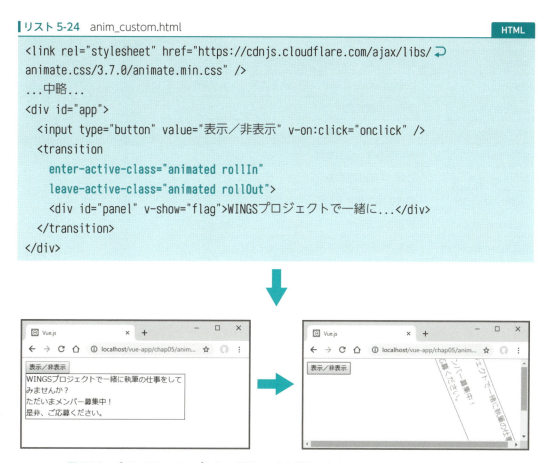

▲ 図 5-16　ボタンクリックでパネルを側転のような動きとともにフェードアウト／フェードイン

▶ JavaScript によるアニメーションの制御

　スタイルシートではなく、JavaScript 側でアニメーションを制御することもできます。具体的には、<transition> 要素が、以下の表のようなイベント属性を提供しています（イベント属性で紐付いたイベントハンドラーのことを、**トランジションフック**と言います）。

属性	概要
before-enter	要素が挿入される前
before-leave	要素が非表示になる前
before-appear	要素の初回描画の前
enter	要素挿入後、アニメーション開始前
leave	before-leave の後で、非表示アニメーション開始前
appear	要素の初回描画時
after-enter	要素が挿入された後
after-leave	要素を非表示にした後
after-appear	要素の初回描画の後
enter-cancelled	要素の挿入をキャンセルしたとき
leave-cancelled	要素の非表示をキャンセルしたとき（v-show のみ）
appear-cancelled	要素の初回描画をキャンセルしたとき

▲ 表5-6 <transition> 要素のイベント属性

　たとえば以下は、フェードイン、フェードアウト効果を Velocity.js[13] を使って置き換えた例です。

リスト5-25 anim_js.html　　　　　　　　　　　　　　　　　　　　　　　　　　　　　`HTML`

```
<script src="//cdnjs.cloudflare.com/ajax/libs/velocity/2.0.3/velocity.min.js">
</script>
...中略...
<transition v-bind:css="false" v-on:enter="onenter" v-on:leave="onleave">  ──①
  <div id="panel" v-show="flag">WINGSプロジェクトで一緒に...</div>
</transition>
```

リスト5-26 anim_js.js　　　　　　　　　　　　　　　　　　　　　　　　　　　　　　`JS`

```
new Vue({
  el: '#app',
  data: {
    flag: true
  },
```

次ページへ続く

---

[13] アニメーションのための JavaScript ライブラリです。jQuery に比べると軽量で、コマ落ちしにくい、高速などの特徴があります。**http://velocityjs.org/**

208

```
  methods: {
    onclick: function() {
      this.flag = !this.flag;
    },
    // 要素が表示状態になる時の処理
    onenter: function(el, done) {
      Velocity(el, { opacity: 1 }, { duration: 2000, complete: done });
    },
    // 要素が表示状態になる時の処理
    onleave: function(el, done) {
      Velocity(el, { opacity: 0 }, { duration: 2000, complete: done });
    }
  }
});
```

❸ — ❷（右側の範囲指示）

　トランジションフックは、一般的なイベントと同じく、v-on ディレクティブで
<transition> 要素に対して登録します（❶）。その際に、「v-bind:css="false"」（太字）とい
う記述が併記されている点にも注目です。これによって、Vue.js は標準的なトランジション
クラス（CSS）によるアニメーションを無効化します。CSS を利用しないことがわかってい
る場合（＝ JavaScript だけでアニメーションを制御する場合）、明示的に宣言することをお勧
めします[14]。

　トランジションフック内の記述（❷）は、ほぼ Velocity.js のルールなので、本書では詳細
は割愛します。Velocity メソッドでは、先頭から「要素」「スタイル」「動作オプション」の
順でアニメーションの挙動を定義している、とだけ理解しておきましょう[15]。要素は、トラン
ジションフックの引数 el として受け取れます。

　Vue.js 的には、トランジションフックの引数として受け取った done に注目しておきます。
done は、フックによるトランジションの終了を通知するための関数で、enter、leave フック
でのみ有効です。enter、leave フックでは、done 関数を呼び出すことでトランジションの終
了を感知し、次のフックに移行します。

　今回のサンプルであれば、Velocity.js の complete オプションを利用して、トランジション
完了時に呼び出されるようにしておきます（❸）。

---

[14] その時点で CSS を利用していない場合にも、Vue.js が CSS の判定を無視できたり、後から CSS を追加したときに、意
　　図せず既存のトランジションと競合するのを防げたりするなどのメリットがあります。

[15] それ以上の詳細は、以下の公式サイトも参照してください。**https://github.com/julianshapiro/velocity/wiki**

5-3-4 リストトランジション

単一の要素を対象とした単一要素トランジションに対して、v-forのように複数要素のリストに対してアニメーションを適用することもできます（**リストトランジション**）。リストトランジションを用いることで、リストへの追加／削除／移動に伴って、アニメーションを適用できるようになります。

まずは、基本的な例からです。以下は、ごく簡単化したTodoリストの例です。テキストボックスで指定されたTodo項目を追加／削除できます。

リスト5-27 anim_list.html `HTML`

```html
<div id="app">
  <div id="list">
    <form>
      <label for="todo">やること：</label>
      <input id="todo" type="text" size="40" v-model="todo" /><br />
      <input type="button" value="追加" v-on:click="onadd" />
      <input type="button" value="削除" v-on:click="onremove" />
    </form>
    <!--リストにアニメーション効果を適用-->
    <transition-group tag="ul">
      <li v-for="item in items" v-bind:key="item">{{ item }}</li>      ❷        ❶
    </transition-group>
  </div>
</div>
```

リスト5-28 anim_list.js `JS`

```js
new Vue({
  el: '#app',
  data: {
    todo: '',
    // Todoリスト（初期値）
    items: [
      'A書籍の構成案作成',
      'X記事の著者校正',
      '今月締の請求書作成',
```

次ページへ続く

210

5-3　アニメーション機能

```javascript
      'WINGSメンバーの面接'
    ]
  },
  methods: {
    // 新たに入力された項目は配列の先頭に追加
    onadd: function() {
      this.items.unshift(this.todo);
      this.todo = '';
    },
    // 指定された項目を配列から除外
    onremove: function() {
      let that = this;
      this.items = this.items.filter(function(value) {
        return value !== that.todo;
      });
      this.todo = '';
    },
  }
});
```

リスト 5-29　anim_list.css　　　`CSS`

```css
/* 追加／削除時にTransitionを適用 */
.v-enter-active, .v-leave-active {
  transition: transform 1s;
}

/* 追加前／削除後の位置を宣言*16 */
.v-enter, .v-leave-to {
  transform: translateX(80%);
}
```
❸

---

*16 追加後（v-enter-to）、削除前（v-leave）は、本来の位置（translateX(0)）に位置すればよいので、ここでは省略しています。

211

▲ 図 5-17　Todo 項目を追加／削除する際にスライド効果

❶の <transition-group> 要素は、複数の要素を束ねるコンテナー（入れ物）でもあります。よって、<transition> 要素と異なり、実際にタグを出力します。出力すべきタグは tag 属性で宣言しておきましょう（既定は span です[17]）。

また、配下の要素を区別できるように、key 属性を明示的に宣言しておきましょう。インデックス値は追加／削除によって変動することから利用できないので、ここでは項目名そのものを指定しています❷[18]。

後は、❸で要素の挿入（Enter）時、削除（Leave）時のアニメーションを定義すればよいだけです。Todo 項目の追加や削除時に、項目が水平方向にスライドすることが確認できます。

▶ 項目移動時のアニメーションを実装する

これで、基本的なアニメーションは実装できましたが、若干不十分です。というのも、追加／削除の項目はアニメーションしますが、既存の項目はカクッと一息に移動するだけで、不自然だからです。そこで既存項目の移動に対して、アニメーションを適用するのが v-move スタイルクラスの役割です[19]。先ほどのリスト 5-29 を修正してみましょう。

リスト 5-30　anim_list.css（修正版） `CSS`

```css
.v-enter-active, .v-leave-active, .v-move {　　　　❶
  transition: transform 1s;
}

.v-enter, .v-leave-to {
  transform: translateX(80%);
}
```

次ページへ続く

---

[17] その他、<transition> 要素で利用できたほとんどの属性やイベントを利用できます。ただし、複数要素の描画を前提としているので、排他描画のための mode 属性は利用できません。
[18] よって、同じ名前の Todo を入力することはできません。一般的には、実際のテキストとは別にキーを設けるべきです。
[19] P.205 でも触れたように、「v-」は既定値なので、name 属性で変更可能です。

5-3　アニメーション機能

```
.v-leave-active {
  position: absolute;               ❷
}
```

v-move は、リスト項目が移動対象になったときに付与されます（❶）。そこで、v-move スタイルクラスにも transition プロパティを設定することで、移動が滑らかになります。

ただし、このままでは削除時の要素移動がアニメーションしません。削除中の要素に移動を妨げられてしまうからです。そこで削除対象の要素（v-leave-active ❷）を absolute 指定します。これによって、後続の要素が削除要素の領域に覆いかぶさるように移動します[20]。

▶ v-move によるソート時のアニメーション

v-move を利用することで、リストをソートしたときにもアニメーションを付与できます。既に v-move クラスは適用しているので、先ほどの例にソート機能を追加してみましょう。

リスト 5-31　anim_list.html （修正版）　　　　　　　　　　　　　　　　　HTML

```html
<form>
  ...中略...
  <input type="button" value="削除" v-on:click="onremove" />
  <input type="button" value="ソート" v-on:click="onsort" />
</form>
```

リスト 5-32　anim_list.js　　　　　　　　　　　　　　　　　　　　　　JS

```js
methods: {
  ...中略...
  onsort: function() {
    this.items.sort();
  }
}
```

⬇

---

[20] この方法は、<transition> 要素上で排他的に要素を切り替えるような場合にも有効です。

213

▲ 図 5-18　ソート時に項目がツツッと移動

> **Note** **グリッドのシャッフル**
>
> v-move による移動アニメーションは、垂直や水平方向のリストだけでなく、グリッド状の要素に対しても適用できます。たとえば公式サイト（**https://jp.vuejs.org/v2/guide/transitions.html**）では、グリッド表内の数字をシャッフルする例も示されています。

▲ 図 5-19　グリッド表内の数字をシャッフル

5-4 コンポーネントのその他の話題

　本章の最後に、ここまでの節で扱いきれなかったコンポーネントのその他の話題について、落穂拾いをしておきます。

5-4-1 テンプレートの記法

ここまでの例では、テンプレートを文字列として定義しました。しかし、その他にも、以下のような方法でテンプレートを表せます。それぞれの使いどころを意識しながら、構文を確認していきましょう。

1. x-template
2. 単一ファイルコンポーネント
3. インラインテンプレート
4. render オプション

このうち、単一ファイルコンポーネントについては実質、Vue CLI の導入が前提となるため、詳細は 7-2 節で解説します。ここでは、残る 1、3、4 について解説しておきます。

➤ x-template

テンプレートを .html ファイルの `<script>` 要素として表す方法です。文字列テンプレートに比べて、コードとテンプレートとを明確に分離できるというメリットがあります。たとえば以下は、4-1-1 項の comp_basic.html と comp_basic.js を x-template を利用して書き換えた例です。

リスト 5-33 temp_x.html `HTML`

```html
<div id="app">
  <my-hello></my-hello>
</div>
<script type="text/x-template" id="my-hello">
  <div>こんにちは、{{ name }}！</div>          ①
</script>
```

リスト 5-34 temp_x.js `JS`

```js
Vue.component('my-hello', {
  template: '#my-hello',          ②
  data: function() {
    return {
      name: 'Vue.js'
    };
```

次ページへ続く

```
  }
})

new Vue({
  el: '#app'
});
```

　x-template は、Vue.js によって**マウントされた要素の外**に記述します（❶）。また、<script> 要素の type 属性、id 属性は必須です。type 属性は「text/x-template」で固定とし、id 属性は後から参照できるよう、ページ内で一意でなければなりません。

　後は、template オプションから「#id」の形式でテンプレートを参照するだけです（❷[*21]）。コードからテンプレートが追い出されたことで、随分とすっきりしましたし、テンプレートが（文字列リテラルではなく）純粋なマークアップになったことで、プログラマーやデザイナー間で分業も容易になりました。

　ただし、デメリットもあります。コンポーネント本体からテンプレートが切り離されたことで、コンポーネント単体としての見通しは劣化します。特に、複数のコンポーネントが乱立する本格的なアプリでは、コードとテンプレートとの対応管理は煩雑になります[*22]。本格的にコンポーネントを活用したアプリでは、後述する単一ファイルコンポーネントの利用をお勧めします。

Note　**「text/x-template」の意味**

　「text/x-template」はブラウザーが認識できないコンテンツタイプなので、ブラウザーはこれを無視します。Vue.js ではこれを利用して、処理されなかったコンテンツを、後から引用しているわけです。

　ちなみに、「x-〜」は標準化されていないコンテンツタイプのための接頭辞です。

▶ インラインテンプレート

　コンポーネント呼び出し側で、inline-template 属性を付与することで、配下の要素を自身のテンプレートとして利用できます。

[*21] ただし、ユーザー入力によって動的に生成されたテンプレートを利用することは、セキュリティリスクにもつながるので、避けてください。

[*22] 最低でも、コンポーネント名とテンプレートの id 値には対応関係を持たせるべきですが、それでもテンプレートが増えれば、目的のテンプレートを見つけるのは面倒になります。

▌リスト 5-35　temp_inline.html　　　　　　　　　　　　　　　　　　　　　　　　　HTML

```html
<div id="app">
  <my-hello inline-template>
    <p>こんにちは、{{ name }}さん！</p>
  </my-hello>
</div>
```
❶

▌リスト 5-36　temp_inline.js　　　　　　　　　　　　　　　　　　　　　　　　　　JS

```js
// 定義側にはtemplateオプションは不要
Vue.component('my-hello', {
  data: function() {
    return {
      name: 'Vue.js'
    };
  }
});

new Vue({
  el: '#app'
});
```

```html
<div id="app">
  <p>こんにちは、Vue.jsさん！</p>
</div>
```

　x-templateと同じく、コンポーネントからテンプレート本文が追い出されるので、コードそのものはすっきりしますが、部品としての独立性は失われます。また、スロット（4-3節）と見間違えやすい、配下のスコープを誤読しやすい[*23]、などのデメリットも目立ちます。あくまで簡単なコードでの利用にとどめ、テンプレートとコードを分離する目的では、単一ファイルコンポーネントを優先して利用するようにしてください。

[*23] ❶の配下は子コンポーネントのスコープです。

➤ render オプション

　テンプレートの定義には、まずは template オプションを利用するのが基本です。しかし、（たとえば）条件によって生成される要素や属性が大きく変動するような状況では、テンプレートが複雑化してしまい、コードの見通しが悪くなることがあります（テンプレートが備えているのは、あくまで簡易な制御構文だけで、本来的にプログラマブルな制御は得意ではありません）。

　そのような場合には、コンポーネントの出力を、テンプレートではなく、コードから生成することを考えてもよいでしょう。これを行うのが render オプションの役割です[24]。

　以下は、その具体的な例で、ローディングマークを生成する my-loading コンポーネントを実装するコードです。type 属性には text、image いずれかの値を指定することで、ローディングテキスト、もしくはローディング画像を出力します。

▌リスト 5-37 temp_render.html　　　　　　　　　　　　　　　　　　　　　**HTML**

```html
<div id="app">
  <my-loading type="image"></my-loading>
</div>
```

▌リスト 5-38 temp_render.js　　　　　　　　　　　　　　　　　　　　　　**JS**

```js
Vue.component('my-loading', {
  props: [ 'type' ],
  render: function(h) {
    // type属性に応じて戻り値を切り替え
    switch (this.type) {
      case 'text':
        return h('p', '...Now Loading...');          ❸
      case 'image':
        return h('img', {
          attrs: {
            src: 'loading.gif',                      ❷
            alt: 'loading'
          }
        });
```

❶

次ページへ続く

---

[24] template オプションとはまったくの別物ですが、コンポーネントの出力を生成する一手段として、ここまでまとめて解説しておきます。

```
      default:
        console.error('type属性はimage、textいずれかで設定してください');
        return null;
    }
  }
});

new Vue({
  el: '#app'
});
```

```
<div id="app">
  <img src="loading.gif" alt="loading">
</div>
```

```
<div id="app">
  <p>...Now Loading...</p>
</div>
```

※上はtype="image"、下はtype="text"の場合の結果

　my-loadingコンポーネントでは、type属性の値によってテンプレートそのものが入れ替わります。v-if、v-else-ifディレクティブでも代用できますが、テンプレートで分岐構文をひたすら列挙するのは、かえって冗長です。個々の出力に伴って生成のための複雑なコードが必要となる場合はなおさらでしょう。これがまさに、renderオプションを利用すべき状況です。

　renderオプションの値は関数として表します（❶）。render関数（描画関数）であることの条件は、以下のとおりです。

- 引数としてcreateElementメソッドを受け取る [*25]
- 戻り値として生成された要素（VNodeオブジェクト）を返す

createElementメソッドの構文は、以下のとおりです。

[*25] 長いので、エイリアスとしてhという名前で受け取るのが慣例です。いちいちcreateElementとタイプするのは面倒なので、1文字の名前で置き換えているわけです。サンプルでもそのようにしています。

219

▼ 構文：createElement メソッド

createElement(*name* [,*data*] [,*nodes*])

name：要素名
data　：データオブジェクト（指定できるオプションは表 5-7 のとおり）
nodes：子要素（複数の場合は配列）

オプション	概要
attrs	属性（class ／ style 以外）
class	class 属性
style	style 属性
props	コンポーネントのプロパティ
domProps	DOM プロパティ（textContent など）
on	イベントハンドラー
nativeOn	イベントハンドラー（ブラウザーネイティブ）

▲ 表 5-7　データオブジェクトの主なプロパティ（引数 *data*[26]）

❷は、子要素がなく、属性だけを持つ要素の例です。この場合は、引数 *name*、*data* を指定します。

一方、❸は属性がなく、子要素（テキスト）があるパターンです。この場合は、引数 *name*、*nodes* を指定します。引数 *data* はそのまま省略して、第 2 引数に *nodes* を渡せる点に注目です。

❸では、引数 *nodes* に文字列を渡していますが、createElement（h）メソッドを渡すことで、入れ子の要素を生成することもできますし、配列にすれば複数の要素やテキストも表現できます。

```
h('p', [ 'こんばんは', h('strong', 'こんにちは！') ])
```

```
<div id="app">
  <p>
    こんばんは
    <strong>こんにちは！</strong>
  </p>
</div>
```

---

[26] ここで挙げている値の形式はすべて「名前：値 ,...」形式のオブジェクトです。

5-4 コンポーネントのその他の話題

> **Note** **JSX**
>
> もっとも、createElement メソッドによるコードは、これはこれで冗長です。そこで、コードの中でより簡単にテンプレートを組み立てるためのしくみとして、JSX があります。JSX は、大雑把に言ってしまえば、JavaScript コードに HTML を埋め込むためのしくみです。JSX を利用することで、たとえば先ほどのリスト 5-38 は、以下のように表せます[27]。随分と見通しが改善したのが見て取れると思います。

```
switch (this.type) {
  case 'text':
    return <p>...Now Loading...</p>;
  case 'image':
    return <img src="loading.gif" alt="loading" />;
  ...中略...
}
```

ただし、JSX はそのまま HTML ではありません。詳細は『速習 React』（Kindle）などの専門書に譲るとして、以下に最低限おさえておきたい制約だけをまとめておきます。

- 空要素は「〜 />」で終える
- 名前の異なる属性がある（class、for、tabindex などは className、htmlFor、tabIndex で置き換え）
- コメント構文 <!-- 〜 --> は利用できない
- JSX に JavaScript の式を埋め込むには {...} でくくる

制約とは言っても難しいものではないので、興味を持った人は実際に書きながら慣れていくとよいでしょう。

5-4-2 関数型コンポーネント 〜 functional オプション

functional オプションを true とすることで、インスタンスを持たない（ということは状態も持たない）**関数型コンポーネント**も生成できます。関数型コンポーネントは、状態を監視しない、ライフサイクルも管理しない、というその性質上、通常のコンポーネントよりも軽量です。利用できるオプションが限定される[28]、Vue.js devtools（P.141）には表示されない、などの制約はありますが、シンプルなコンポーネントを生成するのに有効です。

　具体的な例も見てみましょう。以下は、min 〜 max の範囲の乱数を出力するための my-

---

[27] ただし、Vue CLI 環境（第 7 章）を前提としています。

[28] たとえば、data、template、ライフサイクル系のオプションはすべて不可です。

random コンポーネントです。

リスト 5-39 func_comp.html `HTML`

```html
<div id="app">
  <my-random v-bind:min="0" v-bind:max="100"></my-random>
</div>
```

リスト 5-40 func_comp.js `JS`

```js
Vue.component('my-random', {
  // 関数型コンポーネントを有効化
  functional: true,
  props: [ 'min', 'max' ],
  render: function(h, context) {         ——————❶
    let min = context.props.min;              ┐
    let max = context.props.max;              ┘——❷
    // min〜maxの範囲の乱数を生成
    let result = Math.floor(Math.random() * (max - min + 1) + min);
    // createElementメソッドで<p>要素を生成
    return h('p', result);             ——————❸
  }
});


new Vue({
  el: '#app'
});
```

　関数型コンポーネントでは、出力は render オプション経由で行います。render オプションについては前項でも触れていますが、一点のみ、関数型コンポーネントでは**第2引数でコンテキストオブジェクトを受け取る**点が異なります（ここでは context ❶）。コンテキストオブジェクトとは、コンポーネントの動作に必要とされる情報を詰め込んだオブジェクトのことです。関数型コンポーネントでは、インスタンスを持たない（ということは、this にアクセスできないので）、コンテキストオブジェクト経由で明示的に情報を受け取る必要があるのです。

　コンテキストオブジェクトの主なプロパティは、以下のとおりです。

プロパティ	概要
data	createElement メソッドに渡されるデータオブジェクト
props	プロパティ情報
parent	親コンポーネントへの参照
children	子ノードの配列
slots	スロット情報
listeners	親に登録されたイベントハンドラー

▲ 表 5-8　コンテキストオブジェクトの主なプロパティ

　たとえば、❷であれば props プロパティ経由で min、max プロパティを取得しています。

　後は、前項と同じく、createElement（h）メソッドで結果要素を生成し、戻り値として返すだけです（❸）。

Note **props 宣言は省略可能**

props オプションは省略可能です。関数型コンポーネントでは、宣言されなかったすべての属性をプロパティとして扱うからです。

ただし、コンポーネントでは、利用者に対して仕様を明確にするという意味でも、プロパティを明示的に宣言することをお勧めします[*29]。

[*29] ここでは簡単化のために省略していますが、本来であれば、データ型などの制約条件も宣言すべきです。

Chapter 6 部品化技術

本章のポイント

- コードを再利用するには、用途に応じて部品化することが重要です。コンポーネントも部品化技術の一種です。
- 文書ツリーの操作にはディレクティブ、データの加工にはフィルター、コンポーネントの共通コードを切り出すにはミックスインを、それぞれ利用します。
- プラグインは、部品化されたコードを Vue.js に組み込むための標準的なしくみです。

本章では、以下のような部品化技術の基本的な用法について学びます。

- ディレクティブ：属性の形式で文書ツリーを操作するしくみ
- フィルター　　：{{...}}、v-bind で指定された式を加工や演算するしくみ
- プラグイン　　：Vue クラスを拡張するためのしくみ
- ミックスイン　：コンポーネントの共通的な機能を切り出すしくみ

ディレクティブおよびフィルターなどは、コンポーネントのイベントハンドラーや算出プロパティなどで代替できることがほとんどです。しかし、安易にコンポーネントにコードを詰め込むのではなく、部品として明確に分離することで、アプリの見通しも維持できますし、コードの再利用性も増します。

なお、そもそものコンポーネントも、UI の部品化です。こちらは第 4 章〜第 5 章で詳説しているので、併せて参照してください。

6-1 ディレクティブの自作

第 3 章でも触れたように、Vue.js では、標準で数多くのディレクティブが用意されており、コードから文書ツリーを直接操作する機会はまずありません。

もっとも、本格的なアプリを開発するようになると、標準ディレクティブだけでは不十分な局面も出てきます。そのような場合にも、安易にコンポーネント内で文書ツリー操作のコードを記述するのは避けるべきです。ビューとロジックとが絡み合って、アプリがメンテナンスし

にくくなるだけでなく、単体テストを実施しにくい環境を生み出してしまうからです[*1]。

そのような場合、文書ツリーの操作部分は、自作ディレクティブとして切り出すようにしてください。以下では、ごくシンプルなディレクティブの自作ルールについて学んだ後、修飾子、引数、イベントなどとの連携にまで発展させていきます。

6-1-1 ディレクティブの基本

まずは、ごくシンプルなディレクティブとして、要素に対して指定された背景色を付与する v-highlight の例を見てみます。

リスト6-1 dir_basic.html　　　　　　　　　　　　　　　　　　　　　　`HTML`

```html
<div id="app">
  <!-- v-highlightディレクティブを呼び出し-->
  WINGSプロジェクトで一緒に執筆してみませんか？<span v-highlight="color">↩
メンバー募集中！</span>是非、ご応募ください。
</div>
```
❷

リスト6-2 dir_basic.js　　　　　　　　　　　　　　　　　　　　　　　`JS`

```js
// ディレクティブを定義
Vue.directive('highlight', {
  bind: function(el, binding, vnode, oldVnode) {
    el.style.backgroundColor = binding.value;
  }
});


new Vue({
  el: '#app',
  data: {
    color: 'yellow'
  }
});
```
❶

[*1] 文書構造の変化に影響を受けやすいという問題もありますし、そもそもテスト環境でDOM APIが利用できるとは限りません。

▲ 図6-1　v-highlight ディレクティブで指定された色で着色

❶ ディレクティブを定義するのは Vue.directive メソッド

Vue.directive メソッドの構文は、以下のとおりです。

▼ 構文：directive メソッド

directive(*name*, *def*)
name：ディレクティブの名前 *def* 　：動作の定義

ディレクティブの接頭辞「v-」は自動で付与されるので、引数 *name* には除いた部分を指定します。

ディレクティブの動作は「どのタイミングで●○せよ」の形式で指定します。引数 *def* には「実行タイミング：関数」形式のオブジェクトを指定してください。利用できるタイミングには、以下の表のようなものがあります。

実行タイミング	概要
bind	ディレクティブが要素に紐付いたときに一度だけ
inserted	要素が親ノードに挿入されたとき
update	上位のコンポーネントが更新されるとき
componentUpdated	配下のコンポーネントが更新されたとき
unbind	ディレクティブが要素から除去されたときに一度だけ

▲ 表6-1　ディレクティブの実行タイミング

これらのタイミングで実行される関数を**フック関数**と呼びます。たとえばディレクティブの挙動を初期化するならば、まずは bind を利用すればよいでしょう。

フック関数が受け取る引数の意味は、以下の表のとおりです。

6-1　ディレクティブの自作

引数	概要	
el	ディレクティブが適用された要素	
binding	バインド情報オブジェクト（具体的なプロパティは以下）	
	プロパティ	**概要**
	name	ディレクティブの名前（接頭辞「v-」を除いたもの）
	value	ディレクティブに渡された値（「v-mydir="2 + 3"」ならば「5」）
	oldValue	変更前の値（update ／ componentUpdated でのみ利用可）
	expression	文字列としてのバインド式（「v-mydir="2 + 3"」ならば「2 + 3」）
	arg	引数（「v-mydir:hoge」ならば「hoge」）
	modifiers	修飾子（「v-mydir.hoge.piyo」ならば { hoge: true, piyo:true }）
vnode	現在の仮想ノード[2]	
oldVnode	変更前の仮想ノード（update ／ componentUpdated でのみ利用可）	

▲ 表6-2　フック関数が受け取る引数

　いずれの引数も省略可能なので、今回のサンプルであれば「bind: function(el, binding)」と書いても同じ意味です。また、引数 el を除くすべてのプロパティは読み取り専用として扱わなければなりません（フック関数の中で変更してはいけません）。

　今回のサンプルであれば、引数 el 経由で、ディレクティブが紐付いた要素のスタイル（style.backgroundColor）にアクセスし、引数 binding 経由で取得した設定値（binding.value[3]）を設定しています。

❷ 自作のディレクティブを呼び出す

　ディレクティブを定義できたら、実際に呼び出してみましょう。といっても、標準、自作いずれでも呼び出しの構文は変わりません。唯一、呼び出しの際の名前は、Vue.directive メソッドで指定したもの（今回は highlight）に接頭辞「v-」を付けたものになる点に注意してください。

> **Note**　**ローカルディレクティブ**
>
> コンポーネントの場合と同じく、directives オプションを利用することで、特定のインスタンス配下でのみ有効なローカルディレクティブを宣言することも可能です。

---

[2]　Vue.js によって内部的に生成されるノードオブジェクト。具体的に利用できるプロパティは、以下を参照してください。
https://github.com/vuejs/vue/blob/dev/src/core/vdom/vnode.js

[3]　表6-2 でも触れたように、binding.expression では式そのもの（ここでは「color」）を取得します。最終的な評価値を取得するには value を利用します。

```
new Vue({
  el: '#app',
  directives:{
    highlight: {
      bind: function(el, binding, vnode, oldVnode) {
        el.style.backgroundColor = binding.value;
      }
    }
  },
  ...中略...
});
```

6-1-2　属性値の変化を検出する

リスト 6-1 は限定された状況では正しく動作しますが、実は、一般的な用途では意図したように動作しません。

たとえば、以下のようなコードです。以下は、v-highlight ディレクティブのハイライトカラー（color）を選択ボックスの値によって変更できるようにした例です[4]。

リスト 6-3　dir_update.html　　　HTML

```html
<div id="app">
  <!--colorプロパティ経由でハイライトカラーを変化-->
  <select v-model="color">
    <option value="yellow">黄色</option>
    <option value="red">赤色</option>
    <option value="blue">青色</option>
  </select>
  <p>WINGSプロジェクトで一緒に執筆してみませんか？
    <span v-highlight="color">メンバー募集中！</span>
    是非、ご応募ください。</p>
</div>
```

---

[4] .js ファイルはリスト 6-2 と同じです。

▲ 図 6-2　選択ボックスを変えてもカラーは変化しない

　colorプロパティが変化しても、ハイライトカラーには反映され**ません**。ここでリスト6-2と表6-1を再確認してみましょう。ここで定義しているフック関数bindは、ディレクティブが要素に紐付いたときに**一度だけ**呼び出されます。よって、以降の変化は検知できないわけです。

　上位コンポーネントの更新を検知するには、updateフック関数を利用します。ディレクティブ定義を以下のように書き換えてみましょう。

リスト 6-4　dir_update.js（抜粋）　　　JS

```js
Vue.directive('highlight', {
  // 紐づいた時の処理（初回のみ）
  bind: function(el, binding, vnode, oldVnode) {
    el.style.backgroundColor = binding.value;
  },
  // 上位コンポーネントが変化した時
  update: function(el, binding, vnode, oldVnode) {
    el.style.backgroundColor = binding.value;
  }
});
```

▲ 図6-3 選択ボックスに応じて、ハイライトカラーも変化

　今度は選択ボックスでの選択値に応じて、ハイライトカラーも変化することが確認できます。

　このとき、bindをupdateに置き換えるのではなく、updateを追加しなければならない点に注意してください。bind関数がない場合、初期状態でディレクティブが動作しない（＝ハイライトカラーが反映されない）からです。

▶ 補足：bindとupdateをまとめて定義する

　初期化（bind）、更新（update）のタイミングで、同じ処理を実装したいことはよくあります。その場合、以下のような省略構文を利用すると、コードがシンプルになります。

リスト6-5　dir_update.js（別解）　JS

```
Vue.directive('highlight', function(el, binding, vnode, oldVnode) {
  el.style.backgroundColor = binding.value;
});
```

　directiveメソッドの第2引数に、「関数名：処理,...」形式のハッシュの代わりに、関数リテラルを渡すわけです（これは、bind、updateに渡していたものと同じです）。
　ここで指定された関数は、bind、updateフック関数として紐付きます。

▶ 値の変化をより厳密に検知する

　updateフック関数は、binding.valueに影響するかどうかにかかわらず、親コンポーネントになんらかの変化があった場合に常に呼び出されます。ただし、文書ツリーの操作は、（一般的には）オーバーヘッドが大きく、頻繁な呼び出しはパフォーマンスが劣化する原因ともなります。
　まずは、呼び出しのタイミングを確認するために、リスト6-3を書き換えたのが以下です。

［名前］欄を設けるとともに、フック関数で属性値をログ出力しています。名前（name）はデータオブジェクトの変更を発生させるための便宜的なプロパティで、v-highlight ディレクティブでは利用していません。

リスト 6-6　dir_old.html　　HTML

```html
<div id="app">
  <label>名前：<input type="text" v-model="name" /></label><br />
  <select v-model="color">
    <option value="yellow">黄色</option>
    <option value="red">赤色</option>
    <option value="blue">青色</option>
  </select>
  ...中略...
</div>
```

リスト 6-7　dir_old.js　　JS

```js
Vue.directive('highlight', function(el, binding, vnode, oldVnode) {
  // 現在の属性値をログ出力
  console.log(binding.value);
  el.style.backgroundColor = binding.value;
});

new Vue({
  el: '#app',
  data: {
    name: '名無しの権兵衛',
    color: 'yellow'
  },
});
```

▲ 図6-4 ［名前］欄への入力でログを出力

　属性値が変化しない（＝ディレクティブの結果も同じ）にもかかわらず、［名前］欄への入力によって、フック関数だけが繰り返し呼び出されています。これは無駄なことなので、以下のように修正しましょう。

リスト6-8 dir_old.js（修正版）

```js
Vue.directive('highlight', function(el, binding, vnode, oldVnode) {
  // 属性値に変化がなければ終了
  if (binding.value === binding.oldValue) { return; }
  console.log(binding.value);
  el.style.backgroundColor = binding.value;
});
```

　ディレクティブの属性値が新旧（value、oldValue）で変化した場合にだけ処理を実行するわけです。再度サンプルを実行して、今度は選択ボックスの変化だけでログが出力される（＝［名前］欄への入力ではログが出力**されない**）ことを確認してください。

6-1-3 修飾子付きのディレクティブを定義する

　修飾子とは、ディレクティブの名前の後方にピリオド（.）区切りで付与できる情報です。これまでもv-onディレクティブ（3-5-1項）で、.passive、.onceのような修飾子を見てきました。
　自作のディレクティブでも、このような修飾子を定義できます。ここでは、v-highlightディレクティブに、以下のような修飾子を追加してみましょう。

6-1 ディレクティブの自作

修飾子	概要
.once	ハイライトを反映するのは最初の一度だけ
.border	ハイライト時に（背景ではなく）枠線を付与

▲ 表6-3 v-highlight ディレクティブで利用できる修飾子

では、具体的なコードを見てみます。

リスト 6-9 dir_mod.html `HTML`

```html
<div id="app">
  <select v-model="color">
    <option value="yellow">黄色</option>
    <option value="red">赤色</option>
    <option value="blue">青色</option>
  </select>
    <p>WINGSプロジェクトで一緒に執筆してみませんか？<span v-highlight.border↵
.once="color">メンバー募集中！</span>是非、ご応募ください。</p>
</div>
```

リスト 6-10 dir_mod.js `JS`

```js
// bind／updateに適用するフック関数
let hook = function(el, binding) {
  if (binding.value === binding.oldValue) { return; }
  // border修飾子で背景ハイライトか枠線ハイライトかを選択
  if (binding.modifiers.border) {
    el.style.borderColor = binding.value;
    el.style.borderStyle = 'solid';
  } else {
    el.style.backgroundColor = binding.value;
  }
};


Vue.directive('highlight', {
  bind: hook,
  update: function(el, binding, vnode, oldVnode) {
```

次ページへ続く

233

▲ 図6-5 border.once 修飾子で、枠線ハイライトは一度だけ適用される

　修飾子のオン／オフは binding.modifiers プロパティでアクセスできます。戻り値は「名前：true または false,...」形式のハッシュなので、たとえば .once 修飾子のオン／オフは「binding.modifiers.once」で確認できます（❶）。
　.border.once 修飾子を付与したことで、ハイライトが（背景ではなく）枠線表示になったこと、選択ボックスを切り替えてもカラーが変化**しない**ことを確認してください。
　もちろん、修飾子の着脱は自由です。.once、.border それぞれを外したときの、挙動の変化も確認しておきましょう。

6-1-4　引数付きのディレクティブを定義する

　ディレクティブの引数とは、ディレクティブの名前の後方にコロン（:）区切りで付与できる情報です。標準ディレクティブであれば、v-bind では「v-bind:href」のように属性名を渡

6-1 ディレクティブの自作

すのに、v-on では「v-on:click」のようにイベント名を渡すのに、それぞれ利用してきました。

本項では、このような引数を自作のディレクティブに組み込んでみましょう。以下は、v-highlight ディレクティブを修正して、ハイライト方法を引数として指定できるようにしています。指定可能な値は、bg（背景）、border（枠線）、text（文字色）です。

リスト 6-11 dir_arg.html `HTML`

```html
<div id="app">
  <p>WINGSプロジェクトで一緒に執筆してみませんか？<span v-highlight:border=↩
"color">メンバー募集中！</span>是非、ご応募ください。</p>
</div>
```
❷

リスト 6-12 dir_arg.js `JS`

```js
Vue.directive('highlight', function(el, binding, vnode, oldVnode) {
  // 引数の値に応じてハイライト処理を分岐
  switch(binding.arg) {  ━━━━━❶
    case 'bg':
      el.style.backgroundColor = binding.value;
      break;
    case 'border':
      el.style.borderStyle = 'solid';
      el.style.borderWidth = '1px';
      el.style.borderColor = binding.value;
      break;
    case 'text':
      el.style.fontWeight = 'bold';
      el.style.color = binding.value;
      break;
    default:
      throw new Error('指定のハイライトは使えません。');
  }
});

new Vue({
  el: '#app',
  data: {
```

次ページへ続く

部品化技術 6

235

```
      color: 'red'
    },
  });
```

ディレクティブの引数を取得するには、フック関数で binding.arg プロパティを参照してください（❶）[*5]。引数値は文字列として取得できます（ここでは bg、border、text など）。❷の引数指定を変更することで、ハイライトの表現も変化することを確認してください。

▲ 図 6-6　引数値によってハイライトも変化

▶ 補足：属性値、引数、修飾子の使い分け

属性値、引数、修飾子の特徴をまとめた表が、以下です。

	属性値	引数	修飾子
指定できる個数	1 個 [*6]	1 個	複数
扱えるデータ型	任意型	文字列	true／false
バインド	可能	不可	不可

▲ 表 6-4　属性値、引数、修飾子の特徴

　ここで注目すべきは、データバインドが可能かどうかです。動的にバインドできるのは属性値だけなので、実行時に動的に制御すべき内容は属性値として渡すべきです。逆に、開発時に静的に決まる情報は、引数や修飾子として分離すると目的が明確になります（標準ディレクティブでそうだったように、属性名やイベント名がその好例です）。
　引数や修飾子は、扱うデータ型によって使い分けます。また、引数は「ひとつしか指定できない」「ディレクティブ名の直後で表す」という性質上、ディレクティブの挙動を左右するキーとなる情報を渡すために利用するのが一般的です。

[*5] 指定できる引数はひとつだけです。よって、プロパティ名も args（複数）ではなく、arg（単数）です。
[*6] ただし、オブジェクトや配列を利用すれば、複数の値を束ねて渡すことは可能です。

ちなみに、6-1-3項の例では、複数修飾子の例として.borderの例を挙げていますが、これはあくまで便宜的なものと捉えてください。オン／オフではなく、複数からの選択を表すような情報は、将来的な仕様の変化に耐えられない可能性があるからです（たとえば、ハイライトの方法を背景、枠線、文字色から排他的に選択したい場合、引数、または属性値に情報を移動する必要が出てきます）。

6-1-5 イベント処理を伴うディレクティブ

ディレクティブでは、イベントハンドラーを設定することも可能です。これにはフック関数の中で、引数elを介してaddEventListenerメソッドを呼び出すだけです。

たとえば以下は、P.225のdir_basic.jsを修正して、マウスポインターを要素に当てると背景色を付与し、外れると背景色を戻す例です。

リスト6-13 dir_event.js（抜粋）

```js
Vue.directive('highlight', {
  bind: function(el, binding) {
    // mouseenter時のイベント処理を定義
    el.addEventListener('mouseenter', function() {
      this.style.backgroundColor = binding.value;
    }, false);
    // mouseleave時のイベント処理を定義
    el.addEventListener('mouseleave', function() {
      this.style.backgroundColor = null;
    }, false);
  }
});
```

▲図6-7 マウスポインターの出入りに応じて背景色をオン／オフ

6-1-6 marked ライブラリをラップする

　ディレクティブは、他のライブラリをラップ[*7]するためにも利用できます。DOM に依存するコードが単体テストを難しくすることについては、本節冒頭でも触れました。そして、その事情は Vue.js 以外のライブラリを利用している場合も同様です。文書ツリーを操作するようなライブラリを利用している場合には、ディレクティブ化することで、文書ツリーを意識すべき状況を最小限にできます。

　以下は、その具体的な例として、marked ライブラリ（**https://marked.js.org/**）を v-marked ディレクティブとして再定義してみましょう。marked は、markdown 形式[*8]で書かれた文字列を HTML 文字列に変換するためのライブラリです。

リスト 6-14　dir_wrapper.html `HTML`

```html
<div id="app">
  <div id="editor" v-markdown="options">
  ### WINGSプロジェクト

  ただいま**メンバー募集中**です。
  既存メンバーは、SE、~医師~、主婦など様々です。
  主なお仕事は以下の通り。


  + 書籍の執筆
  + 雑誌記事の執筆
  + Web記事の執筆
  </div>
</div>
...中略...
<script src="https://cdn.jsdelivr.net/npm/marked/marked.min.js"></script>[*9]
```

リスト 6-15　dir_wrapper.js `JS`

```js
Vue.directive('markdown',function(el, binding, vnode, oldVnode) {
  // markdown文字列をHTML文字列に変換
```

次ページへ続く

[*7] この場合であれば、他のライブラリを Vue.js のディレクティブとして利用できるようにすることを言います。

[*8] テキストを修飾するための簡易なマークアップ言語です。ブログなどで記事を投稿する際のフォーマットとしても、よく採用されています。

[*9] mark.js は、marked ライブラリの本体です。実行にあたっては、あらかじめ CDN などから読み込んでおく必要があります。

```
    el.innerHTML = marked(el.textContent, binding.value);    ──❶
});

new Vue({
  el: '#app',
  data: {
    options: {
      gfm: true,      // GitHub仕様のmarkdownを有効化
      breaks: true,   // 単一改行を<br>タグにするか         ──❷
      xhtml: true,    // 空タグを〜/>に
    }
  },
});
```

▲ 図 6-8 markdown 形式のテキストを変換

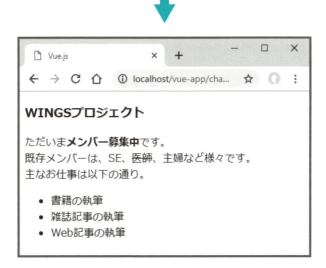

　ライブラリのラップと言っても身構えることはなく、フック関数（bind や update）の配下で、本来のライブラリを呼び出すだけです（❶）。marked メソッドの構文は以下です。

▼ 構文：marked メソッド

marked(*str*, *options*)

- -

str　　：変換対象の文字列
options：動作オプション

marked ライブラリの動作オプションは、v-marked ディレクティブの値として指定するものとします（つまり、binding.value プロパティでアクセスできます）。本サンプルで利用しているオプションの意味については、リスト内のコメントを参照してください（❷）。その他のオプションは、以下の Web ページから確認できます。

https://marked.js.org/#/USING_ADVANCED.md#options

引数 *str* には v-marked 要素配下のテキスト（el.textContent）を渡します。marked メソッドの戻り値は変換済みのテキストなので、これを再び要素配下に書き戻して完了です。変換済みのテキストは HTML 文字列なので、反映には innerHTML プロパティを利用する点に注意してください。

6-2 フィルターの自作

フィルターとは、テンプレート上に埋め込まれたデータを加工や整形するためのしくみで、「式 | フィルター」のように記述できます。{{...}}、v-bind ディレクティブでのみ利用できます。たとえば Vue.js 1.x では、与えられた文字列 str を大文字に変換するために、uppercase フィルターを利用できました。

```
{{ str | uppercase }}
```

出力に際して、ちょっとした加工や演算を実施する際に便利な構文です。

ただし、これらの標準フィルターは、Vue.js 2.x で削除されました。フィルターを Vue.js 2.x で利用する場合には、サードパーティのライブラリを利用するか、本節の例のように自作する必要があります。

6-2 フィルターの自作

6-2-1 フィルターの基本

まずは、基本的なフィルターを作成してみましょう。以下は、文字列前後の空白を除去する trim フィルターの例です。

リスト 6-16 filter.html `HTML`

```html
<div id="app">
  <div v-bind:title="str | trim">str:「{{ str | trim }}」</div>        ❹
</div>
```

リスト 6-17 filter.js `JS`

```js
// trimフィルターを宣言
Vue.filter('trim', function(value) {
  if (typeof value !== 'string') {
    return value;
  }
  return value.trim();          ❸
});


new Vue({
  el: '#app',
  data: {
    str: '  WINGS Project  '
  }
});
```

❷ ❶

⬇

```html
<div title="WINGS Project">str:「WINGS Project」</div>
```

フィルターを定義するのは、Vue.filter メソッドの役割です（❶）。

▼ 構文：filter メソッド

filter(*name*, *def*)
name：フィルター名 *def*　：フィルターの挙動

部品化技術 6

241

フィルターの挙動を定義する関数（引数 *def*）は、引数として

- 加工対象の値
- フィルターのための引数（可変長引数）

を受け取り、加工した結果を戻り値として返します。可変長引数を受け取る例は後で触れます。

　今回のサンプルであれば、❷で引数 value が文字列であるかどうかを確認し、文字列以外の値が渡された場合には、その値をそのまま返します。フィルターによってチェック内容は変化しますが、最低限、フィルター関数の最初で「意図した型を受け取っていること」をチェックしておくべきです[10]。

　引数 value が文字列であった場合には、trim メソッドで文字列前後の空白を除去しています（❸）。

　trim フィルターを定義できたら、後はこれを呼び出しているのが❹です。冒頭でも触れたように、{{...}} 式、v-bind いずれでも「式 | フィルター」がフィルター呼び出しの基本です。

> **Note** **ローカルフィルター**
>
> コンポーネントやディレクティブなどと同じく、filters オプションを利用することで、特定のインスタンス配下でのみ有効なローカルフィルターを宣言できます。
>
> ```
> new Vue({
>   ...中略...
>   filters: {
>     trim: function(value) { ...中略... }
>   }
> });
> ```

▶ 例：改行文字を
 要素に変換する

　フィルターは HTML 文字列を含んだ文字列を返すこともできます。たとえば以下は、文字列に含まれる改行文字を
 要素に変換する nl2br フィルターの例です。フィルターの利用例として、.html ファイルではテキストエリアに入力された改行付き文字列を、ページ下部に反映させます。

---

[10] 今回のサンプルであれば、引数の型チェックを行わず、文字列以外の値をそのまま trim メソッドに渡すと、「TypeError: value.trim is not a function」のようなエラーが発生します。

リスト 6-18　filter_br.html

```html
<div id="app">
  <textarea v-model="memo" cols="30" rows="10"></textarea>
  <div v-bind:inner-html.prop="memo | nl2br"></div>           ──❸
</div>
```

リスト 6-19　filter_br.js

```js
// nl2brフィルターの定義
Vue.filter('nl2br', function(value) {
  // データ型のチェック
  if (typeof value !== 'string') {
    return value;                                              ──❶
  }
  // 改行文字の置換
  return value.replace(/\r?\n/g, '<br />');                    ──❷
});

new Vue({
  el: '#app',
  data: {
    memo: ''
  }
});
```

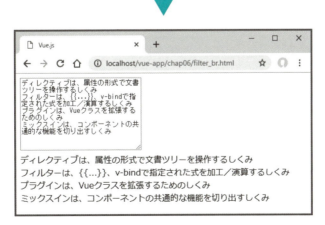

▲ 図 6-9　入力された内容をページ下部に反映

フィルターを定義する手順については、前項の内容とさほど違いはありません。引数 value の値が文字列でない場合には、与えられた値をそのまま返します（❶）。データ型に問題ない場合には、replace メソッドで改行文字を変換します（❷）。「/\r?\n/」は「\r\n」または「\n」を表します。

　ポイントとなるのは、nl2br フィルターを呼び出す❸のコードです。本節冒頭でも触れたように、フィルターを利用できるのは {{...}}、v-bind だけです。v-html ディレクティブ（3-4-2 項）では、フィルター構文は利用でき**ない**のです。そこで、v-bind ディレクティブの .prop 修飾子（3-4-1 項）で、innerHtml プロパティにバインドする必要があります。

> **Note　本文の別解**
>
> ❸は、以下のように書き換えても動作します。
>
> ```
> <div v-html="$options.filters.nl2br(memo)"></div>
> ```
>
> $options は、Vue インスタンスのオプション情報にアクセスするためのプロパティで、「$options.filters. フィルター名 (...)」でフィルター関数を直接呼び出しているわけです[11]。$options は、その他のオプションについても同様に参照できます。

6-2-2　パラメーター付きのフィルターを定義する

　フィルターには、任意個数のパラメーターを渡すこともできます。たとえば以下は、文字列を指定の文字数で切り捨てる truncate フィルターの自作例です。

▼ 構文：truncate フィルター

str	truncate(*len*, *omit*)
str　：処理対象の文字列
len　：切り捨ての文字数（既定で 10）
omit：切り捨て時に末尾に付与する文字列（既定で「...」）

　以下は、その実装や利用例です。

---

[11] もっとも、v-html にあえて冗長なメソッド呼び出しを渡すかは、若干疑問もあります。このようなコードを書くくらいならば、そもそもフィルターの利用を避けて、memo プロパティを加工したものを返す brMemo のような算出プロパティを用意してもよいでしょう。

6-2 フィルターの自作

リスト 6-20 filter_param.html `HTML`

```html
<div id="app">
  <textarea v-model="memo" cols="30" rows="10"></textarea>
  <div>{{memo | truncate }}</div>
  <div>{{memo | truncate(20, '～') }}</div>
</div>
```
❸

リスト 6-21 filter_param.js `JS`

```javascript
Vue.filter('truncate', function(value, len = 10, omit = '...') {        ❶
  // 文字列でなければ元の値を返す
  if (typeof value !== 'string') {
    return value;
  }
  // 文字列長が指定文字数（len）以下であれば、元の値を返す
  if (value.length <= len) {
    return value;
  // 指定文字数を越えたら、超過分を切り捨て、末尾文字（omit）を付与
  } else {
    return value.substring(0, len) + omit;        ❷
  }
});


new Vue({
  el: '#app',
  data: {
    memo: ''
  }
});
```

部品化技術

6

245

▲ 図6-10 指定の文字数で文字列を切り捨て

　フィルターにパラメーターを追加するには、filter メソッドに指定した関数の第2引数以降を利用します[*12]。ここでは、引数 len、omit がそれです（❶）。引数の既定値を「引数名 = 値」で表す記法は、ECMAScript 2015（ES2015）以降からの構文です[*13]。任意のパラメーターについては、このように既定値を明示しておくのが定石です。ここでは、len パラメーターの既定値として 10 を、omit パラメーターの既定値として「...」を、それぞれ指定しておきます。

　後は、与えられた文字列が指定の文字数を超えた場合、超過分を切り捨て、そこに末尾文字（omit）を付与したものを返します（❷）。文字数が指定の文字数以下であれば、なにもせずに元の値を返します。

　以上のように定義した truncate フィルターを呼び出しているのは❸です。メソッドと同じく、パラメーターはカンマ区切り、丸カッコでくくります。

6-2-3　複数のフィルターを連結する

　フィルターはパイプで連結することもできます。前項のパラメーター付きフィルターなどはメソッドでも代替できそうに思えますが、数値や文字列を多段階で加工するような局面では、フィルターを利用することでよりシンプルに表現できます[*14]。

　たとえば以下は、絶対値を求める abs フィルターと、数値を小数点以下 dec 位になるよう丸める number フィルターを、順に適用する例です。

[*12] 第1引数は、加工対象の値を表すのでした。
[*13] 現時点でよく利用されているブラウザーでは、Internet Explorer 11 で利用できないので注意してください。
[*14] メソッドでも可能ですが、戻り値が加工後の値であるとは限らないので、連結可能かどうかを意識しなければなりません。

リスト 6-22　filter_multi.html

```html
<div id="app">
  <div>元の数字：{{ value }}</div>
  <div>加工後：{{ value | abs | number(2) }}</div>
</div>
```

リスト 6-23　filter_multi.js

```js
// 絶対値を求めるabsフィルターを定義
Vue.filter('abs', function(value) {
  return Math.abs(value);
});
// 指定桁での丸めを行うnumberフィルターを定義
Vue.filter('number', function(value, dec = 0) {
  return value.toFixed(dec);
});

new Vue({
  el: '#app',
  data: {
    value: -150.3486
  }
});
```

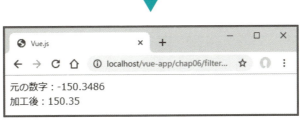

▲ 図 6-11　数字の絶対値を求めて、小数部分を指定の位に丸める

　再利用という観点からは、一般的に、フィルターは極力単機能に限定したうえで、複合的な機能は連結して実現していくのが望ましいでしょう。

6-3 プラグインの利用と自作

プラグインとは、Vue.js に対してコンポーネント、ディレクティブなどを追加（拡張）するためのしくみです。プラグインを利用することで、Vue.js に対してより目的特化した機能を追加できます。

本節ではまず、サードパーティで提供されている検証プラグイン VeeValidate、コンポーネントライブラリ Element を例に、プラグインの基本的な使い方を学んだ後、プラグインを自作する方法について解説します。

> **Note　関連リソース**
>
> Vue.js で利用できるプラグインをはじめ、ツールやフレームワーク、ライブラリは、以下のようなページでまとめられています。Vue.js で「こんな機能が欲しいな？」と思ったら、まずはこちらを覗いてみるとよいかもしれません。
>
> - Vue Curated（https://curated.vuejs.org/）
> - Awesome Vue.js（https://github.com/vuejs/awesome-vue）
>
> 特に「Vue Curated」では検索、フィルター機能も用意されており、GitHub の Stars、Forks、Issue 数[15] も一望できることから、目的のライブラリを発見しやすくなっています。

6-3-1　検証プラグインの利用 〜 VeeValidate

VeeValidate（https://baianat.github.io/vee-validate/）は、Vue.js に検証機能を追加するシンプルなプラグインです。以下、具体的な用法を解説していきます。

リスト 6-24　validate.html

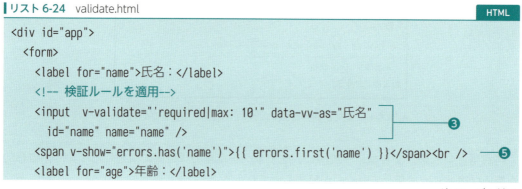

次ページへ続く

---

[15] 大雑把には、人気と開発の活発さを表す指標と考えてよいでしょう。

```html
    <input v-validate="{ numeric:true, between: [20, 60] }"
      data-vv-as="年齢" id="age" name="age"  type="number" />    ❹
    <span v-show="errors.has('age')">{{ errors.first('age') }}</span><br />
    <label for="sex">性別：</label>
    <select v-validate="'included:男,女,その他'" data-vv-as="性別"
      id="sex" name="sex">
      <option value="男" selected>男性</option>
      <option value="女">女性</option>
      <option value="その他">その他</option>
    </select>
    <span v-show="errors.has('sex')">{{ errors.first('sex') }}</span><br />
  </form>
</div>
<script src="https://cdn.jsdelivr.net/npm/vue@2.6.10/dist/vue.js"></script>
<!-- VeeValidateプラグインをインポート-->
<script src="https://cdn.jsdelivr.net/npm/vee-validate@latest/dist/↩
vee-validate.js"></script>
<script src="https://cdn.jsdelivr.net/npm/vee-validate@latest/dist/↩
locale/ja.js"></script>                                              ❶
```

リスト 6-25 validate.js   JS

```js
// VeeValidateを有効化
Vue.use(VeeValidate, { locale: 'ja', fastExit: false });    ❷

new Vue({
  el: '#app'
});
```

▲ 図6-12　問題のある入力を検出＆エラー表示 [16]

---

[16] 必須検証の動作を確認するには、一度適当なデータを入力した後、入力欄を空にしてください。

> **Note** **サーバーサイド検証**
>
> クライアント（ブラウザー）側の検証は、あくまで副次的なものと考えるべきです。ブラウザーが JavaScript 機能をオフにしてしまえば、検証をすり抜けることは比較的簡単だからです。クライアントサイド検証の有無にかかわらず、最終的なデータの妥当性は、サーバーサイドで実施するようにしてください。

❶ VeeValidate プラグインをインポートする

VeeValidate プラグインは、Vue.js と同じように CDN からインポートするのが手軽です。vee-validate.js が VeeValidate プラグインの本体、ja.js が日本語化のためのリソースファイルです。ja.js は、もちろん、対応する言語に応じて切り替えてください。

❷ VeeValidate プラグインを有効化する

ただし、プラグインをインポートしただけでは、まだ有効化されていません。Vue.use メソッドで Vue.js に登録してください。

▼ 構文：use メソッド

```
use(plugin, opts)
```

plugin：有効化するプラグイン
opts ：動作オプション

引数 *opts* はプラグインによって変化しますが、VeeValidate プラグインでは以下の表のようなオプションを指定できます。

オプション	概要	既定値
delay	入力から検証までの遅延時間（ミリ秒）	0
dictionary	検証メッセージ（P.256）	null
fastExit	1 項目で複数のエラーは無視するか（最初の 1 個のみ検出）	true
events	検証のトリガーとなるイベント	input
locale	検証メッセージを決めるロケール	en

▲ 表6-5　VeeValidate プラグインの主なオプション

既定では検証メッセージが英語になってしまうので、最低でも locale オプションで ja（日

本語）を設定しておきましょう。

　fastExit オプションは、ひとつの項目に複数の検証ルールが紐付いている場合にも、最初のエラーで確認を打ち切るかを決定します。まずは最初のエラーだけを得られれば十分なはずですが、本項では解説の都合上、false（複数のエラーを検出）としておきます。

> **Note**
>
> ### Vue CLI 環境では？
>
> Vue CLI（第 7 章）で webpack を利用する場合には、インストール、有効化の方法が変化します。上がインストールコマンド、下が有効化のためのコードです。

```
> npm install vee-validate --save ⏎
```

```
import Vue from 'vue';
import Vue from 'vue';
import VeeValidate from 'vee-validate';
import VeeJa from 'vee-validate/dist/locale/ja';

Vue.use(VeeValidate, {
  locale: 'ja',
  dictionary: {
    ja: VeeJa
  }
});

Vue.use(VeeValidate, { locale: 'ja' });
```

❸ フォーム要素に検証ルールを付与する

　VeeValidate による検証を利用するには、まず、name 属性と data-vv-as 属性を指定します。name 属性は VeeValidate がフォーム要素を識別するためのキー、data-vv-as 属性は後でエラーメッセージを表示する際に利用する日本語の表示名です。

　これらを指定したら、後は、v-validate ディレクティブ（属性）で検証ルールを宣言します。検証ルールの記法にはいくつかありますが、最もシンプルなのは、検証ルールをパイプ区切りで列挙することです。この例であれば、それぞれの項目に、以下の表のような検証ルールを適用しています。

項目	検証ルール
name	required（必須）、max（10 文字以内）
age	numeric（数値か）、between（20 〜 60 の範囲内）
sex	included（「男／女／その他」のいずれか）

▲ 表 6-6　サンプル内の検証ルール

その他、VeeValidate で利用できる検証ルールを、以下の表にまとめておきます[17]。

ルール	概要
alpha	英字のみか
between: *min, max*	最小値 *min* 〜最大値 *max* の間
confirmed: *target*	フィールド *target* と同じ値か
date_format: *format*	指定の形式 *format* の日付か
digits: *length*	*length* 桁の数字か
email	正しいメールアドレス形式か
included: *list*	リスト *list* に含まれるか
max: *length*	最大文字数
min: *length*	最小文字数
max_value: *value*	最大値
min_value: *value*	最小値
numeric	数値であるか
regex: *pattern*	指定の正規表現 *pattern* にマッチするか
required	必須
size: *num*	最大ファイルサイズ（キロバイト）
url	正しい URL 形式か

▲ 表 6-7　主な検証ルール

複数の検証ルールを列記する際には「|」（パイプ）で連結してください。

❹ フォーム要素に検証ルールを付与する（オブジェクト）

別解として、（文字列式ではなく）「検証ルール：値 ,...」形式のオブジェクトとして指定

---

[17] 完全なリストは「Available Rules」（**https://baianat.github.io/vee-validate/guide/rules.html**）も参照してください。

しても構いません[18]。複数の検証ルールを列記する（しかも、それぞれがなんらかのパラメーターを持つ）場合には、オブジェクト形式のほうが見やすいでしょう。

ちなみに、included検証のように、複数の値を受け取るルールでは、オブジェクト形式では配列として値を渡します。

```
<select id="sex" name="sex"
  v-validate="'{ included: ['男', '女', 'その他'] }'" data-vv-as="性別" >
  ...中略...
</select>
```

❺ 検証結果を参照する

検証結果はerrorsプロパティで取得できます。この例では、そのhasメソッドで指定されたフォーム要素でエラーがあるかどうかを判定し、存在する場合には、firstメソッドで最初のエラーメッセージを表示します。has、firstメソッドともに、引数にはフォーム要素の名前（name属性）を指定します。

もしもすべてのエラーメッセージを取得したいならば、firstメソッドの代わりに、collectメソッドを利用します。たとえば以下は［名前］欄で発生した検証エラーを列挙する例です。

```
<ul>
  <li v-for="err in errors.collect('name')">{{ err }}</li>
</ul>
```

すべての項目のエラーをまとめて出力するならば、allメソッドを利用します。大きなフォームで、エラーをページ先頭にまとめたい場合には便利です。

```
<ul>
  <li v-for="err in errors.all()">{{ err }}</li>
</ul>
```

---

[18] ここでは例示のために、文字列形式とオブジェクト形式とを混在させていますが、通常はいずれかに記法を統一すべきです。

➤ 補足：VeeValidate のカスタマイズ

以上、基本的な検証の手段を理解できたところで、実際のアプリで利用する際に知っておきたい、いくつかのテクニックを補足しておきます。

（1）自作の検証ルールを追加する

P.252 の表でも触れたように、VeeValidate では標準でも基本的な検証ルールを数多く提供していますが、本格的なアプリでは標準ルールではまかなえない状況が出てきます。そこで、ここでは VeeValidate に独自の検証ルールを追加してみましょう。

以下は、入力値に指定された単語（群）が含まれていないことを確認する ngword 検証の例です。

リスト 6-26 validate_custom.html　　`HTML`

```html
<div id="app">
  <form>
  <label for="memo">メモ：</label>
  <textarea id="memo" name="memo" rows="10" cols="30"
    v-validate="'ngword:暴力,グロ,エロ'" data-vv-as="メモ"></textarea>    ————④
  <span v-show="errors.has('memo')">{{ errors.first('memo') }}</span>
  </form>
</div>
```

リスト 6-27 validate_custom.js　　`JS`

```js
Vue.use(VeeValidate, { locale: 'ja', fastExit: false });

new Vue({
  el: '#app',
  // Vue初期化時に自作ルールを追加
  created:function() {
    this.$validator.extend('ngword', {
      // 検証メッセージを取得
      getMessage(field, args) {
        return field + 'で「'+ args + '」は利用できない単語です。';
      },
      validate(value, args) {
        return args.every(function(arg) {
```

次ページへ続く

```
      return value.indexOf(arg) === -1;
    });
    }
  });
  },
});
```
❸ ❶

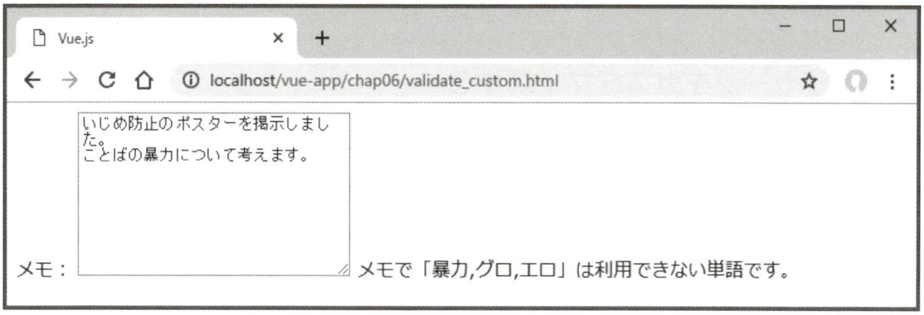

▲ 図6-13　暴力、グロなどの禁止ワードが含まれていればエラー

　検証ルールは、Vueインスタンスの生成時（created）に宣言するのが一般的です（❶）。ルールそのものは、Validator#extendメソッドで宣言します。Validatorオブジェクトは、VeeValidate登録時にVueの$validatorプロパティとして登録されているので、フック関数からは「this.$validator」でアクセス可能です。

▼ 構文：extendメソッド

extend(*name*, *rule*)

- -

name：ルール名
rule　：検証ルール

　引数*rule*は、以下のプロパティ（メソッド）を持ったオブジェクトとして表します。

メソッド	概要
getMessage(*field*, *args*)	検証エラー時のメッセージを取得
validate(*value*, *args*)	検証本体（検証の成否をtrue／falseで返す）

▲ 表6-8　検証オブジェクトのメソッド（*field*は項目名、*value*は入力値、*args*は検証パラメーター）

getMessage メソッド（❷）は、引数 field、args をもとにエラーメッセージを組み立てるだけなので、特筆すべき点はありません。

検証の本体である validate メソッド（❸）に注目してみましょう。ここでは引数 args には禁止ワードが「暴力 , グロ , エロ」のように渡されることを想定しています。このようなカンマ区切りの値は、内部的には配列として扱われるので、Array#every メソッドでそれぞれの値（arg）が入力値 value に含まれないか（= indexOf メソッドが –1 であるか）を判定し、すべての単語で問題なければ validate メソッド全体として true（＝検証成功）を返します。

このように定義した検証ルールは、これまでと同じく、v-validate ディレクティブに「ngword: 禁止ワード ,...」の形式で適用できます（❹）。

（2）検証メッセージをカスタマイズする

検証メッセージをカスタマイズするならば、Vue.use メソッドで VeeValidate を有効化する際に、dictionary オプションを渡します。dictionary オプションには、以下のような階層で、メッセージ情報を定義します。

```
dictionary:
  言語名: {
    messages: {
      ルール名: function(field, param) { return 検証メッセージ },
      ...
    }
  }
}
```

言語名には、ja、en、de のように言語を識別するためのキーを渡します。

ルール名は、v-validate に引き渡す名前と同じです。対応する値は、先ほどの getMessage メソッドと同じ形式の関数として表します。つまり、引数として field（フィールド名）、param（検証パラメーター）を受け取り、検証メッセージを返します。

では、リスト 6-25 を改良して、required 検証のメッセージをカスタマイズしてみましょう。

リスト 6-28 validate_message.js（抜粋）　　　　　　　　　　　　`JS`

```
Vue.use(VeeValidate, {
  locale: 'ja',
  fastExit: false,
```

次ページへ続く

```
    dictionary : {
      ja: {
        messages: {
          required: function(field, param) {
            return field + 'を入力してください';
          }
        }
      }
    }
});
```

dictionaryオプションで定義されたメッセージ情報は、既定で用意されたメッセージにマージされるので、すべての検証ルールを定義する必要はありません（新規のメッセージは追加されますし、既存のメッセージは上書きされます）。

(3) フィールド名を辞書にまとめる

リスト6-24の例では、個別のフィールド名をdata-vv-as属性で宣言しました。しかし、フィールド名はアプリで統一すべきものなので、1カ所で管理されていたほうが便利です。そこでname属性、data-vv-as属性の対応関係を辞書としてまとめてしまいましょう。

これには、先ほどのdictionaryオプションに対して、attributesオプションを追加します[19]。

リスト6-29 validate_message.js（修正版）　　　`JS`

```
Vue.use(VeeValidate, {
  locale: 'ja',
  fastExit: false,
  dictionary : {
    ja: {
      ...中略...
      attributes: {
        name: '氏名',
        age: '年齢',
```

次ページへ続く

---

[19] .htmlファイルからはdata-vv-as属性を削除しておきましょう。

```
      sex: '性別'
    }
   }
  }
});
```

6-3-2　典型的な UI を実装する ～ Element

　Element は、Vue.js で利用できるコンポーネントを集めたライブラリです。Element を利用することで、アプリでよく見かけるような UI を、シンプルなコードで実装できます。以下は、Element で利用できる主なコンポーネント部品です。

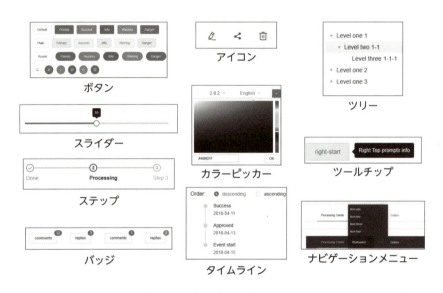

▲ 図 6-14　Element で利用できる主な部品（出典：**https://element.eleme.io/**）

　本節でこれらすべてのコンポーネントを例示することはできませんが、ここでは Element 利用の一例として、カルーセル[20]を実装してみます。

リスト 6-30　element.html　　　　　　　　　　　　　　　　　　　　　　　　　　HTML

```
<link rel="stylesheet"
  href="https://unpkg.com/element-ui/lib/theme-chalk/index.css" />
```
❶

次ページへ続く

---

[20] カルーセル（Carousel）とは、複数用意された画像とパネルを、マウスとタッチ操作でスライド表示できる UI のことを言います。

```
...中略...
<div id="app">
  <el-carousel :interval="5000" arrow="hover">
    <el-carousel-item>
      <div>
        <h3>WINGSプロジェクト</h3>
        <p>ようこそ！WINGSプロジェクトへ</p>
        <img src="https://wings.msn.to/image/wings.jpg" />
      </div>
    </el-carousel-item>
    ...中略...
  </el-carousel>
</div>
...中略...
<script src="https://unpkg.com/element-ui/lib/index.js"></script>     ❷
```
❸ ❹

リスト6-31　element.js　　　　　　　　　　　　　　　　　　　　　　JS

```
new Vue({
  el: '#app'
});
```

リスト6-32　element.css　　　　　　　　　　　　　　　　　　　　　 CSS

```
.el-carousel__item {
  height: 250px;
  background-color: #98e7e7;
  color: #000;
  opacity: 0.8;
  text-align: center;
}

.el-carousel__item div {
  margin: 15px;
}
```
❺

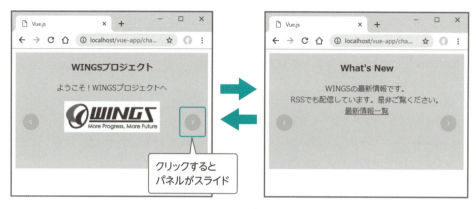

▲ 図 6-15　スライド操作でパネルの入れ替えが可能

　Element を利用するには、Vue.js 本体に加えて、❶、❷のライブラリやスタイルシートをインポートしておきます。基本的な準備は、これだけです。VeeValidate ではあった Vue.use メソッドの呼び出しも、Element が内部的に行っているので不要です。

　後は、個々のコンポーネントを呼び出すだけです。カルーセルであれば、`<el-carousel>`、や `<el-carousel-item>` 要素が、それです（❸）。

　`<el-carousel-item>` 要素は、個々のカルーセル要素（スライド可能なパネル）を表すので、これを列挙します（❹）。ここではコンテンツをハードコーディングしていますが、データオブジェクトから取得した情報を v-for などで展開しても構いません。

　`<el-carousel-item>` 要素（群）全体を `<el-carousel>` 要素で囲み、完成です。`<el-carousel>` 要素で利用できる主な属性は、以下の表のとおりです。

属性	概要	既定値
height	カルーセルの高さ	—
initial-index	初期表示するパネルのインデックス	0
autoplay	パネルを自動移動するか	true
interval	自動移動の間隔（ミリ秒）	3000
indicator-position	インジケーターの表示位置（outside／none）	—（内部）
arrow	左右矢印を表示するか（always／hover／never）	hover（ホバー時のみ）
loop	パネルをループさせるか	true

▲ 表 6-9　`<el-carousel>` 要素の主な属性

　❺は、カルーセルの個々のパネル（`.el-carousel__item`）と、配下の `<div>` 要素に対するスタイル付けです。

6-3-3 プラグインの自作

プラグインはサードベンダーから提供されるものばかりではなく、自作することも可能です。ここでは、6-2-1 項で作成した trim フィルターをプラグインとして定義したうえで、これをアプリに組み込むまでの手順を見ていきます。

本項ではフィルターを例に挙げていますが、コンポーネント、ディレクティブ、ミックスインなど、その他の要素についても同じようにプラグイン化できます。

[1] MyUtil プラグインを定義する

trim フィルターをひとつだけ定義した、MyUtil プラグインを定義します。

リスト 6-33 plugin_custom.js（抜粋） **JS**

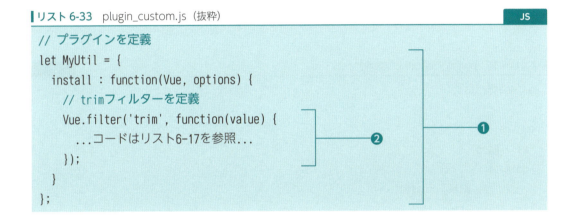

プラグインを定義するには、＜プラグイン名＞オブジェクトの配下で、install という名前のメソッドを用意するだけです（❶）。install メソッドは引数として「Vue クラス」「動作オプション」（Note にて後述）を受け取るので、これを受けて、プラグインとして定義すべき機能を記述していきます。

この例であればフィルターを定義するために Vue.filter メソッドを呼び出していますが（❷）、同じように Vue.component、directive メソッドなども利用できますし、複数の定義メソッドを呼び出しても構いません。

> **Note** install メソッドの第 2 引数
>
> ここでは利用していませんが、install メソッドの第 2 引数（引数 options）は、Vue.use メソッド経由で受け取った動作オプションを表します。たとえば、6-3-1 項では
>
> ```
> Vue.use(VeeValidate, { locale: 'ja' });
> ```

のようなコードを書きましたが、この場合、引数 options には「{ locale: 'ja' }」が渡されます（つまり、install メソッドの中では、options.locale でロケール情報にアクセスできます）。

［2］定義済みのプラグインを利用する

定義したプラグインを利用する方法は、VeeValidate のときと同じです。use メソッドでプラグインを登録します。

リスト 6-34 plugin_custom.html `HTML`

```html
<div id="app">
  <div v-bind:title="str | trim">str: 「{{ str | trim }}」</div>
</div>
```

リスト 6-35 plugin_custom.js（抜粋） `JS`

```js
Vue.use(MyUtil);

new Vue({
  el: '#app',
  data: {
    str: '  WINGS Project  '
  }
});
```

trim フィルターの結果、「WINGS Project」が得られる（＝空白が除去された）ことを確認しておきましょう。

6-4 ミックスイン

ミックスイン（mixin）とは、コンポーネントオプションを再利用するためのしくみです。たくさんのコンポーネントを定義していくと、複数のコンポーネントにまたがって、同一のコードが散在する状況が出てきます。そのような場合にも、ミックスインを利用することで、共通コードを抜き出し、コンポーネントに動的に適用できるようになります。

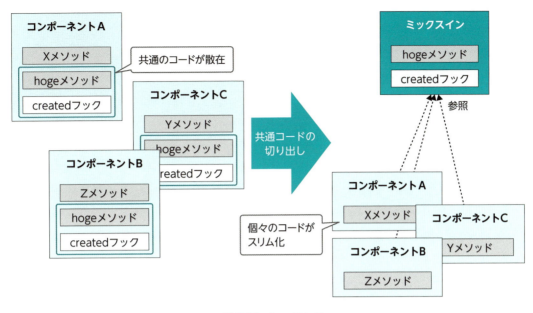

▲ 図6-16 ミックスイン

ミックスインを利用することで、特定の機能を、用途に応じて着脱しやすいというメリットもあります。

6-4-1 ミックスインの基本

まずは、ミックスインの基本的な用法を学ぶ意味で、ごく基本的な例を挙げておきます。以下は、コンポーネントのマウント時に、データオブジェクトの内容をログ出力するだけのミックスインです。別に用意した`my-comp`コンポーネントに適用してみましょう。

リスト6-36 mixin.html　　　　　　　　　　　　　　　　　　　　　　　　　　HTML

```html
<div id="app">
  <my-comp></my-comp>
</div>
```

リスト6-37 mixin.js　　　　　　　　　　　　　　　　　　　　　　　　　　　　JS

```js
// ミックスインを準備
let dataLoggable = {
  mounted: function() {
    console.log(this.$data);
```

❶

次ページへ続く

```
    }
};

// my-compコンポーネントを生成
Vue.component('my-comp', {
  data: function() {
    return {
      current: new Date()
    }
  },
  template: `<div>現在時刻：{{ current }}</div>`,
  // ミックスインを組み込み
  mixins: [ dataLoggable ]         ❷
});

// Vueインスタンスを生成
new Vue({
  el: '#app'
});
```

❶

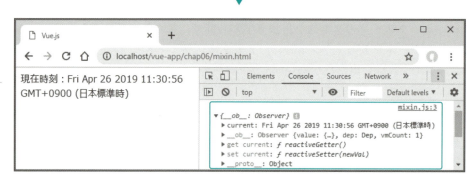

▲ 図6-17 マウント時にデータオブジェクトの内容を出力（[Console] タブから確認）

　ミックスインは、「オプション名：値,...」形式のオブジェクトリテラルです（❶）。オプションには、データオブジェクト、メソッド、ライフサイクルフックなど、コンポーネントで利用できるすべてのオプションを利用できます。ライフサイクルフック、メソッドなどで、

インスタンス（コンポーネント）にアクセスできる点も同様です [21]。

　ミックスインの名前には、特に決まりがあるわけではありませんが、ミックスインが提供する機能を表すという意味では、〜 able のようなサフィックス（接尾辞）を付与すると、内容を類推しやすくなります（今回のサンプルではデータオブジェクトのログ出力を提供するので、dataLoggable としています）。

　既存のコンポーネントにミックスインを組み込むには、mixins オプションを利用します（❷ [22]）。ひとつのコンポーネントに複数のミックスインを組み込めるので、配列として指定しなければならない点にも注目です（単一でも [...] でくくります）。

　これでミックスインの定義や組み込みは完了です。サンプルの実行結果を確認してみると、確かに my-comp コンポーネント自身では定義されていないにもかかわらず、マウント時にデータオブジェクトの内容がログ出力されていることを確認できます。

6-4-2　マージのルール

　ミックスインとコンポーネントとで、同じオプションが定義されている場合もあります。この場合、以下のルールでマージされます。

- data オプションは再帰的にマージされます。ただし、同名のプロパティはコンポーネント側の定義が優先されます [23]。
- method、computed、filters などのオプションも同様です。
- ライフサイクルフックは、重複時には、ミックスイン⇒コンポーネントの順で実行されます（＝すべてのフックが実行対象です）。
- カスタムのオプションは、単純に上書きされます。

　ただし、カスタムオプションのマージルールは、独自のルールで上書きしても構いません。たとえば以下は、カスタムオプションとして tags（配列）を準備し、その値が競合した場合に、配列同士を連結する例です。

リスト 6-38　mixin_merge.html　　　　　　　　　　　　　　　　　　　　`HTML`

```html
<div id="app">
  <my-comp></my-comp>
</div>
```

---

[21] 今回のサンプルであれば、$data プロパティでデータオブジェクトを参照しています。

[22] サンプルでは、コンポーネントの例を示していますが、同じ要領で Vue インスタンスへの組み込みも可能です。

[23] ただし、プロパティの競合は、時として値の所属が判りにくくなるので、極力避けるべきです。

リスト 6-39　mixin_merge.js　　　　　　　　　　　　　　　　　　　　　　JS

```js
// tagsオプションのマージルールを定義
Vue.config.optionMergeStrategies.tags = function (toVal, fromVal) {
  if (!toVal) { toVal = []; }                       ──❺
  if (!fromVal) { fromVal = []; }                              ──❹
  return fromVal.concat(toVal);      ──❻
};

// tagsオプションを持つミックスイン
let tagin = {
  tags: [ 'tag', 'strategy' ]   ──❶
};

// コンポーネント側もtagsオプションを定義
Vue.component('my-comp', {
  tags: [ 'component', 'sample' ],   ──❷
  template: `<div>{{$options.tags}}</div>`,   ──❸
  mixins: [ tagin ],
});

// Vueインスタンスを生成
new Vue({
  el: '#app'
});
```

```
[ "component", "sample", "tag", "strategy" ]
```

　ミックスインとコンポーネント双方で、アプリ独自のオプションとしてtagsオプションを定義します（❶、❷）。tagsは、コンポーネントを分類するための情報で、配列として表すものとします。

　また、内容確認のために、my-compコンポーネントでは、現在のtagsオプションを出力するようにしておきます（❸）。

　そして、本題のカスタムオプションが重複した場合のマージルールは、「Vue.config.optionMergeStrategies.オプション名」プロパティで定義します（❹）。ルールを表す関数は、

266

- 引数として「マージ先の値（toVal）」「マージ元の値（fromVal）」を受け取り
- 戻り値として、マージの結果を返す

ようにします。今回のサンプルでは、ミックスイン、コンポーネントでオプションが定義されていない場合に備えて、引数 toVal、fromVal が未定義（undefined）の場合の既定値として空配列を用意しています（❺）。

後は、fromVal、toVal を concat メソッドで連結したものを返すだけです（❻）。

サンプルを実行してみると、ミックスインやコンポーネントで定義された tags オプションが連結されたものが返されていることが確認できます。また、❹のマージルールを削除すると、tags オプションが上書きされ、以下のような結果が返されることもあわせて確認しておきましょう。

```
[ "component", "sample" ]
```

> **Note** **既定のマージルール**
>
> 「キー名：値,...」形式のオブジェクトを値に持つオプションであれば、一般的に methods オプションのマージルールを転用すれば十分です。
>
> ```
> // 標準のマージルールを取得
> let rules = Vue.config.optionMergeStrategies;
> // hogeオプションにmethodsオプションのルールを適用
> rules.hoge = rules.methods;
> ```

6-4-3 グローバルミックスイン

特定のコンポーネントに紐付ける通常のミックスインに対して、無条件にすべてのコンポーネントに対して適用するグローバルミックスインもあります[24]。たとえば以下はグローバルミックスインを利用して、**コンポーネント（のデータオブジェクト）が** title、keyword、description **プロパティを持つ場合に、これを** `<title>`、`<meta>` **要素に反映**させる例です。

リスト 6-40 mixin_global.html **HTML**

```
<title>Vue.js</title>
<meta name="keyword" content="既定のキーワード" />
```

次ページへ続く

---

[24] アプリ全体に影響が及ぶため、ごく限定した範囲で使用すべきです。

```
<meta name="description" content="既定の説明文" />
...中略...
<div id="app">
  <my-mix></my-mix>
</div>
```

リスト 6-41　mixin_global.js　　　　　　　　　　　　　　　　`JS`

```
Vue.mixin({
  // コンポーネント生成時の処理
  created: function() {
    // データオブジェクトからtitle、keyword、descriptionを抽出*25
    let { title, keyword, description } = this.$data;
    // title／keyword／descriptionが設定されていれば、それぞれ設定
    if (title) { document.title = title; }
    if (keyword) {
      document.querySelector("meta[name='keyword']").
        setAttribute('content', keyword);
    }
    if (description) {
      document.querySelector("meta[name='description']").
        setAttribute('content', description);
    }
  }
});


Vue.component('my-mix', {
  template: `<div>Global Mix-In!!</div>`,
  data: function() {
    return {
      title: 'グローバルミックスイン',
      keyword: 'mixin, vuejs, component',
      description: 'アプリ全体に適用されるミックスインの例です。'
    };
  }
});
```

次ページへ続く

---

*25 「{...} = オブジェクト」は分割構文と呼ばれる式です。オブジェクトから同名のプロパティを取り出すことができます。

```
new Vue({
  el: '#app'
});
```

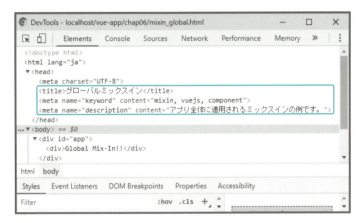

▲ 図6-18 コンポーネントの内容が<title>、<meta>要素に反映（[Elements] タブから確認）

グローバルミックスインを定義するのは、Vue.mixinメソッドの役割です（❶）。

▼ 構文：mixin メソッド

mixin(*def*)
def ：ミックスインの定義

定義本体（引数*def*）の書き方は、ローカルミックスインと同じです。ここでは、createフック関数（❷）で、コンポーネントの起動時にtitle、keyword、descriptionプロパティを確認し、存在する場合にのみ、ページの<title>、<meta>要素に反映しています。

グローバルミックスインは、すべてのコンポーネントに無条件に反映されるので、コンポーネント側にはmixinsオプションの指定は**不要**である点にも注目してください（❸）。

応用編

» **Chapter 7** VueCLI
» **Chapter 8** ルーティング
» **Chapter 9** Vuex
» **Chapter 10** テスト
» **Chapter 11** 応用アプリ

Chapter

7 VueCLI

導入 編

基本 編

応用 編

本章のポイント

- Vue CLI を利用することで、アプリの骨格生成からビルド／実行までを自動化できます。
- 単一ファイルコンポーネントを利用することで、コンポーネントを構成するテンプレート／スタイル／ロジックをひとつのファイルで表現できます。
- TypeScript は、JavaScript をより書きやすくする altJS 言語の一種で、型を指定できるという特長があります。Vue CLI では設定の変更だけで簡単に有効化できます。

　ここまでは、もっぱら手軽さを重視して CDN 経由で Vue.js を利用してきました。しかし、本格的にコンポーネントでページを部品化して、ロジックも別ファイルに切り出して、と、アプリを構造化していくと、定型的に用意しなければならないコードも増えてきて、これらを一から準備するのはなかなか面倒です。

　そこで Vue.js では、アプリの骨格を自動生成してくれる Vue CLI というコマンドラインツールを公式に提供しています。Vue CLI を利用することで、アプリ（プロジェクト）の立ち上げからビルド、実行までを自動化できます。本格的なアプリ開発には欠かせないツールです[*1]。

　本章では、Vue CLI の導入、利用方法と、生成されたプロジェクトの内容を学んだ後、Vue CLI での開発には欠かせない単一ファイルコンポーネントについて理解し、また、後半では、標準的な JavaScript、CSS 以外の言語で開発を進める場合の手法についても扱います。本書後半を学ぶうえでの基礎知識となる章です。

7-1 Vue CLI の基本

　では、まずは Vue CLI を導入し、アプリを作成＆実行してみましょう。また、生成されたアプリの構造を確認します。

[*1] ただし、初学者が最初から Vue CLI を利用するのはお勧めしません。特に Node.js による開発に精通していない場合には、導入のハードルを上げることになるでしょう。

7-1-1 Vue CLI のインストール

Vue CLI を利用するには、Node.js 8.10.0 以降が必要です（8.11 以降を推奨）。本書では、執筆時点での LTS（推奨版）である 10.15.3 を前提に動作検証しています。本家サイト（**https://nodejs.org/ja/**）から node-v10.15.3-x64.msi をダウンロードし、インストールしておきましょう。インストールそのものは、インストーラーの指示に従うだけなので、特筆すべき点はありません。

▲ 図 7-1 Node.js のインストーラー

正しくインストールできたかは、コマンドラインから以下のコマンドを実行して確認します。

```
> node --version ⏎      Node.js のバージョンを確認
v10.15.3
```

Node.js のバージョンを確認できたら、後は npm コマンド[*2] で Vue CLI をインストールできます。-g オプションを付与して、グローバルにインストールしておきましょう[*3]。

[*2] Node Package Manager。Node.js で利用できるパッケージ管理ツールです。Ruby における gem、PHP における composer、.NET Framework における NuGet などに相当します。

[*3] グローバルにインストールされたパッケージは、その環境すべてからアクセスできます。

```
> npm install -g @vue/cli ⏎
...中略...
+ @vue/cli@3.6.2
added 688 packages from 509 contributors in 151.615s
```

 以前のバージョンの Vue CLI をインストールしている場合

Vue CLI は、バージョン 2.x から 3.x でパッケージ名が変更になっています（2.x は vue-cli、3.x は @vue/cli です）。よって、もしもお使いの環境に Vue CLI 2.x をインストールしている場合には、3.x をインストールする前に、アンインストールしておく必要があります。以下のコマンドを実行してください。

```
> npm uninstall -g vue-cli ⏎
```

7-1-2　プロジェクトの自動生成

　以上で、Vue CLI を利用するための準備は完了です。正しくインストールできていることを確認するために、実際にアプリを作成＆実行してみましょう。

[1]　プロジェクトを作成する

　Vue CLI は、アプリをひとつのフォルダー配下で管理します。このフォルダー配下で管理されるファイル群のことを**プロジェクト**と呼びます。プロジェクトを作成するには、vue create コマンドを実行します。

▼ **構文**：vue create コマンド

vue create [*options*] *name*
options：動作オプション（利用できる主なオプションは表 7-1 参照） *name* 　：プロジェクト名

274

オプション	概要
-p *name*	指定の設定名 *name* を利用
-d	既定の設定を利用
-f	フォルダーが存在する場合、強制的に上書き
-n	Git を無効化
-x	プロジェクト作成時にプロキシを利用

▲ 表7-1　vue create コマンドの主なオプション

ここでは「C:¥data」フォルダー配下に、my-cli という名前でアプリを作成するものとします。

```
> cd c:¥data ↵ ──────── カレントフォルダーを移動
> vue create my-cli ↵ ──────── プロジェクトを作成


Vue CLI v3.6.2
? Please pick a preset:
> default (babel, eslint)
  Manually select features
```

　利用するプリセット（設定）を訊かれるので、既定（default）か、カスタム（Manually～）を ↑↓ で選択します。カスタムインストールについては 7-3-1 項で確認するので、まずは既定のプリセットで先に進めます。既定では、

- Babel：ES20XX コードを（一般的には）ES5 相当のコードに変換するトランスコンパイラー
- ESLint：「べからず」なコードを検出するためのツール（Lint）

が有効になっています。

　「default～」が選択されていることを確認して、 Enter キーを押します。既定（標準）インストールの場合は、これだけで準備は完了です。 Enter キーを押すと、プロジェクトの動作に必要なライブラリのインストールが始まります。インストールには若干時間がかかりますが、以下のような結果が表示されれば、プロジェクトは正しく作成できています。

```
✿  Creating project in C:¥data¥my-cli.
◆  Initializing git repository...
⚙  Installing CLI plugins. This might take a while...
```
次ページへ続く

```
...中略...
 Successfully created project my-cli.
 Get started with the following commands:

$ cd my-cli
$ npm run serve
```

[2] プロジェクトの中身を確認する

自動生成されたプロジェクトの中身も確認しておきましょう。「C:¥data¥my-cli」フォルダー配下に生成されるフォルダーとファイル構造は、以下のとおりです[*4]。

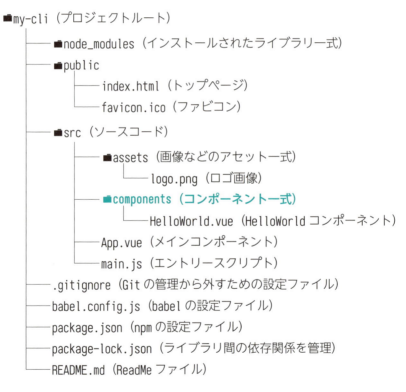

▲図7-2 vue create コマンドで自動生成されたフォルダーとファイル

たくさんのフォルダーやファイルが生成されていますが、実際によく編集するのは /src/

[*4] 既定の場合です。プロジェクト生成時にプリセットを追加した場合には、適宜、関連するフォルダーが追加されます。

components フォルダー配下の .vue ファイルです。.vue ファイルについては後で触れますが、コンポーネントの定義情報（テンプレート、スタイルシート、JavaScript）をひとつに束ねたファイルです。

その他のフォルダーやファイルのほとんどは、ビルド／実行のためのライブラリや設定ファイルで、少なくとも最初のうちは自分で編集することはありません。

[3] アプリを実行する

プロジェクトの内容を確認できたところで、アプリを実行してみましょう。これには、以下のコマンドを実行します。

```
> cd my-cli ⏎          ─── プロジェクトルートに移動
> npm run serve ⏎      ─── アプリを起動
 INFO  Starting development server...
 98% after emitting CopyPlugin


 DONE  Compiled successfully in 6266ms


  App running at:
  - Local:   http://localhost:8080/
  - Network: http://192.168.1.21:8080/


  Note that the development build is not optimized.
  To create a production build, run npm run build.
```

上のような結果が表示されれば、アプリを実行するための開発サーバー（webpack-dev-server）が起動できています。ブラウザーを起動し、「**http://localhost:8080**」でアクセスしてみましょう。

以下のようなページが表示されれば、アプリは正しく動作しています。開発サーバーは Ctrl + c で終了できます。

▲ 図 7-3 Vue CLI 既定のトップページ

▶ 補足：プロジェクトをビルドする

プロジェクトの内容をそのまま実行する npm run serve コマンドに対して、アプリをビルド[*5] し、本番環境に配置（**デプロイ**）するためのファイル一式を作成するのが、npm run build コマンドの役割です。

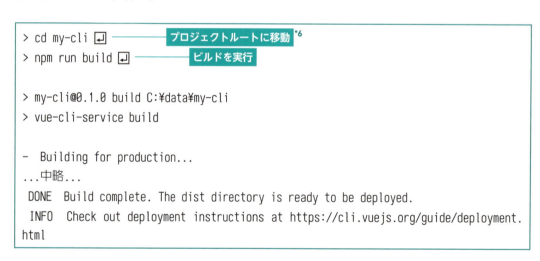

ビルドに成功すると、プロジェクトルートの直下に /dist フォルダーが生成されます。

[*5] この場合は、.vue ファイルのように、そのままではブラウザーが認識できないファイルをコンパイルし、実行可能な .js、.css ファイルを生成することを言います。

[*6] 以降も、npm run コマンド、vue コマンドを実行する際には、あらかじめカレントフォルダーをプロジェクトルートに移動するようにしてください。

▲ 図 7-4　ビルドの結果、生成されたファイル一式

　後は、配下のフォルダーとファイル一式を、HTTP サーバー[*7]に配置すれば、アプリを実行できます。

7-1-3　Vue CLI の主なサブコマンド

　以上が、Vue CLI の基本的な使い方ですが、もちろん、Vue CLI の機能はこれだけではありません。以下に、Vue CLI で利用できる主なサブコマンドをまとめておきます。

▶ プラグインを追加する 〜 vue add コマンド

　Vue CLI は、プラグインベースのツールです。標準で提供される機能はごく限られており、別に用意されたプラグインから必要なものを組み合わせて利用するのが基本です。たとえば前項の手順で組み込まれた Babel、ESLint なども、プラグインとしてプロジェクトに組み込まれています。

　プラグインは、プロジェクト作成時のウィザードで組み込む他、vue add コマンドで後からプロジェクトに組み込むことも可能です。たとえば以下は、単体テストのための Jest を組み込む例です。

```
> vue add @vue/unit-jest ⏎
```

　接頭辞として「@vue/」がない場合は、サードパーティのプラグインであると見なされます。たとえば以下は、Element（6-3-2 項）のプラグインを導入する例です。

```
> vue add element ⏎
```

[*7]　Apache HTTP Server であれば、既定で /htdocs フォルダーの配下に配置します。

この場合、内部的には vue-cli-plugin-element がインストールされます。

さらに、（正確にはプラグインではありませんが）Vue Router、Vuex のようなライブラリも、vue add コマンドから追加できます。

```
> vue add router ⏎
> vue add vuex ⏎
```

➤ .vue ファイルを素早く実行する 〜 vue serve コマンド

vue serve コマンドを利用すると、.vue ファイルをプロジェクトを作成することなく簡単に実行できます。先ほど見たように、プロジェクト作成には関連するパッケージのインストールなど、若干の待ち時間があります。しかし、vue serve コマンドを利用することで、ちょっとしたお試しのコンポーネントを手軽に実行できます。

vue serve コマンドを利用するには、冒頭の @vue/cli に加えて、以下のアドオンをインストールしておく必要があります。

```
> npm install -g @vue/cli-service-global ⏎
```

ダウンロードサンプルの /chap07/cli-basic フォルダーに移動して、そこに用意されているApp.vue を実行してみましょう。.vue ファイルについては後節で解説しますので、ここでは「<h1> こんにちは、Vue CLI ！ </h1>」というコードを出力するためのコンポーネントである、とだけ理解しておいてください。

```
> cd c:¥data¥vue-app¥chap07¥cli-basic ⏎  ──── プロジェクトルートに移動
> vue serve ⏎  ──── サンプルを実行
 INFO  Starting development server...
 98% after emitting

 DONE  Compiled successfully in 6149ms          14:46:59

  App running at:
  - Local:    http://localhost:8080/
  - Network:  http://192.168.1.21:8080/

 Note that the development build is not optimized.
 To create a production build, run npm run build.
```

280

npm run serveコマンドを実行した場合と同じく、開発サーバーが起動するので、ブラウザーから「**http://localhost:8080**」でアクセスしてみましょう。以下のようなページが表示されれば、アプリは正しく動作しています。

▲ 図7-5　App.vueの実行結果

vue serveコマンドの構文についても見ておきます。

▼ 構文：vue serve コマンド

vue serve [*options*] [*entry*]

options　：動作オプション（利用できる主なオプションは表7-2参照）
entry　　：実行したいファイル名（既定は main.js、index.js、App.vue、app.vue のいずれか）

オプション	概要
-o	自動でブラウザーを起動
-c	クリップボードに起動URLをコピー

▲ 表7-2　vue serveコマンドの主なオプション

　ここでは、単一のApp.vueを実行しているだけですが、依存するコンポーネントがある場合は、関連する.vueファイルを対応するフォルダーに配置することで、まとめて実行することも可能です。
　また、上の実行例では、引数*entry*を省略しているので、App.vueを表示していますが、以下のようにファイル名を明記することで、異なるファイルをエントリーポイント（開始地点）にすることもできます。

```
> vue serve MyHello.vue ↵
```

▶ Vue CLI プロジェクトを GUI 管理する 〜 vue ui コマンド

Vue CLI 3.x には、プロジェクトを管理するためのアプリとして、**Vue プロジェクトマネージャー**（Vue UI）が搭載されました。Vue UI は、ブラウザー上で動作するプロジェクト管理アプリで、以下のような機能を提供します。

- プロジェクトの作成
- ダッシュボード（プラグインの更新やニュースフィードなどを表示）
- プラグインの管理（追加、削除、検索）
- 依存の管理（ライブラリのインストールやインストール済みライブラリの確認）
- プロジェクトの設定（ベース URL、出力ディレクトリなど各種設定）
- タスク管理（serve、build、lint、inspect）

Vue UI は、以下のコマンドで起動できます。

```
> vue ui ↵
  Starting GUI...
  Ready on http://localhost:8000
```

▲ 図 7-6　Vue プロジェクトマネージャー

コマンドラインに上のような出力が表示されるとともに、Vue UI のメイン画面が表示され、

7-2　単一ファイルコンポーネント

これまでコマンドで実施していた作業をブラウザー上から行えます。

　ただし、Vue UI は、執筆時点では β 版の扱いです。今後、操作方法にも変更が加えられると思われるため、ここでは詳細な操作手順は割愛します。若干挙動が不安定な箇所もありますが、操作性に優れ、開発の門戸を大きく広げてくれるツールでもあります。今後の進化に期待したいところです。

7-2 単一ファイルコンポーネント

　単一ファイルコンポーネントとは、コンポーネントを構成するテンプレート、スタイル、ロジックをひとつのファイル（.vue ファイル）としてまとめたものを言います。.vue ファイル化することで、コンポーネントを構成する要素が一望できるので、コードの見通しは格段に改善します。**Single File Component** の頭文字から SFC と呼ばれることもあります。

　特に、コンポーネントの数が増える中規模以上のアプリでは見かける機会も増えてきます。そもそも Vue CLI では、.vue ファイルでの構成が既定なので、プロジェクトの内容を理解するという意味でも、.vue ファイルの理解は欠かせません。

7-2-1 単一ファイルコンポーネントの基本

　まずは、Vue CLI に既定で用意された App.vue を例に、.vue ファイルの基本的な構文を確認します。

リスト 7-1　App.vue（my-cli プロジェクト）　　　　　**VUE**

```
<!--テンプレートの定義-->
<template>
  <div id="app">
    <img alt="Vue logo" src="./assets/logo.png">
    <HelloWorld msg="Welcome to Your Vue.js App"/>
  </div>
</template>


<!--コンポーネント定義のコード-->
<script>
import HelloWorld from './components/HelloWorld.vue'
```

次ページへ続く

283

```
export default {
  name: 'app',
  components: {
    HelloWorld
  }
}
</script>

<!--スタイル定義-->
<style>
#app {
  font-family: 'Avenir', Helvetica, Arial, sans-serif;
  ...中略...
}
</style>
```

.vue ファイルは、以下のような要素から構成される、簡易なマークアップベースのファイルです。

要素	概要
\<template\>	テンプレートの定義（HTML）
\<script\>	コンポーネントの定義（JavaScript）
\<style\>	コンポーネントに適用すべきスタイル（CSS）

▲ 表7-3　.vue ファイル標準で利用できる要素

　上の表を見てもわかるように、.vue ファイルそのものは標準的な HTML、CSS、JavaScript から構成されており、新しく学ばなければならないことは、ごく限られています。これまで散在していた（あるいは、コード内に紛れていた）個々の要素を明確に切り出したことで、見通しを改善しているのが .vue ファイルなのです。

　以下では、これらの要素について、より詳細に解説していきます。

> **Note** **Vetur**
>
> 個々の要素が切り出され、役割分担が明確になることで、エディターによる構文ハイライトの恩恵を受けやすい、というメリットもあります。たとえば著者のお勧めは、Visual Studio Code（以降は VSCode）と、その Vue.js プラグイン「Vetur」との組み合わせです。

VSCodeは、近年、開発者に人気の高いコードエディターで、Windows、macOS、Linuxとマルチな環境で動作することから、他の言語、フレームワークでの開発でもよく利用されます。VSCodeでの開発に慣れておくことは、他の環境での開発にも役立ちます。そして、VeturはVue.js公式に開発、保守されているツールで、.vueファイルに対して、以下のような機能を提供しています。

▲ 図7-7　VSCode + Vetur

Veturの開発にはVSCodeの開発元であるマイクロソフトも携わっており、今後の継続的なサポートも期待できます。

テンプレートの定義 ～ <template>要素

<template>要素については、ほぼ特筆すべき点はありません。これまでtemplateオプション、x-templateに記述してきたのと同じく、{{...}}式やディレクティブ、フィルターなどの構文を利用できます。

テンプレートだけを別ファイルに切り出したい場合には、src属性を利用することも可能です。

```
<template src="./app.html"></template>
```

src属性は、<script>、<style>要素でも利用できます。.vueファイルは、ひとつのコンポー

ネントはひとつのファイルで管理するのが、開発／保守性にも優れるという思想で構成され
ていますが、必ずしもそれに縛られるものではない、ということです。プログラマーとデザ
イナーとの分業体制によっては、各々が別ファイルであるほうが管理しやすいという場合は、
積極的にファイルを分割して構いません。

▶ コンポーネントの定義 ～ <script> 要素

これまで Vue.component メソッド、または components オプションに記述していた部分です。
Vue CLI の設定によっては、標準的な JavaScript の他、altJS 言語である TypeScript を利用
することもできます。

既定では JavaScript が有効になっていますが、これまでとは異なり、import、export
default などの見慣れないキーワードが目に入ったかもしれません。これらは ECMAScript
2015（以降は ES2015）で導入されたモジュール構文です。

モジュール構文は、ブラウザーによってはまだサポートされていませんが、Vue CLI 環境
では問題ありません。トランスコンパイラー（変換ツール）として Babel を採用しており、
ES20XX 構文を（一般的には）ES5 相当のコードに変換してくれるからです[8]。

よって、Vue CLI 環境では、コードをよりシンプルに表せる ES20XX 構文を利用するのが
一般的です。ES20XX について、本書の限られた紙面ですべてを解説することはできませんが、
7-2-2、7-2-4 項で主なものを解説します[9]。

▶ スタイルの定義 ～ <style> 要素

.html ファイルの <style> 要素に相当するブロックで、スタイル定義を記述します。これま
でコンポーネントとは別物として定義していた部分なので、これを .vue ファイルとしてまと
めて管理できるのは嬉しいポイントです。

<template>、<script> 要素と異なり、ひとつの .vue ファイルで複数の <style> 要素を列記
することもできます[10]。

加えて、<style> 要素では scoped 属性を利用することで、現在のコンポーネントでだけ有
効なスタイルも定義できます。詳細は 7-2-3 項で解説します。

---

[8] TypeScript を利用できるのも、構成さえ変更すれば TypeScript コンパイラーを割り当てることができるからです。

[9] そもそもモダンなブラウザーでほぼ問題なくサポートしていると思われる機能は、これまでの章でも既に紹介済みです。
詳細は『JavaScript 逆引きレシピ 第 2 版』（翔泳社）などの専門書を参照してください。

[10] <template> および <script> 要素はひとつだけです。

7-2-2 ES20XXのモジュール

モジュールとは、アプリを機能単位に分割するためのしくみです。アプリの規模が大きくなったとき、すべてのコードをひとつのファイルにまとめるのは望ましい状態ではありません。目的のコードを見つけにくくなりますし、なにより変数、メソッドの競合リスクが増すからです。

しかし、モジュールを利用することで、コードをファイル単位に分離できるようになります。加えて、分離されたコードは、それぞれ独立したスコープを持つので、他モジュールへの影響を気にする必要はありません。モジュールの外からアクセスできるのは、明示的にアクセスを許可した要素だけとなります。

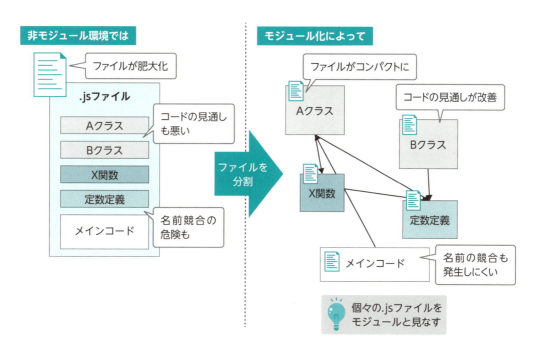

▲ 図7-8 モジュールとは？

Vue CLIを利用する規模のアプリなのであれば、積極的にモジュールを利用して、コードを機能単位——Vue.jsの世界であれば、コンポーネント、プラグインの単位——で分割管理していくことをお勧めします。

▶ モジュールの定義

JavaScriptのモジュールは、ひとつのファイルとしてまとめるのが基本です。たとえば以下

は、定数 APP_TITLE、getTriangle 関数、Article クラスを、App モジュールとしてまとめたものです。ファイル名がそのままモジュール名と見なされます。

リスト 7-2 App.js (module-basic プロジェクト) `JS`

```js
const APP_TITLE = 'Vue.jsアプリ';

export function getTriangle(base, height) {
  return base * height / 2;
}

export class Article {
  getAppTitle() {
    return APP_TITLE;
  }
}
```

モジュールと言っても、ほぼこれまでのコードと同じです。ただし、一点だけ**モジュール配下のメンバーは、既定でモジュールの外には非公開**である点に注意してください。モジュールの外からアクセスするには、export キーワードを付与して、明示的にアクセスを許可しなければなりません。この例であれば、getTriangle 関数、Article クラスが公開の対象で、定数 APP_TITLE は App モジュールの中でしか利用できません[11]。

▶ モジュールの利用

定義済みの App モジュールを、別のファイル（モジュール）から利用してみましょう。

リスト 7-3 index.js (module-basic プロジェクト) `JS`

```js
import { Article, getTriangle } from './App.js';  ————————❶

console.log(getTriangle(10, 5));        // 結果：25

let a = new Article();
console.log(a.getAppTitle());  // 結果：Vue.jsアプリ
```

[11] ただし、Article#getAppTitle メソッドは公開対象なので、これ経由で APP_TITLE を参照するのは問題ありません。

7-2　単一ファイルコンポーネント

モジュールをインポートするのは、import命令の役割です（❶）。

▼ 構文：import命令

```
import { member, ... } from module
```

member：インポートするメンバー
module ：モジュール

モジュールは、現在の.jsファイルからの相対パスで表します。よって、もしAppモジュールがサブフォルダー/libに格納されている場合には、❶も以下のように表します。

```
import { Article, getTriangle } from './lib/App.js';
```

Appモジュールでexportしていても、import側で明示的にインポートされなかったものにはアクセスでき**ない**点に注意してください。たとえば、以下の宣言でアクセスできるのはArticleクラスだけです（getTriangle関数にはアクセスできません！）。

```
import { Article } from './App.js';
```

➤ App.vue、HelloWorld.vue を読み解く

以上の理解をもとに、7-1-2項で作成したプロジェクトに含まれるApp.vue、HelloWorld.vueを読み解いてみましょう。いずれも <script> 要素の内容のみ再掲します。

リスト 7-4　HelloWorld.vue（my-cli プロジェクト）　**VUE**

```
export default {
  name: 'HelloWorld',
  props: {
    msg: String
  }
}
```

ここでは、default キーワードに注目です。default は、そのメンバー（ここではオブジェクトリテラル）がモジュールの既定のメンバーであることを意味します。名前は呼び出し側で付与するので、モジュール側では不要です。

289

.vue ファイルに含まれるコンポーネント定義はひとつだけのはずなので、default メンバーとして定義するのが通例です。

このような default メンバーを呼び出しているのが、以下のコードです。

リスト 7-5 App.vue（my-cli プロジェクト） **VUE**

```vue
import HelloWorld from './components/HelloWorld.vue' ────①

export default {
  name: 'app',
  components: {
    HelloWorld
  }
}
```

①で、HelloWorld.vue の default メンバーに、HelloWorld という名前でアクセスできるようになります。太字の部分は、呼び出しのために用いるモジュールの別名なので、どんな名前を付けても構いません。ただし、一般的には、出自が明らかになるよう、モジュール名そのまま（もしくは明らかな省略名）とするのが一般的です。

Note **セミコロンの有無**

JavaScript における文末のセミコロンは、任意です。内部的に JavaScript がセミコロンを補ってくれるからです。ただし、時として、暗黙的な補完は文末をあいまいにし、意図しない挙動の原因となることがあります[*12]。よって、著者としては、わずかなタイプの手間を惜しまず、セミコロンは明示しましょう、という立場です。

ただし、「意図しない挙動」も、コーディング時の注意で十分に避けられるもので、セミコロンの要否は、本質的には宗教論争（あるいは、好みの違い）に近いものがあります。そして、Vue CLI が生成するコードは「セミコロンなし」が既定です。よって、本章以降では、Vue CLI の既定に倣って、セミコロンなしでの記述で統一します。

もちろん、携わっている開発プロジェクトのルールが本書の記述と異なる場合は、開発プロジェクトのそれに従うべきです。

7-2-3 コンポーネントのローカルスタイル 〜 Scoped CSS

7-2-1 項でも触れたように、<style> 要素では scoped 属性を利用することで、コンポー

---

*12 本題から外れるため、具体的な例は省きます、

ネントローカルな（＝そのコンポーネントだけで有効な）スタイルを定義できます。これを Scoped CSS と呼びます。一般的には、アプリグローバルなスタイル定義は、コンポーネントとは別に定義すべきなので[13]、<style> 要素には scoped 属性を付与するのが自然です。

▶ Scoped CSS の基本

まずは、実際に Scoped CSS を利用して、その挙動を確認してみましょう。修正した箇所は太字で示しています。index.html を編集しているのは、コンポーネント内で定義されたスタイルが、外部に影響**しない**ことを確認するためです。

┃リスト 7-6 App.vue（my-cli プロジェクト） `VUE`

```
<template>
  <div id="app">
    <img alt="Vue logo" src="./assets/logo.png">
    <p>こんにちは、Vue.js！</p>
  </div>
</template>
...中略...
<style scoped>
p {
  border: 1px solid Red;
  background-color:Yellow;
}
</style>
```

┃リスト 7-7 index.html（my-cli プロジェクト） `HTML`

```
<!DOCTYPE html>
<html lang="en">
...中略...
<body>
  ...中略...
  <div id="app"></div>
  <p>今日も良いお天気ですね！</p>
</body>
</html>
```

---

[13] あるいは、ルートコンポーネントでまとめておく場合もあります。

▲ 図7-9 App コンポーネント配下の <p> 要素だけにスタイルが適用された

　理解を深めるために、Scoped CSS がどのように実現されているのか、Vue.js によって生成されたコードを、ブラウザーの開発者ツールから確認してみましょう。

```
<html lang="en">
<head>
...中略...
<style type="text/css">
p[data-v-7ba5bd90] {
  border: 1px solid Red;
  background-color:Yellow;
}
</style>                                        ❶
</head>
<body>
...中略...
<div data-v-7ba5bd90="" id="app">
  <img data-v-7ba5bd90="" alt="Vue logo" src="/img/logo.82b9c7a5.png">
  <p data-v-7ba5bd90="">こんにちは、Vue.js！</p>     ❷
</div>
```

次ページへ続く

```
      <p>今日も良いお天気ですね！</p>
      ...中略...
    </body>
</html>
```

　Scoped CSSとして指定したスタイル（①）には、セレクター式に[data-v-〜]のような属性宣言が加わっていることが確認できます。同時に、コンポーネントで定義されたテンプレートの各要素（②）にも、対応するdata-v-〜属性が付与されています[*14]。

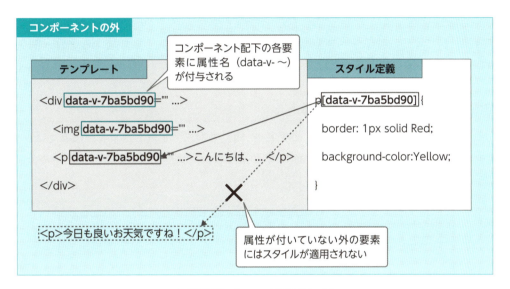

▲ 図7-10　Scoped CSSのしくみ

　これによって、コンポーネントだけに適用される（Scoped）スタイルを実現しているわけです。

7-2-4　main.jsを読み解く

　.vueファイルの内容を理解できたところで、Vue CLIプロジェクトの起動ファイル（エントリーポイント）であるmain.jsについても軽く確認しておきます。

[*14]　「data-v-」以降はランダムな文字列が生成されます。

リスト 7-8 main.js（my-cli プロジェクト）　　　　　　　　　　　　　　　　　JS

```
import Vue from 'vue'
import App from './App.vue'

Vue.config.productionTip = false         ❶

new Vue({
  render: h => h(App),        ❸         ❷
}).$mount('#app')
```

短いコードですが、特筆すべき点は満載です。今後のコードでも登場するアロー関数も、ここで解説しておくので、基本だけでも押さえておきましょう。

❶ Vue.js の基本設定を定義する

Vue.js の基本設定は、「Vue.config.設定名 = 値」の形式で定義できます。たとえば、ここでは productionTip プロパティを false にすることで、ブラウザーのデベロッパーツールに起動時に表示されるヒントを非表示にします。

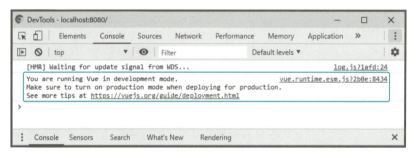

▲ 図 7-11　既定では起動時にヒントが表示される（Chrome の [Console] タブ）

その他に設定できる主なプロパティを、以下の表にまとめておきます。

294

7-2　単一ファイルコンポーネント

プロパティ	概要
silent	true で Vue.js によるエラー／警告を非表示（既定は false）
optionMergeStrategies	カスタムオプションのマージルール（6-4-2 項）
devtools	Vue.js devtools（P.141）との連携を有効にするか [15]
errorHandler	捕捉されなかったエラーの処理方法
warnHandler	実行時警告に対する処理方法
ignoredElements	無視すべきコンポーネントの名前（文字列／または正規表現の配列）
keyCodes	v-on で利用できるキーコードのカスタムエイリアス（3-5-5 項）
performance	ブラウザーの開発者ツールでパフォーマンス追跡を有効にするか（既定は false）
productionTip	起動時ヒントを表示するか（既定は true）

▲ 表 7-4　Vue.config オブジェクトの主なプロパティ

❷ Vue.js を手動で起動する

　これまで何度も見てきたように、Vue.js をページ（文書ツリー）に紐付けるための、最も手軽な手段は、Vue オブジェクトを el オプション付きでインスタンス化することです（2-1-1 項）。この場合、Vue.js はインスタンス化のタイミングで、マウントを実施します。

　もっとも、マウント対象となる要素を Ajax 通信などで生成するなどの理由で、インスタンス化のタイミングでは、まだマウントすべき要素が用意できていないということがあります。その場合には、$mount メソッドを利用することで、インスタンス生成後の任意のタイミングでマウントを実行できます。

　これには、❷のように、Vue インスタンスを el オプション抜きで生成したうえで、$mount メソッドを呼び出します。引数には、マウント対象の要素を渡します。

　❷では、生成した Vue インスタンスからそのまま $mount メソッドを呼び出していますが、一般的には Vue インスタンス生成とマウントの間になんらかの処理を挟むことになるでしょう。

```
let app = new Vue({
  data: { ... }
});
...マウント要素生成のための処理...
app.$mount('#app');
```

---

[15] 開発環境の既定は true、本番環境では false です。

❸ 匿名関数をより簡単に表現する

アロー関数を利用することで、匿名関数（関数リテラル）をよりシンプルに表現できます。

▼ 構文：アロー関数

```
(arg, ...) => { statements }
```

arg　　　　　：引数
statements：関数の本体

❸では、render オプションをアロー関数で表していますが、従来の関数構文であれば、以下のようになります。

```
render: function(h) {
  return h(App);*16
},
```

これをなにも考えずにアロー関数で書き換えると、以下のようになります。

```
render: (h) => {
  return h(App);
},
```

function キーワードが除かれただけでもすっきりしましたが、まだ簡単にできます。まず、関数の本体が一文の場合、{ ... } は除去できます。また、アロー関数では式の値がそのまま関数の戻り値となるので、return も不要です。これを反映させたのが、以下です。

```
render: (h) => h(App),
```

さらに、引数が 1 個の場合は、引数をくくる丸カッコも省略できます*17。

```
render: h => h(App),
```

これでリスト 7-8 の❸のコードと同じになりました。初見では、不可思議な記号の羅列に

---

*16 h は createElement 関数（P.219）のエイリアスです。ここでは App.vue を描画しなさい、という意味になります。

*17 引数が 0 個の場合は不可です。「() => { ...}」のように空の丸カッコを置きます。

も見えますが、省略ルールは明快です。慣れてくると、従来の関数リテラルがぐんと短くなりますし、今後は何度も登場するので、是非おさえておいてください。

> **Note** **this の落とし穴**
>
> Vue インスタンスの配下では、ライフサイクルフック、イベントハンドラー、ウォッチャーなどで、関数リテラルを利用していますが、これらでデータオブジェクトにアクセスしているならば（より正確には、this にアクセスしているならば）、アロー関数を利用してはいけません。
>
> もしもこのような文脈で関数（メソッド）の記述を簡単化するならば、ES2015 で導入されたメソッドの簡易構文を利用してください。たとえば以下は同じ意味です（アロー関数のように this が固定されることはありません）。

```
methods: {
  onclick: function(e) { ... },  ──────── 従来の記法
}



methods: {
  onclick(e) { ... },  ──────── 省略構文
}
```

7-3 TypeScript

TypeScript は、いわゆる **altJS**（JavaScript 代替言語）の一種です。

従来、「独特の癖がある（＝書きにくい）」と言われた JavaScript も、ES2015 以降は、他の言語とも親和性のある書き方が可能になりました[18]。しかし、それでも Java、C# などの円熟したオブジェクト指向言語に比べると、その構文は未熟です。また、JavaScript では、その性質上、型を厳密に意識したコーディングはできません。ある程度、規模の大きなアプリでは、型のあいまいさは、潜在的なバグの原因ともなります。

そうした JavaScript の不足を埋めるのが、altJS の役割です。JavaScript に薄い皮（言語）を被せて、JavaScript の弱点を補ってやろう、というわけです。altJS は、一般的にはコンパイラーによって JavaScript に変換されてから実行されるので、動作環境を選びません。

---

[18] 特に class 構文の導入は、JavaScript のコーディングを劇的に簡単化しました。

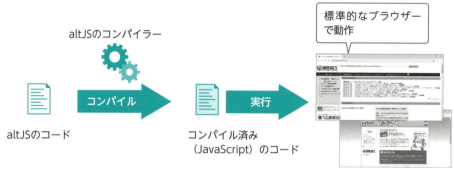

▲ 図7-12 altJSとは？

altJSに分類される言語としては、CoffeeScript（**https://coffeescript.org/**）、Dart（**https://www.dartlang.org/**）などがありますが、その中でもTypeScriptは人気です。ここでは、Vue CLIでも採用されているTypeScript（**https://www.typescriptlang.org/**）を導入する方法について解説します。

なお、本書の守備範囲を超えるため、TypeScriptの構文については割愛します。詳しくは、拙著『速習TypeScript』（Amazon Kindle版）などの専門書を参照してください。本書では、Vue CLIでのTypeScriptの導入からVue.js固有のTypeScriptの記法までをまとめます。

7-3-1 TypeScriptの導入

Vue CLIを利用している場合、プロジェクト作成時に［Manually select features］（カスタムインストール）を選択することで、TypeScript利用のためのコンパイラーから設定、テンプレートを組み込むことが可能です。

カスタムインストールを選択した場合、以下のように、プロジェクトに組み込むべきライブラリを訊かれます。↑↓で選択した後、Spaceキーで有効／無効を切り替えます。

ライブラリの選択が済んだら、Enterキーを押します。

```
? Check the features needed for your project: (Press <space> to select, <a> to
toggle all, <i> to invert selection)
 (*) Babel
>(*) TypeScript ──────── 有効化
 ( ) Progressive Web App (PWA) Support
 ( ) Router
 ( ) Vuex
```

次ページへ続く

7-3 TypeScript

```
( ) CSS Pre-processors
(*) Linter / Formatter
( ) Unit Testing
( ) E2E Testing
```

　TypeScript を選択した場合は、プロジェクト作成ウィザードの途中で、以下のような設問が追加されます。

```
Vue CLI v3.6.2
? Please pick a preset: Manually select features
? Check the features needed for your project: Babel, TS, Linter
? Use class-style component syntax? (Y/n) ————————————❶

? Pick a linter / formatter config: (Use arrow keys) ————————❷
> TSLint
  ESLint with error prevention only
  ESLint + Airbnb config
  ESLint + Standard config
  ESLint + Prettier

? Pick additional lint features: (Press <space> to select, <a> to toggle all, <i> to
invert selection) ————————❸
>(*) Lint on save
  ( ) Lint and fix on commit

? Where do you prefer placing config for Babel, PostCSS, ESLint, etc.? (Use arrow
keys) ————————❹
> In dedicated config files
  In package.json
```

　❶は、コンポーネントを TypeScript 形式の構文で表すためのツールをインストールするかの選択です。これまでの構文とは見た目も変わりますが、TypeScript を利用する以上、積極的に利用していきましょう。細部はこの後に解説します。

　❷は Lint ツールの選択です。TypeScript 向けの Lint である TSLint を選択しておきます。また、❸で Lint の実行タイミングを決定します。ここでは［Lint on save］（保存時に Lint 実行）を選択しています。

❹は、関連する設定ファイルをpackage.json[19]にまとめるか、独立した設定ファイルに分割するかを選択します。ここでは独立したファイル（dedicated file）として生成します。

これらの設定は、他のライブラリを導入する際もおおよそ共通しているので、以降の導入手順では、ここからの差分のみを解説していきます。

7-3-2 TypeScriptプロジェクトのフォルダー構造

TypeScriptを導入した場合、Vue CLIのプロジェクトには、以下のようなフォルダー／ファイルが追加されます[20]。

▲ 図7-13　TypeScriptプロジェクトのフォルダー構造

.d.tsファイルは、TypeScriptの型情報を認識するための設定ファイルです。アプリ開発者が編集することはありません。

main.ts、App.vue、HelloWorld.vueは、標準のプロジェクトでもあったコードですが、それぞれ内容はTypeScript対応で書き変わっています[21]。この後、基本的な構文について解説していきます。

そして、.jsonファイルは設定ファイルです。以下の表では、tsconfig.jsonで書かれている設定内容についてのみまとめておきます。

---

[19] Node.js標準の設定ファイルで、プロジェクトで利用できるコマンドもここで定義されています。

[20] 標準のプロジェクト構造については7-1-2項も参照してください。

[21] main.tsは、もともとはmain.jsだったものです。

7-3 TypeScript

オプション	概要		
compilerOptions	コンパイラーの動作オプション		
	サブオプション	概要	
	target	JavaScriptのバージョン（es5、es2015〜2017、esnext）	
	module	JavaScriptモジュールの形式（none、commonjs、amd、system、umd、es2015、esnext）	
	strict	すべての厳密な型チェックオプションを有効にするか	
	jsx	JSXのモード（React、Preserve）	
	moduleResolution	モジュールの解決方法（node、classic）	
	experimentalDecorators	デコレーターを有効にするか	
	allowSyntheticDefaultImports	default export 無しでも default import を許可するか	
	sourceMap	ソースマップを作成するか	
	baseUrl	非相対パスの基準となる場所	
	types	コンパイルに含める宣言ファイルのリスト	
	paths	モジュールのパス	
	lib	コンパイルに含めるライブラリ	
include	コンパイル対象となるファイルパターン		
exclude	コンパイル対象から除外するファイルパターン		

▲ 表7-5 tsconfig.json で利用できる主なオプション

7-3-3 TypeScript 形式のコンポーネント

標準で用意されている App.vue、HelloWorld.vue を例に、TypeScript によるコンポーネントの構文を理解してみましょう。以下では、`<script>` 要素に注目してみます。

リスト 7-9 App.vue（my-cli-ts プロジェクト） **VUE**

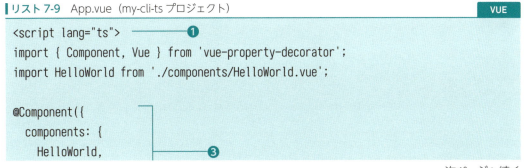

次ページへ続く

```
  },
})                              ❸
export default class App extends Vue {}  ——————— ❷
</script>
```

リスト 7-10 HelloWorld.vue（my-cli-ts プロジェクト）　　　　　　　　　**VUE**

```
<script lang="ts">  ——————— ❶
import { Component, Prop, Vue } from 'vue-property-decorator';  ——————— ❺

@Component  ——————— ❹
export default class HelloWorld extends Vue {  ——————— ❷
  @Prop() private msg!: string;  ——————— ❻
}
</script>
```

　まず、TypeScript を利用する場合には、<script> 要素に対して lang 属性で ts（TypeScript の意味）を宣言します（❶）。これによって、コード部分が TypeScript として認識されます[22]。

　コンポーネント本体は、Vue クラスを継承する（❷）とともに、@Component デコレーター（❸、❹）を付与するのがルールです。**デコレーター**とは、クラスやプロパティ、メソッド、引数などに対して、構成情報を付与するためのしくみです[23]。対象となる要素（ここではクラス）の直前に、以下の構文で表します。

▼ 構文：デコレーター

```
@name({
 param1: value1,
 param2: value2,
 ...
})
------------------------------------------------
name      ：デコレーター名
param1、2... ：パラメーター名
value1、2... ：値
```

---

[22] 同じく <style> 要素に、たとえば「lang="scss"」を渡すことで、altCss 言語である Scss を利用できます（カスタムインストールで「CSS Pre-processors」を組み込む必要があります）。

[23] C# を知っている人であれば「属性」、Java であれば「アノテーション」に相当する、と考えると、わかりやすいかもしれません。

7-3 TypeScript

指定すべきパラメーターが存在しない場合には、丸カッコを省略して、単に @*name* としても構いません（❹）。また、デコレーターを利用する場合には vue-property-decorator モジュール[*24] から、利用するデコレーターをインポートしておきます（❺）。

❸では、@Component デコレーターの components オプションとして、App コンポーネントが依存するローカルコンポーネントを宣言しています[*25]。JavaScript ではコンポーネント宣言本体として表していたものですが、本来のロジックとは異なるものはデコレーターとして切り出すことで、本来のコードがコンパクトに見やすくなります。

❻のプロパティ宣言についても注目です[*26]。こちらは、従来の props オプションの宣言に相当します。ちなみに、内部的に利用するデータオブジェクト（data オプション）であれば、

```
private hoge: string;
```

のように表します。プロパティとデータオブジェクトは、**いずれもコンポーネントクラスのプロパティとして表現でき、双方を区別するのは @Prop デコレーターだけ**であるということです。データオブジェクトは関数を介さねばならなかったことを思うと[*27]、ぐんとシンプルになることが見て取れます。

7-3-4 コンポーネントの主な構成要素

TypeScript によるコンポーネントの骨格を理解できたところで、その他の主なコンポーネント要素についても構文を確認しておきましょう。

▶ メソッド（methods オプション）

コンポーネントのメソッド宣言（methods オプション）は、TypeScript でもメソッドとして扱います。ライフサイクルフック（2-2-3 項）についても同様です。

リスト 7-11 MyHello.vue (my-cli-ts プロジェクト) **VUE**

```
export default class MyHello extends Vue {
```

次ページへ続く

[*24] TypeScript での開発に利用するデコレーターをまとめたモジュールです。

[*25] { HelloWorld } は、{ HelloWorld: HelloWorld } の省略構文です。プロパティ名と値とが等しい場合、プロパティ名を省略できるのでした。

[*26] プロパティ名の末尾の「!」は Non-null assertion operator と呼ばれ、プロパティが undefined、null にならないことを意味します。

[*27] P.143 の comp_basic.js などとも比較してみましょう。

303

```
    private hoge(value: string): string {
      return `**${value}**`;
    }
}
```

▶ 算出プロパティ（computed オプション）

算出プロパティは、ゲッターやセッターとして表します。

リスト 7-12 MyHello.vue（my-cli-ts プロジェクト）　　　　　`VUE`

```
get localEmail(): string {
  return this.email.split('@')[0].toLowerCase();
}
```

セッターであれば「set localEmail(value: string): void { ... }」のように表します。

▶ カスタムイベント

this.$emit メソッドで発生させていたカスタムイベントは、@Emit デコレーターで表します。

リスト 7-13 MyCounter.vue（my-cli-ts プロジェクト）　　　　　`VUE`

```
@Emit('plus')
private onclick() {
  return Number(this.step);
}
```

これは、JavaScript であれば、以下と同じ意味です。

```
onclick() {
  this.$emit('plus', Number(this.step))
},
```

　@Emit デコレーターの引数を省略した場合、メソッドの名前をケバブケース記法にしたものをイベント名とします（たとえば addNumber メソッドであれば、add-number イベントと見なされます）。

304

7-3 TypeScript

➤ ディレクティブ、フィルターなど

ディレクティブ、フィルターなどは、特別なデコレーターが用意されていません。これらは、@Component デコレーターの components オプションと同じく、directives や filters オプションとして表します。

リスト7-14 MyCustom.vue（my-cli-ts プロジェクト） `VUE`

```
@Component({
  filters: {
    trim(value: string): string {
      if (typeof value !== 'string') {
        return value;
      }
      return value.trim();
    },
  },
})
```

➤ ウォッチャー

@Watch デコレーターを利用します。たとえば、P.44 のコードであれば、以下のように表せます。

リスト7-15 MyWatcher.vue（my-cli-ts プロジェクト） `VUE`

```
@Watch('name')
private onNameChanged(newValue: string, oldValue: string): void {
  console.log(oldValue + '=>' + newValue);
}
```

監視オプションを指定するならば、以下のようにします。

```
@Watch('name', { immediate: true, deep: true })
```

305

Chapter 8

ルーティング

本章のポイント

- URL に応じて処理すべきコンポーネントを振り分けることをルーティングと呼びます。
- Vue Router はルーティングのためのライブラリで、ページの振り分け／履歴管理などのしくみを提供します。
- ルーティング先のコンポーネントに値を引き渡すには、ルートパラメーターを利用します。
- Vue Router では、ルーティング先のビューを複数設置したり、入れ子にしたりすることもできます。

　Vue.js を利用したアプリでは、初回のアクセスでページ全体を取得し、以降のページ更新は、基本的に JavaScript で行うのが一般的です。このように、複数の機能を単一のページで構成するアプリのことを、**SPA**（Single Page Application）と言います。

　非 SPA なアプリでは、ページ遷移はブラウザーに任せるだけでした。リンクなどを経由して要求されたページは、サーバーから勝手に送信され、ブラウザーがそのまま描画してくれていたからです。URL も新たなそれに変化しますし、履歴も残るので［戻る］ボタンで前のページに戻るのも自由です。

　しかし、SPA の世界では、ページの切り替えもアプリの責務です。要求された機能を適切なコンポーネントに振り分け、その処理結果をページの決められた領域に反映させなければなりません。ページそのものは単一なので、移動の履歴も、アプリからブラウザーに明示的に報告する必要があります[*1]。

[*1] これまでは、そのような処理を意識することはありませんでした。そのため、たとえばボタンクリックによる変化の後、前の状態に戻すといったことはできません。

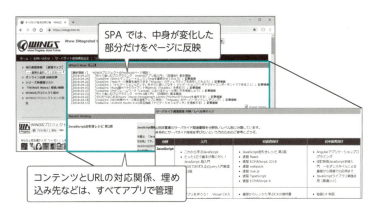

▲ 図 8-1 SPAでは画面の切り替えもアプリの責務

8-1 ルーティングとは？

　SPAではページの切り替えもアプリの責務と説明しました。しかし、そのようなページ切り替えのしくみを、アプリで一から実装するのは手間です。そこで、Vue.jsが公式ライブラリとして提供しているのが **Vue Router** です。

　ルーター（Router）とは、ルーティング機能を提供するライブラリのこと。**ルーティング**とは、クライアントから要求された URL に応じて、処理の受け渡し先（コンポーネント）を決定すること、あるいは、そのしくみのことを言います。

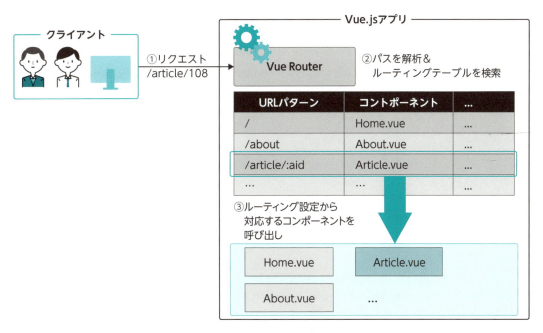

▲ 図 8-2 ルーティングとは？

Vue Router は、あらかじめ用意しておいた振り分け情報（ルーティングテーブル）に基づいて、対応するコンポーネントを呼び出し、その処理結果をページに反映させるところまでを担います。ルーティングに際して、ブラウザーの履歴もまとめて管理してくれるので、非SPAなアプリと同じ感覚でSPAアプリを利用できる[*2]、というメリットもあります。

ルーティング機能は、本格的なSPAを開発するうえで欠かせないしくみです。

8-1-1 Vue Router の準備

Vue CLI を利用する場合、プロジェクト作成時に ［Manually select features］（カスタムインストール）を選択して Router を有効にするか、後から vue add コマンドで Router を組み込む必要があります。カスタムインストールで Router を有効にした場合、ウィザードでは、以下の❶の設定が追加されます。

```
Please pick a preset: Manually select features
? Check the features needed for your project: Babel, Router, Linter
? Use history mode for router? (Requires proper server setup for index fallback in
production) (Y/n) ————————❶
```

history モードとは、History API（history.pushState メソッド）を利用したページ遷移のモードです。無効にした場合には、hash（hashbang）モードが利用されます。具体的には、

- history モードでは「**http://localhost:8080/about**」
- hash モードでは「**http://localhost:8080/#/about**」

のようなアドレスが生成されます。history モードのほうが自然な表記ですし、モダンなブラウザーであれば、History API にも対応しているはずなので、本書では history モードを利用します[*3]。

Vue Router を有効にすると、プロジェクトには以下のようなフォルダー／ファイルが追加されます。

[*2] つまり、表示を切り替えればアドレスも変化しますし、ブラウザーの ［戻る］ 機能も利用できます。

[*3] history モードを採用した場合にも、ブラウザーが History API を未サポートの場合には、hash モードにフォールバックされます。

308

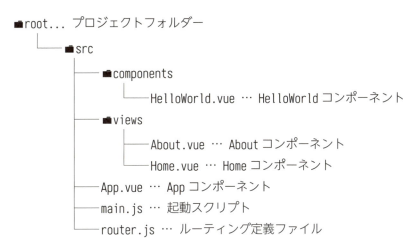

▲ 図 8-3　Vue Router を導入した場合のフォルダー構造

　ルーティングにかかわるコンポーネントは /views フォルダーに、より細かな部品は /components フォルダーに、それぞれ格納するのが慣例です。ただ、小規模なアプリであれば、すべてのコンポーネントを /components フォルダーにまとめてもよいでしょう。本書でも、以降は /components フォルダーにまとめるものとします。

8-2　ルーティングの基本

　前節で Vue Router（ルーター）を利用する準備ができたところで、自動生成されたコードを読み解きながら、ルーティングの基本を確認していきましょう。まずはアプリを実行して、動作を確認してください。

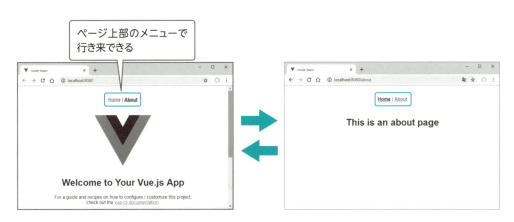

▲ 図 8-4　自動生成されたサンプルアプリ

自動生成されたサンプルアプリでは、ページ上部の［Home］［About］メニューからページを行き来できます。

8-2-1 ルーティング情報の定義

ルーターを利用するには、まずはルーティング設定[*4]——「どの URL に対して、どのコンポーネントを紐付けるか」を準備しておく必要があります。ルーティング設定を表すのは、/src/router.js の役割です[*5]。

リスト 8-1 router.js（route-basic プロジェクト） `JS`

```js
import Vue from 'vue'
import Router from 'vue-router'
import Home from './views/Home.vue'          ③

// Vue Routerを有効化
Vue.use(Router)

export default new Router({
  mode: 'history',
  base: process.env.BASE_URL,
  // ルーティングテーブルを定義
  routes: [
    {
      path: '/',
      name: 'home',
      component: Home
    },
    {
      path: '/about',
      name: 'about',
      component: () => import('./views/About.vue')   ④
    }
  ]
})
```

①
②

[*4] 個々の設定を**ルート**とも言います。

[*5] 既定で書かれたコメントは除去しています。

ルーターを利用するには、まず Router オブジェクト[6] を生成します（❶）。

オプション	概要	既定値
mode	動作モード（hash ｜ history）	hash
routes	ルーティング情報	―
base	アプリの基底 URL	/
fallback	ブラウザーが History API に未対応の場合、hash モードにフォールバックするか	true
linkActiveClass	現在ページを表すリンクに適用されるスタイルクラス	router-link-active
linkExactActiveClass	完全一致な現在ページを表すリンクに適用されるスタイルクラス	router-link-exact-active
scrollBehavior	ページ移動時のスクロールの方法	―

▲ 表8-1　Router コンストラクターの主なオプション

注目すべきはルーティング情報の本体 —— routes オプションです（❷）。ひとつのオブジェクト（ルートオブジェクト）がひとつのルートを表し、その集合（オブジェクト配列）でルーティングテーブルを表現します。ルートオブジェクトで利用できるプロパティには、以下の表のようなものがあります（path は必須です）。

プロパティ	概要
base	アプリの基底パス（既定は「/」)
path	リクエストパス
name	コンポーネントの名前
component	ルーティングによって呼び出されるコンポーネント
components	ルーティングによって呼び出されるコンポーネント（複数）
redirect	リダイレクト先のパス（11-2-2 項）
children	配下のルート定義
props	ルートパラメーターをプロパティに割り当てるか（8-3-3 項）
alias	エイリアス
meta	ルートのメタ情報（「キー名 : 値 ,...」形式。8-4-5 項）
caseSensitive	大文字小文字を無視するか

▲ 表8-2　ルートオブジェクトのプロパティ

---

[6]　正しくは VueRouter です。既定の router.js では、エイリアスとして Router と命名されているので、以降もそのように呼びます。

311

path や component の組み合わせで、「/ ～にアクセスしたら、xxxxx コンポーネントを呼び出しなさい」のように表すのが、最低限の構成です。リスト 8-1 の例であれば、以下のようなルートを定義したことになります。

- 「/」で Home コンポーネントを呼び出す（実体は Home.vue）
- 「/about」で About コンポーネントを呼び出す（実体は About.vue）

いずれの .vue ファイルも、既定では /src/views フォルダーに用意されています。ルート定義に利用するコンポーネントは、「import コンポーネント名 from './views/ ファイル名 '」形式であらかじめインポートしておきます（❸）。

▶ 補足：コンポーネントの非同期ロード

Vue CLI の既定の設定では、すべてのコードは app.js にバンドルされたうえで実行されます。しかし、アプリの規模が大きくなれば、.js ファイルも肥大化し、比例して起動時間も増加します。そこで、巨大なコンポーネント、そもそもアクセス頻度の低いコンポーネントは、非同期ロードさせるようにすることで、app.js から分割し、必要になったところでロードできるようになります。

このような非同期ロードを施しているのが❹のコードです。

```
component: () => import('./views/About.vue')
```

component オプションに、コンポーネントを取得するための関数を渡します[7]。import 命令そのものを渡すわけではなく、import 命令を呼び出すための関数、である点に注意です。

▶ ルートの有効化

定義されたルートは、/src/main.js で Vue インスタンスに紐付けられています。

リスト 8-2 main.js（route-basic プロジェクト）　　　　　　　　　　　　　JS

```
import Vue from 'vue'
import App from './App.vue'
import router from './router'
```

次ページへ続く

---

[7] ここでインポートしているので、❸のような独立したインポートは不要です。

```
Vue.config.productionTip = false

new Vue({
  router,  ──────❶
  render: h => h(App)
}).$mount('#app')*8
```

❶は「router: router,」としても同じ意味です。プロパティ名と値とが同じ場合には、このように省略表記が可能です。このようにrouterオプションを設定することで、router.jsで定義されたルーティングテーブルが有効になります。

8-2-2 メインコンポーネント（App.vue）

ルーティングの設定ができたところで、具体的に、ルーティングによる表示領域、画面遷移の方法を見ていきます。以下は、Vueインスタンスに紐付いたメインコンポーネント（App.vue）のテンプレートです。

リスト8-3　App.vue（route-basicプロジェクト）　VUE

```
<template>
  <div id="app">
    <div id="nav">
      <router-link to="/">Home</router-link> |         ┐
      <router-link to="/about">About</router-link>     ┘──❶
    </div>
    <router-view/>  ──────❷
  </div>
</template>
```

ルーター経由でページを遷移する場合には、標準的なアンカータグ（<a>）の代わりに、<router-link>要素を利用します（❶）。ここでは、固定文字列でリンク先のパスを渡しているだけですが、v-bindディレクティブ経由で、文字列はもちろんオブジェクトとして移動先の情報を渡すこともできます。たとえば、以下はすべて同じ意味です。

*8　elオプションを指定する代わりに、$mountメソッドでVue.jsを起動する方法については、7-2-4項も参照してください。

```
<router-link to="/about">About</router-link>
<router-link v-bind:to="'/about'">About</router-link>
<router-link v-bind:to="{ path: '/about' }">About</router-link>
<router-link v-bind:to="{ name: 'about' }">About</router-link>
```

　最後の name プロパティは、ルーティング情報で定義されたコンポーネント名です。Vue
Router では、このように名前でもって移動先を表すこともできます。これを**名前付きルート**
と言います。

　ルーター経由で呼び出されたコンポーネントは、<router-view> 要素で確保された領域に反
映されます（❷）。ルーティングを利用するには、router-view による表示領域の宣言は必須
です。

Note **オブジェクトで指定できるプロパティ**

オブジェクト形式で移動先のパスを指定する場合、path や name の他にも、以下のような
パラメーター情報を指定できます。

- params：ルートパラメーター
- query　：クエリ情報

ルートパラメーターについては 8-3-1 項で触れるので、ここでは指定の方法だけを示してお
きます。

```
<router-link v-bind:to="{ name: 'article', params: { aid: 13 }}">
   Article-13</router-link>
```

▶ 補足：プログラムからページ遷移

　コードからページを移動するには、標準的な JavaScript であれば location.href プロパティ
などを利用します。しかし、これはページ全体を差し替える命令なので、ルーター環境では
利用できません。ルーター経由でのページ移動には、$router.push メソッドを利用します。
　たとえば以下は、ボタンクリック時に「/」（トップ画面）に移動する例です。

8-3　ルーター経由で情報を渡す手法

リスト 8-4　About.vue（route-basic プロジェクト）　　　　　　　　　　　　　　**VUE**

```
<template>
  <div class="about">
    ...中略...
    <button v-on:click="onclick">トップへ</button>
  </div>
</template>


<script>
export default {
  methods: {
    // ボタンクリックで「/」に移動
    onclick() {
      this.$router.push('/')
    }
  }
}
</script>
```

　<router-link> 要素に対する場合と同じく、push メソッドにもオブジェクトを引き渡せます。
具体的な構文は、P.314 の Note も参考にしてください[9]。

8-3 ルーター経由で情報を渡す手法

　ここまで、ルーターの基本を説明してきました。ここからはより実践的なテクニックを見
ていきましょう。まず本節で扱うのは、ルーター経由で配下のコンポーネントに値を引き渡
す方法です。

8-3-1　パスの一部をパラメーターとして引き渡す
　　　　　～ ルートパラメーター

　たとえば「～ /article/108」「～ /books/978-4-7981-5757-3」のようなパスで、コンポー
ネントに対して「108」「978-4-7981-5757-3」のような値を引き渡すことができます。パラメー

---

[9]　ブラウザーに履歴を追加せずにページだけを移動するだけならば、$router.replace メソッドを利用します。

ター値をパスの一部として表現できるため、視認性にも優れ、ルーター経由での値の引き渡しとしては、よく利用されるアプローチです。このようなパラメーターのことを**ルートパラメーター**と言います。

具体的な例も確認してみましょう。

[1] ルートを追加する

ルートパラメーターを受け取るには、以下のようなルートを定義します。

リスト 8-5 router.js (route-param プロジェクト) 　　　　　　　　　　　　　　　`JS`

```js
import Article from './components/Article.vue'
...中略...
export default new Router({
  ...中略...
  routes: [
    ...中略...
    // :aidパラメーターを受け取るArticleルート
    {
      path: '/article/:aid',
      name: 'article',
      component: Article
    }
  ]
})
```

ポイントとなるのは、pathパラメーターに含まれた「:名前」の表記です。これはパラメーターの置き場所（プレイスホルダー）で、「:名前」の部分に「〜/article/108」「〜/article/1」のように、任意の値を埋め込めることを意味します。

ここでは、:aid パラメーターをひとつだけ配置していますが、「/blog/:year/:month/:day」のように、複数のパラメーターを埋め込むことも可能です。

8-3 ルーター経由で情報を渡す手法

[2] ルートパラメーターを受け取る

ルートパラメーターを受け取るコンポーネントの例は、以下のとおりです。

リスト8-6 Article.vue（route-param プロジェクト）　　　　　　　　　　　　　　　`VUE`

```
<template>
  <span>記事コード：{{ $route.params.aid }}</span>
</template>
```

ルートパラメーターは「this.$route.params.パラメーター」で参照できます（テンプレート内であれば、単に「$route.params.パラメーター」[10]）。ここでは、ルートパラメーターをそのまま表示しているだけですが、一般的には、サーバーからなんらかのデータを取り出す際のキーとして利用することになるでしょう。

[3] リンク文字列を生成する

App コンポーネントからのリンクも用意しておきましょう。

リスト8-7 App.vue（route-param プロジェクト）　　　　　　　　　　　　　　　`VUE`

```
<template>
  <div id="app">
    <div id="nav">
      <router-link to="/">Home</router-link> |
      <router-link to="/about">About</router-link> |
      <router-link to="/article/108">記事：No.108</router-link>[11]
    </div>
    <router-view/>
  </div>
</template>
```

ここまでを確認できたら、サンプル（route-param プロジェクト）を実行してみましょう。ページ上部の［記事：No.108］リンクをクリックすると、記事番号が表示され、確かにルートパラメーターの情報が取得できたことを確認できます。

---

[10] $route は Vue Router によって生成されたプロパティです。その他、（末尾に r を付けた）$router で VueRouter インスタンスにもアクセスできます。

[11] P.314 でも触れたように、to 属性は、オブジェクト形式で表すことも可能です。

▲ 図 8-5　ルートパラメーター経由で渡された記事コードを表示

▶ 補足：$route オブジェクトで取得できる情報

　$routeは、マッチした現在のルートに関する情報を管理するオブジェクトです。$routeでは、ルートパラメーター以外にも、以下の表のような情報を保持しています。

プロパティ	概要
name	ルート名
fullPath	クエリ／ハッシュを含んだ完全なパス（例：/article/108#main?num=1）
path	ルートのパス
query	クエリ情報（？〜以降の情報）。「キー名：値,...」形式
hash	ハッシュ（# 〜以降の文字列）
matched	すべてのルート情報（ネストまで含む）
redirectFrom	リダイレクト元の名前

▲ 表 8-3　$route オブジェクトの主なプロパティ

　ルーターがマッチングで利用するのはパス本体だけです（＝クエリ情報やハッシュなどを含みません）。そのため、たとえば「/about」などのパスに、「/about#main?id=123」もマッチします。

> **Note** クエリ情報、ハッシュ
>
> ルートで明示的に宣言しなくてもよい分、クエリ情報、ハッシュは手軽な情報受け渡しの手段にも見えます。しかし、半面、ルート経由で受け渡しする情報があいまいになりますし、なにより独自の記法である分、ルートパラメーターに比べるとパスは読みにくくなります。近年、SMO（Social Media Optimization）などの観点から、それ自体が意味を持った、ユーザーにとって視認しやすいURLが好まれる傾向にあります。情報の受け渡しには、まずはルートパラメーターを優先して利用することをお勧めします。

8-3-2 ルートパラメーターのさまざまな表現

ルートパラメーターでは、末尾に修飾子を付与することで、より複雑なパスを表現できます。

▶ 任意のパラメーター

パラメーターの末尾に「?」で表します。

```
/article/:aid?
```

このルートは、

- /article   (undefined)
- /article/108 (108)

のようなパスにマッチします（カッコ内は aid の値）。パラメーター値が undefined になる可能性があるので、一般的にはコンポーネント側でなんらかの既定値を用意すべきです。

▶ 可変長のパラメーター

パラメーターの末尾に「*」を付与することで、「/」をまたいで残りのパスをすべて取得できます。

```
/article/:aid*
```

このルートは、

- /article   (undefined)
- /article/108   (108)
- /article/vue/router (vue/router)

のようなパスにマッチします（カッコ内は aid の値）。複数値はそのまま「/」区切りで返されるので、値を分割するのはコンポーネント側の役割です。

なお、「*」は正しくは「0 個以上の値にマッチ」（＝値を省略できる）です[12]。もしも最低限ひとつ以上の値を持たせたい場合には、「+」を利用してください。

---

[12]「?」は正しくは「0、1 個の値にマッチ」を意味します。

```
/article/:aid+
```

このルートは「/article/108」「/article/vue/router」にはマッチしますが、「/article」にはマッチしません。

> **Note** **可変長パラメーターの注意点**
>
> 可変長パラメーターは、**パスの末尾で利用**することをお勧めします。
>
> そうでなくてもエラーにはなりませんが、パラメーターの振り分けがあいまいになるからです。以下に、可変長パラメーターを末尾にしなかった場合の例と、パラメーターへの反映結果をまとめてみます。
>
> | ルート | :aid | :num |
> |---|---|---|
> | /article/:aid*/:num | 108 | 10 |
> | /article/:aid*/:num? | 108/10 | undefined |
> | /article/:aid*/:num* | 108/10 | undefined |
> | /article/:aid*/:num+ | 108 | 10 |
>
> ▲ 表8-4　ルートとパラメーターの割り当て結果（※リクエストパス「/article/108/10」の場合）
>
> 後続のパラメーターによって、可変長パラメーターへの反映のされ方も変化するのです。予測できないほどではありませんが、誤解を招きやすいルートを好んで利用すべきではありません。

▶ 値の形式をチェック

パラメーターの末尾に (...) の形式で、正規表現を付与することもできます。その場合、正規表現に合致した値だけがマッチします。

```
/article/:aid(\\d{2,3})
```

「\d{2,3}」は2～3桁の数値を表します[13]。よって、このルートは、

- /article/10（10）
- /article/108（108）

---

[13] 「\\」は「\」の意味です。文字列リテラルでは「\」を利用できないので、エスケープしておきます。

にはマッチしますが、以下のようなパスにはマッチしません。

- /article/vue（文字列なので不可）
- /article/1　（1桁なので不可）

> **Note　ルートの優先順位**
>
> ルートパラメーターを利用するようになると、ルートそのものの優先順位も意識しておく必要があります。ルートは定義順に判定され、最初にマッチした条件でルートが決定するからです。たとえば以下のようなルートが列記されている場合を考えてみましょう。
>
> 1. /:type/:grade
> 2. /books/:isbn
>
> この場合、「/books/978-4-7981-5757-3」のようなリクエストは、最初に定義されたルート1.にマッチし（:type=books、:grade=978-4-7981-5757-3）、2.へはマッチングを試みることすらありません。
> このことから、ルートを定義する際には、**特殊なルートを先に、一般的なルートを後に**記述します。あるルートにマッチするはずなのに、異なるルートに遷移してしまう場合には、まずはルートの優先順位を疑ってみるとよいでしょう。

8-3-3　ルートパラメーターをプロパティとして受け渡す

　パラメーターを $route オブジェクト経由で受け渡しするのは、実は、あまり良いことではありません。というのも、コンポーネントが特定のルート経由で呼び出される前提となり、再利用性を損なうからです。一般的には、**パラメーターはプロパティ（props）経由で受け渡しする**ことをお勧めします。

　これには、以下のようにコードを書き換えます。

リスト8-8　router.js（route-param プロジェクト）　　`JS`

```js
routes: [
  ...中略...
  {
    path: '/article/:aid',
    name: 'article',
    component: Article,
    props: true  ──────────❶
  }
]
```

リスト 8-9 Article.vue (route-param プロジェクト)　　　　　　　　　　`VUE`

```
<template>
  <span>記事コード : {{ aid }}</span> ──────── ❸
</template>

<script>
export default {
  name: 'Article',
  props: {
    aid: String          ❷
  }
}
</script>
```

　ルートパラメーターをコンポーネントのプロパティに引き渡すには、ルーティング定義に props オプション（値は true）を追加するだけです（❶）。これで path オプションで定義されたルートパラメーターが、そのままプロパティに引き継がれます。

　もちろん、Article コンポーネント側ではプロパティを定義しておきます（❷）。これでテンプレート側でも（$route.params.aid ではなく）aid だけでアクセスできていることを確認してみましょう（❸）。

▶ 補足：パラメーターの型変換

　ただし、「props: true」オプションは、ルートパラメーターをそのままプロパティに引き渡すだけです。たとえば、Article コンポーネントが aid プロパティを Number として受け取る場合、「type check failed for prop "aid".」のようなエラーとなります。$route.params の戻り値は文字列だからです。

　このような場合には、以下のようなコードで型を変換しておきます。

リスト 8-10 router.js (route-param プロジェクト)　　　　　　　　　　`JS`

```
{
  path: '/article/:aid',
  ...中略...
  props: routes => ({
    aid: Number(routes.params.aid)
  })
},
```

props オプションに変換ルール（＝関数）を渡すわけです。変換関数のルールは、以下です。

- 引数として $route オブジェクトを受け取る
- 戻り値として、プロパティ情報を「名前：値,...」形式のオブジェクトとして返す

戻り値全体を丸カッコでくくっているのは（太字部分）、アロー関数ではオブジェクトリテラルを表す {...} が、関数ブロックと誤認識されてしまうからです。丸カッコによって、リテラルであることを明示します。

また、この例では型変換に利用していますが、関数構文を利用すれば、一般的な値の変換や加工に利用できます[14]。また、クエリ情報やハッシュなどの値をプロパティに割り当てることも可能ですし、そもそも固定値をプロパティに引き渡しても構いません。

> **Note** **props オプションにオブジェクトを渡す**
>
> 値の演算が不要なのであれば、props オプションに（関数ではなく）オブジェクトリテラルを直接渡すこともできます。固定値でプロパティを指定するならば、関数形式よりもシンプルに表現できます。

```
props: { aid: 108 }
```

8-4 マルチビュー、入れ子のビュー、ガードなど

ここまでの内容でも、基本的なアプリは開発できますが、Vue Router にはまだまだ有効な機能があります。本節では、その中でもよく利用すると思われる、以下の機能について解説します。

- ひとつのページに複数のビュー領域を配置（マルチビュー）
- ビューを入れ子に配置
- ルーティングに際して、任意の処理を実行（ガード）
- ルーティング時のリンク制御（<router-link> 要素）

8-4-1 複数のビュー領域を設置する

Vue Router では、テンプレートに複数の <router-view> 要素を配置することで、複数のビューを同時に配置できます。ただし、個々のビューを区別するために、それぞれの領域に

---

[14] もちろん、複雑な演算はコンポーネント側で行うべきで、一般的には簡単な型変換程度にとどめるべきです。

任意の名前（name 属性）を付ける必要があります。

リスト 8-11 App.vue（route-multi プロジェクト） `VUE`

```vue
<template>
  <div id="app">
    <img src="./assets/logo.png" />
    <router-view />
    <hr />
    <router-view name="sub" />
  </div>
</template>
```

また、ルート定義も、複数の領域にコンポーネントを割り当てられるよう、components パラメーター（複数形）で表します。

リスト 8-12 router.js（route-multi プロジェクト） `JS`

```js
export default new Router({
...中略...
  routes: [
    {
      path: '/',
      name: 'main',
      components: {
        default: Main,
        sub: Article
      }
    }
  ]
})
```

components パラメーターは「領域名：コンポーネント」の形式で指定します。default は、<router-view> 要素に name 属性を指定しなかった場合の、既定の領域名です。

以上を確認したところで、サンプル（route-multi プロジェクト）を実行してみましょう。確かに既定（default）領域、sub 領域に対して、それぞれ指定されたコンポーネントが反映されていることが確認できます。

324

8-4 マルチビュー、入れ子のビュー、ガードなど

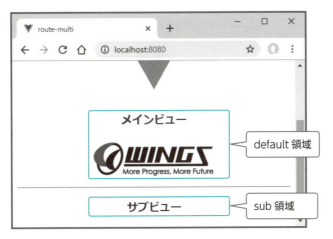

▲図 8-6　default 領域、sub 領域に対してコンポーネントが反映

8-4-2　入れ子のビューを設置する

　Vue Router では、ビュー同士を入れ子に配置することもできます。たとえば「/article/108」で記事のリード文を表示し、「/article/108/pages/1」「/article/108/pages/2」のようにすることで、それぞれ各ページの内容を表示する、といったケースです。

▲図 8-7　入れ子のビュー

　このようなルートを想定しているのが、以下のルーティング定義です。

リスト 8-13 router.js（route-nest プロジェクト）　　`JS`

```js
export default new Router({
  ...中略...
  routes: [
    {
      path: '/article/:aid',
      name: 'article',
      component: Article,
      props: true,
      children: [
        {
          path: 'pages/:page_num',
          name: 'page',
          component: Page,
          props: true,
        }
      ]
    }
  ]
});
```

　ルートの入れ子はchildrenパラメーターで表します。この例であれば、「/article/:aid」ルート配下に子ルート「pages/:page_num」が連なり、「/article/:aid/pages/:page_num」のようなパスが生成されます[15]。

　children（複数形）となっていることからもわかるように、子ルートは複数列記することも可能です。

　ルートの準備ができたら、配下の Article や Page コンポーネントも確認しておきます。

リスト 8-14 Article.vue（route-nest プロジェクト）　　`VUE`

```vue
<template>
<div>
  <div>記事コード：{{ aid }}</div>
```

次ページへ続く

---

[15] 子ルートのパスは「/pages/:page_num」ではなく「pages/:page_num」である点に注目です（先頭にスラッシュなし）。前者では親ルートからの相対パスではなく、絶対パスと見なされてしまうので要注意です。

8-4 マルチビュー、入れ子のビュー、ガードなど

```
    <span><router-link v-bind:to="'/article/'+ aid + '/pages/1'">
      Page：1</router-link></span> |
    <span><router-link v-bind:to="'/article/'+ aid + '/pages/2'">
      Page：2</router-link></span>
  <hr />
  <router-view />  ————————❶
</div>
</template>

<script>
export default {
  name: 'Article',
  props: {
    aid: String
  }
}
</script>
```

■リスト 8-15　Page.vue（route-nest プロジェクト）　　　　　　　　　　　　VUE

```
<template>
  <div>{{ page_num }} ページ</div>
</template>

<script>
export default {
  props: {
    page_num: String
  }
}
</script>
```

　ルートを入れ子にする場合、親テンプレートの側でも子コンポーネントを埋め込むための
領域を、<router-view> 要素で確保しておかなければならない点に注意してください（❶）。
　なお、「/article/108」のようなパスでアクセスした場合には、Page.vue の内容は表示され
ません。「pages/:page_num」にはマッチしていないからです。

327

8-4-3 ルート遷移時に処理を差し挟む 〜 ナビゲーションガード

　ルーティングに際して、たとえばユーザーの権限を判定して、決められた権限を持たない場合にはガードしたい、といった状況があります。このように画面移動時に処理を挟むためのしくみがあります。**ナビゲーションガード**機能です。

　Vue Router では、それぞれの目的に応じて、以下のようなガードを用意しています。

分類	ガード	概要
グローバル	beforeEach	すべてのルートへの移動前／コンポーネントガード処理前
	beforeResolve	すべてのルートへの移動前／コンポーネントガード処理後
	afterEach	すべてのルートへの移動後
コンポーネント	beforeRouteEnter	コンポーネントへの移動前
	beforeRouteUpdate	コンポーネント上でルート情報が変化したとき
	beforeRouteLeave	コンポーネントから移動する前
ルート	beforeEnter	ルートへの移動前

▲ 表8-5　ナビゲーションガードの種類

　グローバルガードはVueRouterインスタンス[16]に対して、コンポーネントガードはコンポーネントに対して、ルートガードはルート定義に対して、それぞれ宣言します。

```
const router = new Router({ ... })
router.beforeEach((to, from, next) => { ... })  ──────  グローバルガード (router.js)
export default router
```

```
export default {
  template: `...`,
  beforeRouteEnter(to, from, next) { ... }  ──────  コンポーネントガード (.vue)
}
```

```
const router = new Router({
  routes: [
    {
      path: '/hoge',
```

次ページへ続く

---

[16] router.js では、別名、Router として扱われているものです。コンポーネント配下であれば this.$router でアクセスできます。

8-4 マルチビュー、入れ子のビュー、ガードなど

```
    component: hoge,
    beforeEnter: (to, from, next) => { ... }  ──────  ルートガード（router.js）
  }
 ], ...
})
```

　違いは宣言する位置だけで、用法はほぼ共通しているので、以降ではコンポーネントガードを例に解説を進めます。たとえば以下は、Articleコンポーネントに対して、指定の記事が公開期限を過ぎていたら、アクセスをガードするサンプルです。公開期限は「aid値: 期限, ...」形式のオブジェクトで管理しているものとします[17]。

[1] コンポーネントガードを実装する

　まずは、コンポーネントガード本体を定義します。

■ **リスト 8-16** Article.vue（route-guard プロジェクト）　　　　　　　　　　**VUE**

```
<template>
  <div class="about">
    <h1>記事コード : {{ aid }}</h1>
  </div>
</template>

<script>
// ナビゲーションガードを定義
let timeGuard = function(to, from, next) {
  // 有効期限を設定
  let data = {
    13: new Date(2019, 10, 30),
    108: new Date(2018, 10, 30)
  }                                                        ❷

  // 移動先のaid値から有効期限を取得
  let limit = data[to.params.aid] ?
    data[to.params.aid] : new Date(2999, 12, 31)
```

次ページへ続く

---

[17] 本来であれば、データベースなどで管理することになるでしょう。

329

```
  // 現在日時
  let current = new Date()
  // 有効期限内であればそのまま記事を表示
  if (limit && limit.getTime() > current.getTime()) {
    next()
  // さもなくば移動をキャンセル
  } else {
    window.alert('記事の公開期限が過ぎています。')
    next(false)
  }
}

export default {
  name: 'Article',
  // ナビゲーションガードを紐付け
  beforeRouteEnter: timeGuard,
  beforeRouteUpdate: timeGuard,
  props: {
    aid: String
  }
}
</script>
```

❷

❶

コンポーネントガードは、コンポーネント定義の中で宣言します（❶）。ここで、beforeRouteEnter や beforeRouteUpdate 双方に同じガードを紐付けている点に注目です。beforeRouteEnter だけでは不十分です。

というのも、beforeRouteEnter はコンポーネントそのものが変化したときにだけ発生します。つまり、/article/13 から /article/108 のようなルートパラメーターだけの変化を検知できないのです。ルート情報の変化を検知するには、beforeRouteUpdate を利用します。ただし、beforeRouteUpdate だけでは、今度はコンポーネントの移動を検知できないので、双方のガードを宣言しているわけです。

コンポーネントガードの実装は❷です。引数の意味は、以下の表のとおりです。

引数	概要
to	移動先のルート情報
from	移動前のルート情報
next	ナビゲーションのためのコールバック関数

▲ 表8-6　コンポーネントガードの引数

　ルート情報は、8-3-1項でも触れた $route と等価です。ここでは、その :aid パラメーターをキーに、記事の公開期限を取得＆判定しています。

　ガードでは、判定の結果、ナビゲーション（ルート移動）を進めてよいかどうかを next 関数で指示します（戻り値はありません）。next 呼び出しのパターンには、以下のようなものがあります。いずれかのパターンで呼び出す必要があり、省略することはできません[18]。

```
next()                           // ❶移動を許可
next(false)                      // ❷移動をキャンセル
next('/')                        // ❸指定のパスに振り替え
next({ path: '/' })              // ❹指定のパスに振り替え（オブジェクト形式）
next(new Error('Error is occured.')) // ❺エラーを発生
```

　ルートの移動をそのまま進めてよい場合には、❶のように引数なしで next 関数を呼び出します。正常パターンです。ルート移動をキャンセルし、現在のルートにとどまるならば、false を渡します（❷）。

　強制的に異なるパスに振り分けたいならば、引数にパスを指定します。パスは、文字列（❸）、オブジェクト（❹）いずれの形式で指定しても構いません。

　❺は、移動時エラーをルーターに通知します。ここで投げられたエラー情報は VueRouter#onError メソッドで受け、処理することが可能です。

```
const router = new Router({...})
// エラー情報をログに出力
router.onError(err => console.log('Error::' + err.message))
export default router
```

---

[18] 唯一の例外が afterEach メソッドで、ガード呼び出しの時点で遷移そのものが終了しているので、next メソッドを利用することはできません。

8-4-4 ルーターによるリンクの制御

`<router-link>`要素は、to属性以外にも、さまざまな属性を提供しており、ルーティング時の制御を細かく実装できます。以下では、主な属性について用例とともに解説します。

▶ active-class属性

リンク先が現在のアドレスと同じである場合に、適用されるスタイルクラス（**アクティブスタイル**）を指定します。スタイルそのものは`<style>`要素などであらかじめ準備しておきます。既定値は、`router-link-active`です。

リスト 8-17 App.vue（route-style プロジェクト） **VUE**

```
<router-link to="/about" active-class="current">About</router-link>
```

```
.current {
  color: red;
  font-weight: bold;
}
```

▲ 図 8-8 現在のページを表すリンクを強調表示

アクティブスタイルは、Routerクラスの`linkActiveClass`オプションでグローバルに設定できるので、一般的にはこちらでアプリ全体の設定を、リンク固有のスタイルを指定したい場合にだけactive-class属性を利用します。

▶ exact属性

active-class属性の既定の適用ルールは、前方一致です。よって、/hogeというリンクは、/hogeはもちろん、/hoge/123、/hoge/aboutなどにもマッチし、アクティブスタイルを適用

します。

ただし、この挙動が望ましくない場合があります。たとえば、以下です。

```
<router-link to="/">Home</router-link>
```

「/」は「/about」「/hoge」「/hoge/foo」など、すべてのパスにマッチします。このような状態は一般的には望ましくないはずなので、exact属性を指定しましょう。以下のように設定することで、アクティブスタイルは厳密に「/」にのみ適用され、「/about」「/hoge」「/hoge/foo」などには適用されません。

```
<router-link to="/" exact>Home</router-link>
```

なお、完全一致した場合に適用されるスタイルクラスは、exact-active-class属性で指定できます（既定値はrouter-link-exact-active[19]）。

> replace 属性

既定では、ルーターによるページ遷移はブラウザー履歴にも記録されます（つまり、[戻る]ボタンで前の状態に戻ることができます）。しかし、replace属性を付与した場合には、履歴は記録されず、[戻る]ボタンで前の状態に戻ることはできなくなります。$router.replaceメソッドに相当する属性です。

```
<router-link to="/about" replace>About</router-link>
```

> append 属性

append属性を付与することで、to属性は現在のパスからの相対パスと見なされます。たとえば、現在のパスが「～/about」の場合、以下のリンクは「～/about/hoge」に移動します（append属性がない場合は、「～/hoge」）。

```
<router-link to="hoge" append>Hoge</router-link>
```

> tag 属性

<router-link>要素は、既定でアンカータグを生成しますが、時として、別のタグを割り当

---

[19] active-class属性と同じく、RouterクラスのlinkExactActiveClassオプションでグローバルに設定もできます。

てたいこともあります。その場合には、tag属性を利用することで、任意のタグをリンクにできます。たとえば以下は、リンクをボタン形式で生成する例です。

```
<router-link to="/about" tag="button">About</router-link>
```

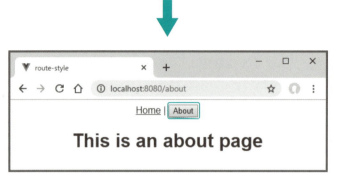

▲ 図8-9　リンクがボタン化された

　clickイベントの処理は、<router-link>要素が内部的に補ってくれるので、ボタンに限らず、<div>、<span>、<li>など、任意のタグを割り当て可能です。
　さらに、以下のようにリンクを他の要素でラップすることも可能です。この場合、リンク先は配下のアンカータグに反映されます。

```
<router-link tag="div" to="/about">
  <a>About</a>
</router-link>
```

▶ event属性

　<router-link>要素は、既定でclickイベントを捕捉します。この挙動を変更するのがevent属性です。たとえば以下は、mouseoverイベントで画面遷移を発生させます。

```
<router-link to="/about" event="mouseover">About</router-link>
```

8-4-5　ルーティングにかかわるその他のテクニック

　本章の最後に、ここまでに扱いきれなかったルーティングのその他の話題について、落穂拾いをしておきます。

8-4　マルチビュー、入れ子のビュー、ガードなど

▶ ルートパラメーター変化にかかわる注意点

Vue Routerでは、ルートパラメーターだけが異なるページ遷移では、**同一のコンポーネントインスタンスを再利用する**点に注意してください。これは同じインスタンスを破棄→再生成するよりも効率的ですが、思わぬ落とし穴の原因ともなります。

具体的な例を見てみましょう。:aidパラメーター（記事コード）を受け取って、これをライフサイクルフック（created）でaidプロパティに反映させる例です[20]。

リスト 8-18　Article.vue（route-advance プロジェクト）　　**VUE**

```
<template>
  <span>記事コード：{{ aid }}</span>
</template>
<script>
export default {
  name: 'Article',
  data () {
    return {
      aid: 0
    }
  },
  created() {
    // 初期化時にルートパラメーターを取得
    this.aid = this.$route.params.aid
  }
}
</script>
```

このようなコンポーネントで、たとえば「/article/10」から「/article/108」にページ移動してみましょう。これはまさにルートパラメーターだけが変化するページ遷移ですが、以下のように記事番号が変化しません。

---

[20] ルート定義は 8-3-1 項のそれに準ずるので割愛します。

▲図 8-10 ページを移動しても、記事番号が変化しない

インスタンスを再利用しているため、ライフサイクルフックが呼び出されないのです。これを回避するには、ウォッチャーを利用してください。

```
export default {
  ...中略...
  watch: {
    '$route'(to, from) {
      this.aid = to.params.aid
    }
  }
}
```

$route（ルート情報）の変更時に aid を詰め直しているわけです。同じページ移動で、今度は記事番号が正しく反映されることを確認してみましょう。

▶ ルーティング時にアニメーションを適用する

`<router-view>` 要素（表示領域）を `<transition>` 要素でくくることで、ルーティング時にアニメーションを適用することも可能です。

リスト 8-19 App.vue（route-advance プロジェクト） **VUE**

```
<transition>
  <router-view/>
</transition>
```

トランジションのためのスタイルシートについては 5-3 節で触れているので、本項では割愛します。完全なコードは、ダウンロードサンプルもあわせて参照してください。

8-4 マルチビュー、入れ子のビュー、ガードなど

　もしもページ（ルート）単位にアニメーションを変更したいならば、コンポーネントのルート要素を `<transition>` 要素でくくっても構いません。この場合は、コンポーネント単位にアニメーション定義を区別するために、name 属性は必須です。

▌リスト 8-20　About.vue（route-advance プロジェクト）　　　　　　　　　　　　　**VUE**

```
<template>
  <transition name="about" appear>
    <div class="about">...</div>
  </transition>
</template>
```

➤ ルーティング時のスクロールを制御する

　Router（VueRouter）オブジェクトの scrollBehavior オプションを利用することで、ルーティング時のスクロール状態を制御できます。

▌リスト 8-21　router.js（route-advance プロジェクト）　　　　　　　　　　　　　**JS**

```
export default new Router({
  ...中略...
  scrollBehavior(to, from, savedPosition) {
    // ［戻る］ボタンでの移動は以前の位置を保持
    if (savedPosition) {
      return savedPosition           ❶
    } else {
      // ハッシュ（#～）がある場合は、指定の要素位置へ
      if (to.hash) {
        return { selector: to.hash } ❷
      // さもなくば先頭位置に移動
      } else {
        return { x: 0, y: 0 }         ❸
      }
    }
  }
})
```

337

scrollBehavior メソッドは、

- 引数として「遷移先のルート情報（to）」「遷移元のルート情報（from）」「スクロール情報（savedPosition）」を受け取り、
- 戻り値として、遷移後のスクロール位置を返します。

引数 savedPosition は、ブラウザーネイティブな［戻る］ボタンを利用したときにだけ有効な情報で、前回のスクロール位置を表します。

サンプルでも savedPosition が存在する場合はその位置に移動し（❶）、そうでない場合にはハッシュ（#〜）の有無によって、指定の要素（❷）か、先頭位置（❸）に移動します。

戻り値のスクロール位置（オブジェクト）は、以下のような形式で表します。

戻り値の形式	概要
savedPosition	前回のスクロール位置
{ x: number, y: number }	指定の X ／ Y 座標
{ selector: string }	セレクター式が表す要素位置
{ selector: string, offset : { x: number, y: number }}	セレクター位置が表す要素からの相対位置
falsy な値[21]	スクロールしない

▲ 表 8-7　スクロール位置を表すオブジェクト

▶ ルート単位の認証

ナビゲーションガードを利用することで、特定のページ（ルート）に認証を課すこともできます。認証すべきページには、以下のような meta − isRequestAuth オプション（true で認証を要求）を宣言しておくものとします[22]。

┃リスト 8-22　router.js（route-auth プロジェクト）

```
routes: [
  ...中略...
  // ログインページへのルート
  {
    path: '/signin',
    name: 'signin',
    component: Signin
```

次ページへ続く

---

[21] 暗黙的な型変換で false と見なされる値のことです。空文字列（""）、数値の 0、NaN、null、undefined などが相当します。

[22] meta は、ルート固有の情報を「名前 => 値」形式で定義するためのオプションです。あくまで、汎用的なメタ情報を表すもので、用途は認証に限りません。

8-4　マルチビュー、入れ子のビュー、ガードなど

```
  },
  // 認証を要求するルート
  {
    path: '/about',
    name: 'about',
    component: About,
    meta: {
      isRequestAuth: true
    }
  }
]
```

　後は、グローバルガード（beforeEach）で isRequestAuth オプションの有無を判定し、値が true で、かつ、未認証である場合にログインページにリダイレクトするようにします。

リスト 8-23　router.js（route-auth プロジェクト）

```
router.beforeEach((to, from, next) => {
  // 認証を要求しており、認証済でない場合にログインページに移動
  if (to.matched.some(route => route.meta.isRequestAuth)              ──❶
      && !isAuthed()) {*23
    next({ path: '/signin', query: { path: to.fullPath }})            ──❷
  } else {
    // 認証済み、または認証を要求しないページはそのまま表示
    next()
  }
});
```

　matched プロパティはマッチしたすべてのルートを表します（入れ子になったルートでは、すべての親ルートを取得します）。ここでは、some メソッドでマッチしたルートを順に取り出し、いずれかのルートが認証を要求しているか（= meta.isRequestAuth プロパティが true であるか）を確認しています（❶）。

　認証を要求している場合にログインページ（/signin）に移動するのは next 関数の役割です。その際、ログインページから本来要求されたページに移動できるよう、クエリ情報（query）として本来の移動先（to.fullPath）を渡しておきます（❷）。

---

*23 isAuthed メソッドは、認証済みかどうかを判定するためのメソッドです。/signin ページでの認証を含めて、実装は認証の方法によって変化するため、ここでは詳細は割愛します。

Chapter 9 Vuex

本章のポイント

- Vuex は、アプリで扱う状態（データ）を管理するためのライブラリです。
- Vuex では、ステートでデータを管理し、ミューテーションでデータを操作するのが基本です。ただし、非同期処理を実装するにはアクションを利用します。
- 肥大化した Vuex ストアは、モジュール機能で分割管理できます。

Vuex（ビューエックス）とは、アプリで扱う状態（データ）を集中的に管理するためのライブラリです。状態管理ライブラリとも呼ばれます。

4-2 節では、コンポーネント間でのデータの受け渡しについて学びました。props や $emit を利用することで、状態（データ）を伝播し、アプリ全体に行き渡らせるわけです（「Props down, Event up」アプローチ）。ただ、この方法はアプリが複雑に（＝コンポーネントの階層が深く）なればコードが煩雑になりますし[*1]、似たようなデータが併存したり、データの出どころ（更新箇所）が見渡しにくくなったり、といった問題も発生します。

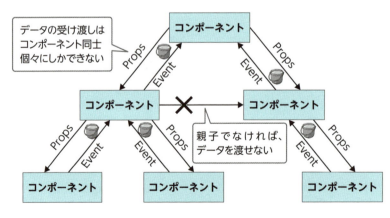

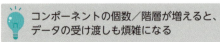

▲ 図 9-1 データのバケツリレー

[*1] コンポーネント同士で props／$emit を繰り返す、いわゆるデータのバケツリレーが発生します。

9-1 Vuex とは？

Vuex を導入することで、以下のようなメリットがあります。

- アプリに散在するデータを一元的なストアで管理できる
- コンポーネント階層にかかわらずストアを直接参照できるので、データの受け渡しコードが減少する
- ストア上のデータはリアクティブなので、コンポーネントとも自動で同期される
- データの更新フローが一貫するので、コードの見通しが改善する

状態管理ライブラリは、サーバーサイドでのデータベースと同じで、後から導入するとなると、データにかかわるコード――ということはたいがい、アプリ全体――に影響が及ぶものです。ある程度以上の規模のアプリであり、中期的に運用していくのであれば、最初から Vuex の利用を前提に設計することをお勧めします。

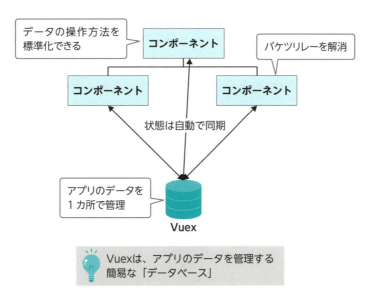

▲図 9-2 Vuex

> **Note** すべてのデータを Vuex に集める必要はない
>
> もっとも、Vuex を導入するからと言って、アプリにかかわるすべてのデータを Vuex ストアに集約する必要はありません。たとえばコンポーネント固有の状態（テキストボックスにフォーカスされている、など）をストアで管理するのは冗長です。
> コンポーネント固有のローカルなデータは、これまでと同じくコンポーネントで管理し、アプリで共有すべきデータは Vuex で管理する、と、使い分けを意識してください。

9-1-1 Vuex の準備

Vue CLI を利用する場合、プロジェクト作成時に［Manually, select features］（カスタムインストール）を選択して Vuex を有効にするか（❶）、後から vue add コマンドで Vuex を組み込みます。

```
? Check the features needed for your project:(Press <space> to select, <a> to toggle
all, <i> to invert selection)
 (*) Babel
 ( ) TypeScript
 ( ) Progressive Web App (PWA) Support
 ( ) Router
>(*) Vuex ─────────❶
 ( ) CSS Pre-processors
 (*) Linter / Formatter
 ( ) Unit Testing
 ( ) E2E Testing
```

Vuex を有効にした場合、プロジェクト配下の /src フォルダーには store.js というファイルが追加されます。store.js は、ストア本体に加えて、ストア操作のためのメソッドを管理するためのファイルです。詳しくは、新しい機能が登場するごとに解説します。

9-2 Vuex の基本

Vuex を学ぶとなると、アクションにステート、ミューテーション、ディスパッチ、コミットなどなど、特有のキーワードが次々に登場するせいか、入り口のところで「難しい！」と感じてしまう人も少なくないようです。しかし、Vuex そのものは簡易なストアにすぎません。ごく大雑把に言ってしまえば、「容れ物を準備して、そこに値を出し入れする」だけのライブラリです。

もちろん、本格的なアプリでコードの見通しを維持するには、出し入れに際してのお作法の部分を無視することはできませんが、まずは最小限のコードで Vuex の使い方をざっくり把握してみましょう。そのうえで、段々と追加の要素を積み上げていきます。

9-2-1 Vuex を利用したカウンターアプリ

本項で扱うのは、典型的なカウンターアプリです。ストアで管理されたカウンターを［+］［-］ボタンで増減させてみます。

▲ 図9-3　簡易なカウンター（[+][-]ボタンで増減）

では、具体的な例を見ていきます。

[1] ストアを準備する

まずは、データを格納するストアと、出し入れのためのメソッドを準備します。Vue CLIを利用しているならば、/src/store.js に Vuex ストアのための骨組みが生成されているので、今回はこちらを編集してみましょう（追記部分は太字）。

リスト9-1　store.js（vuex-basic プロジェクト）

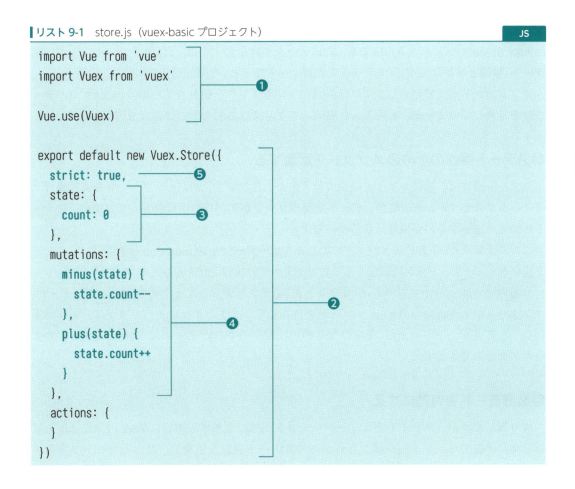

ポイントとなる点は、以下のとおりです。

❶ Vuex を有効化する

Vue 本体と Vuex ライブラリにアクセスできるように、あらかじめインポートしておきます。
Vue.use メソッドは 6-3-1 項でも触れたように、プラグインを有効化するためのメソッドです。
store.js にあらかじめ記載されているので、まずはあまり意識することはありません。

❷ ストアを作成する

ストアを表すのは、Vuex.Store オブジェクトです。コンストラクターに対して、「オプション
名：値 ,...」形式のオブジェクトで、ストアを構成する要素（後述）を追加していきます。
生成したオブジェクトは、後からコンポーネント側から参照できるようにエクスポート
（export default）しておきます。

❸ ストアにデータの初期値を定義する

Vuex.Store オブジェクトの中でも、特にデータ本体を表すのは、state オプションです（**ス
テート、状態**とも呼びます）。ステートで管理すべき項目と、その初期値を「名前：初期値 ,...」
のオブジェクト形式で定義します。今回の例では、カウンター値を表すための count プロパティ
だけを定義していますが、もちろん、実際のアプリでは必要な数だけ項目を列記します。

❹ ステート操作のためのメソッドを定義する

ステート操作は、常にメソッド経由で行うのがお作法です。state オプションを直接操作す
ることもできますが、その場合、データ更新のコードがアプリの中に散在してしまい、ステー
トの変更を追跡するのが困難になるからです。

このようなステート操作のメソッドのことを**ミューテーション**（mutation）と呼びます。ステー
ト操作をミューテーションに限定することで、すべての状態変化を監視しやすくなります。

今回の例では、count プロパティ（カウント値）をデクリメントするための minus メソッドと、
インクリメントするための plus メソッドを定義しています。ミューテーションは、いずれも
引数としてステート（state）を受け取るので、配下のプロパティには「state.count」のよ
うにアクセスできます。

❺ 厳密モードを有効にする

繰り返しですが、ステートをミューテーション以外で更新するのは、Vuex の思想に反して
います。そこでミューテーション以外からのステート更新を監視し、反したコードを警告す

るのが厳密モードの役割です。strict オプションを true にすることで、有効化できます。

ただし、厳密モードは、ステートの監視が常に発生するため、オーバーヘッドが大きくなります。本番環境では必ず無効化するようにしてください。

[2] ストアをアプリに登録する

[1] で定義したストアをアプリに登録しているのは、以下のコードです。Vue CLI で Vuex をインストールした場合には、このコードは自動で登録されているので、特別に編集の必要はありません。

リスト 9-2 main.js（vuex-basic プロジェクト） **JS**

```js
import store from './store'      ①
...中略...
new Vue({
  store,                         ②
  render: h => h(App)
}).$mount('#app')
```

定義したストアは、import 命令であらかじめロードしたうえで（①）、Vue コンストラクターの store オプションとして引き渡します（②[*2]）。これで App 配下のすべてのコンポーネントで、「this.$store.～」で Vuex ストアにアクセスできるようになります。

store.js を個々のコンポーネントからインポートすることもできますが、あえて冗長なコードを求める意味はないので、まずはこの記述をイディオムとしておくことをお勧めします。

[3] コンポーネントからストアを呼び出す

これでストア利用の準備は完了なので、実際にコンポーネントから呼び出してみましょう。ここでは、既定で用意されている App.vue を、以下のように修正します。

リスト 9-3 App.vue（vuex-basic プロジェクト） **VUE**

```vue
<template>
  <div>
```

次ページへ続く

[*2] ②で、単に「store,」としているのは「store: store,」の省略形です。ES2015 以降では、プロパティ名とその値（変数）が同名の場合は、このように値を省略できます。

```
      <input type="button" value="-" v-on:click="minus" />
      {{count}}
      <input type="button" value="+" v-on:click="plus" />
    </div>
  </template>


  <script>
  export default {
    name: 'app',
    computed: {
      // 現在のカウント値を取得
      count() {
        return this.$store.state.count
      }
    },
    methods: {
      // ［-］ボタンでカウント値をデクリメント
      minus() {
        this.$store.commit('minus')
      },
      // ［+］ボタンでカウント値をインクリメント
      plus() {
        this.$store.commit('plus')
      }
    }
  }
  </script>
```

❶

❷

　ストア本体のプロパティにアクセスするならば、「this.$store.state.count」のように表します（❶）。テンプレートから直接アクセスしても構いませんが、テンプレートにストアアクセスのコードを埋め込むのは望ましくありません。今回の例のように、算出プロパティを定義しておくのが望ましいでしょう。

　❷は［+］［-］ボタンによって呼び出されるイベントハンドラーです。定義済みのミューテーションは、commit メソッド経由で呼び出します[3]。引数は、それぞれミューテーションの型（名前）です。

---

[3] commit メソッドの呼び出しをコミットするとも言います。

9-2 Vuex の基本

▶ 補足：mapState ヘルパー

もっとも、ステート参照のために、いちいち算出プロパティを宣言するのは面倒です。そこで Vuex では、ステートと算出プロパティとを紐付けるためのヘルパー関数として mapState を提供しています。

mapState ヘルパーには、ステートのプロパティを文字列配列として渡すだけです。たとえば以下は、リスト 9-3 を mapState ヘルパーを使って書き換えたものです。mapState 関数はあらかじめインポートしておきます。

リスト 9-4 App.vue（vuex-basic プロジェクト） **VUE**

```
import { mapState } from 'vuex'
...中略...
export default {
  ...中略...
  computed: mapState([ 'count' ]),
  ...中略...
}
```

mapState ヘルパーを利用することで、ストア上のプロパティを同名の算出プロパティに紐付けられるわけです。もちろん、複数のプロパティを列挙しても構いません。

別名を付与したい場合には、以下のように「別名：元の名前,...」のオブジェクト形式でマッピングを定義することもできます。以下であれば、count プロパティに countNumber 算出プロパティでアクセスできるようにします。

```
mapState({
  countNumber: 'count'
})
```

さらに、他の（ストアと関係ない）算出プロパティとまとめたい、配列／オブジェクト形式の mapState を混在させたい、などのケースでは、スプレッド演算子（...）を利用します。

```
computed: {
  otherProp() { /* 他の算出プロパティ */ },
  ...mapState([ 'count' ])
```

次ページへ続く

347

```
}  ──── ストア以外の算出プロパティとマージ

computed: {
  ...mapState([ 'count' ]),
  ...mapState({ countNumber: 'count' })
}  ──── 配列／オブジェクト形式のマッピングを統合
```

Note **スプレッド演算子** **ES2015**

スプレッド演算子（...）を利用することで、配列／オブジェクトを個々の値に分解できます。
個々の値とは、配列であればそのまま個々の要素ですし、オブジェクトであれば「キー：値」
のペアです。ES2015で導入された構文で、複数の配列／オブジェクトをまとめるような用
途で利用します。

```
let data1 = [ ...[1, 2], 3, 4 ];
console.log(data1);      // 結果：[ 1, 2, 3, 4 ]
let data2 = { ...{ a: 1, b: 2 }, c: 3, d: 4 };
console.log(data2);      // 結果：{ a: 1, b: 2, c: 3, d: 4 }
```

9-3 Vuex ストアを構成する要素

ここまでが、Vuexを利用した最低限のコードです。ここからはVuexをより本格的に利用
する、以下の要素について触れていきます。

要素	概要
ゲッター	ステートの値を加工＆取得
ミューテーション	ステートを更新
アクション	非同期処理を伴う処理

▲ 表9-1　Vuexストアを構成する要素

9-3-1 ステートの内容を加工＆取得する ～ ゲッター

ステートの値を加工／演算した結果を取得する場合、コンポーネントの算出プロパティを
利用しても構いませんが、加工／演算コードがコンポーネントに散乱してしまうのは望まし
い状態ではありません。ステートに関する取得コードは、ストアにまとまっていたほうが利

9-3　Vuex ストアを構成する要素

便性は増します。

　そこで利用できるのが**ゲッター**（getters）です。コンポーネントで言うところの算出プロパティとメソッドの中間のようなしくみで、**引数は渡せますが、セッターを設置することはできません**。以下でも、引数を受け取るゲッターと受け取らないゲッターの例を、それぞれ示します。

ゲッター	概要
booksCount	書籍件数を取得
getBooksByPrice(*price*)	指定された価格 *price* 未満の書籍情報を取得

▲ 表9-2　本項で定義するゲッター

　以下が、具体的なコードです。

リスト9-5　store.js（vuex-books プロジェクト）　　　　　　　　　　　　　JS

```js
export default new Vuex.Store({
  state: {
    books: [
      {
        isbn: '978-4-8222-5389-9',
        title: '作って楽しむプログラミング HTML5超入門',
        price: 2000
      },
      ...中略...
    ]
  },
  getters: {
    booksCount(state) {
      return state.books.length          ❶
    },
    getBooksByPrice(state) {
      return price => {
        return state.books.filter(book => book.price < price)    ❷
      }
    }
```

次ページへ続く

349

```
  },
  ...中略...
})
```

ゲッターは、getters オプションで定義します。getters オプションは、自動生成された骨組みには含まれていないので、state ／ mutations と並列の関係になるように追記してください。

まずは、引数を受け取らないゲッターから見ていきます（❶）。こちらは簡単で、引数として受け取ったステート（state）を介して、「state.books」のように配下のプロパティにアクセスできます（ミューテーションと同じです）。

一方、引数を受け取るゲッターは少しだけ複雑です（❷）。というのも、その場合、ゲッター関数は（ゲッターによる取得値ではなく）「取得値を返すための関数」を返さなければならないからです。

配下のアロー関数では本来の引数（price）を受け取り、その値をもとに書籍情報（store.books）の内容を絞り込んでいるわけです。filter メソッドは、JavaScript 標準のメソッドで、条件式（ここでは「book.price < price」）を満たす要素だけを取得します。ステート（state）には、ゲッター本体が引数として受け取っているので、配下のアロー関数でももちろんアクセスできます。

Note **他のゲッターを参照する**

ゲッターは、第 2 引数としてゲッター群を受け取ることで、他のゲッターを参照することも可能です。たとえば以下は、getBooksByPrice ゲッターを経由して 3000 円未満の書籍数を取得する例です。

```
BooksCount3000(state, getters) {
  return getters.getBooksByPrice(3000).length
}
```

▶ コンポーネントからゲッターを参照する

ゲッターを参照する App コンポーネントの例は、以下です。

┃リスト 9-6 App.vue（vuex-books プロジェクト）　　　　　　　　　　　　　**VUE**

```
<template>
  <div>
```

次ページへ続く

```
      <p>書籍は全部で{{bookSCount}}冊あります。 </p>
      <ul v-for="b of getBooksByPrice(2500)" v-bind:key="b.isbn">
        <li>{{b.title}} ({{b.price}}円) <br />ISBN：{{b.isbn}}</li>
      </ul>
    </div>
  </template>


<script>
import { mapGetters } from 'vuex'

export default {
  name: 'app',
  computed: mapGetters([ 'booksCount', 'getBooksByPrice' ])  ─────────❶
}
</script>
```

　ゲッターは、算出プロパティに登録しておくのが、まずはお作法です（❶）。無条件に同名
の算出プロパティに紐付けるならば、mapGetters 関数を利用するだけです。mapGetters 関数
の用法は、mapState 関数と同じなので、前項も併せて参照してください。
　❶のコードは、以下のように表してもほぼ同じ意味です。

```
computed: {
  booksCount() {
    return this.$store.getters.booksCount  ─────────Ⓐ
  }
},
methods: {
  getBooksByPrice(price) {
    return this.$store.getters.getBooksByPrice(price)  ─────────Ⓑ
  }
}
```

　ゲッターには「this.$store.getters. ～」でアクセスできます[*4]。引数なしのゲッターⒶで
あればプロパティ（変数）形式で表しますし、引数ありのゲッターⒷであればメソッド形式
で表します。

[*4]　変数 $store は、既定で登録済みなので、特に意識する必要はありません。

▶ 補足：ゲッターのキャッシュルール

ゲッターでは、引数を受け取るかどうかによって、キャッシュの挙動が変化します。具体的には、**引数を受け取らないゲッター（ここでは booksCount）はキャッシュされるが、引数を受け取るゲッター（ここでは getBooksByPrice）はキャッシュの対象外**となります（つまり、再描画の都度呼び出されます）。

よって、引数を受け取るゲッターは、極力、算出プロパティを介してキャッシュするのが望ましいでしょう。

```
computed: {
  ...中略...
  getBooksByPrice() {
    return this.$store.getters.getBooksByPrice(this.price)*5
  }
}
```

前項のコードでも見たように、mapGetters関数による登録では、理屈上はメソッド（methods）になる点にも注意してください（キャッシュの対象にはなりません！）。

9-3-2 ストアの状態を操作する 〜 ミューテーション

ミューテーションについては、9-2-1項でも触れました。ここでは、その解説を前提に、ミューテーションを利用するうえで知っておきたい、プラスアルファの知識について解説します。

▶ 呼び出し時に引数を渡す

9-2-1項では引数なしのミューテーションを扱いましたが、普通のメソッドと同じく、ミューテーションも引数を持つことが可能です。この引数のことを**ペイロード**と呼びます。たとえば、以下は書籍情報（state.books）に、新規の書籍情報を追加する addBook メソッド（ミューテーション）の例です。

┃リスト 9-7 store.js（vuex-books プロジェクト） `JS`

```
export default new Vuex.Store({
  ...中略...
  mutations: {
```

次ページへ続く

---

*5 price はデータオブジェクトとしてあらかじめ登録してあるものとします。

352

9-3　Vuex ストアを構成する要素

```
    addBook(state, payload) {
      state.books.push(payload.book)
    }
  },
  ...中略...
})
```

　ここでは引数 payload がペイロードです。複数の情報を渡せるように、ペイロードは「名前：値 ,...」のオブジェクト形式で表すのが基本です（今回の例であれば、book プロパティに書籍情報が渡されているものとします）。

　このようなミューテーションを呼び出しているのが、以下のコードです。

▌リスト 9-8　App.vue（vuex-books プロジェクト）　　　　　　　　　　　　　　　VUE

```
<form v-on:submit.prevent="onclick">
  <label for="isbn">ISBN：</label>
  <input type="text" id="isbn" v-model="isbn" /><br />
  <label for="title">書名：</label>
  <input type="text" id="title" v-model="title" /><br />
  <label for="price">価格：</label>
  <input type="number" id="price" v-model="price" /><br />
  <input type="submit" value="登録" />
</form>
<hr />
...中略...
// フォーム内で扱う情報を準備
data() {
  return {
    isbn: '',
    title: '',
    price: 0
  }
},
methods: {
  // ［登録］ボタンクリックでストアに反映
  onclick() {
```

次ページへ続く

```
    this.$store.commit('addBook', {
      book: {
        isbn: this.isbn, title: this.title, price: this.price
      }
    })
  }
}
```
❶

ペイロードは、commitメソッドの第2引数として渡します。第1引数がミューテーションのタイプ（型）を表すのに対して、ペイロード（荷物＝データ本体）というわけです。

サンプルを実行し、フォームからデータを入力し、［登録］ボタンをクリックしてみましょう。確かに、書籍情報が反映されることが確認できます。

▲ 図 9-4　入力した書籍情報を反映

▶ オブジェクト形式での commit メソッド呼び出し

別解として、commit メソッドでは、ミューテーション型とペイロードとを、ひとつのオブジェクトにまとめて渡すこともできます。たとえばリスト 9-8 の❶は、以下のように書き換えても同じ意味です。

9-3　Vuex ストアを構成する要素

```
this.$store.commit({
  type: 'addBook',
  book: {
    isbn: this.isbn, title: this.title, price: this.price
  }
})
```

この場合、ミューテーションの型は、type プロパティとして渡します。

▶ Vuex ストアでの双方向バインディング

Vuex ストアに対して双方向バインディングを実施する場合、そのままステートを v-model に渡すことはできません。

▌リスト 9-9　App.vue（vuex-model プロジェクト）

```
<form>
  <label for="name">氏名：</label>
  <input id="name" type="text" v-model="$store.state.name" />
</form>
```

▌リスト 9-10　store.js（vuex-model プロジェクト）

```
export default new Vuex.Store({
  strict: true,
  state: {
    name: ''
  },
  ...中略...
}
```

厳密モードにおいて、ミューテーション以外での値の更新は「do not mutate vuex store state outside mutation handlers.」のようなエラーとなるためです。そこで、このような状況では、ステートを取得／更新するための算出プロパティを準備します。

▌リスト 9-11　App.vue（vuex-model プロジェクト）

```
<input id="name" type="text" v-model="name" />
```

次ページへ続く

```
...中略...
computed: {
  name: {
    get () {
      return this.$store.state.name
    },
    set (value) {
      this.$store.commit('updateName', value)
    }
  }
}
```

リスト 9-12 store.js（vuex-model プロジェクト）

```
mutations: {
  updateName(state, name) {
    state.name = name
  }
},
```

これでステート（name）への値の出し入れを v-model 経由で行えるようになります。

▶ ミューテーション型を定数化する

ある程度、アプリが大規模化すると、ミューテーションの型名（メソッド名）を定数化することもよく行われます。定数化することで、以下のようなメリットがあります。

- 定数を 1 カ所にまとめることで、アプリで利用できる操作が一望できる
- エディターのコード補完機能を利用すれば、入力が容易になる
- 同じく、型のタイプミスも減る

型は、定数専用の別ファイルを用意して、列挙しておきましょう（store.js と同じく、/src フォルダーの直下に配置します[*6]）。

リスト 9-13 mutation-types.js（vuex-books プロジェクト）　`JS`

```
export const ADD_BOOK = 'addBook';
```

[*6] この例では、定数はひとつだけですが、一般的には複数あるはずです。

9-3 Vuex ストアを構成する要素

後は、P.352 の store.js を定数対応に書き換えます。

リスト 9-14 store.js (vuex-books プロジェクト) `JS`

```js
import { ADD_BOOK } from './mutation-types'
...中略...
export default new Vuex.Store({
  ...中略...
  mutations: {
    [ADD_BOOK] (state, payload) { ... }
    }
  },
  ...中略...
}
```

[ADD_BOOK]（太字部分）の記述は、ES2015 の computed property name という機能です。ブラケットで囲まれた式の値を解釈して、メソッド名とします。

▶ ミューテーションの呼び出しを簡単化する

mapState、mapGetters と同じく、ミューテーションにも、コンポーネントのメソッドとの紐付けを簡単化するために、mapMutations 関数が用意されています。たとえば P.343 のリスト 9-1 であれば、以下のように書き換えても同じ意味です。

リスト 9-15 App.vue (vuex-basic プロジェクト) `VUE`

```vue
import { mapMutations } from 'vuex'
...中略...
methods: mapMutations([ 'plus', 'minus' ]),
```

9-3-3 非同期処理を実装する 〜 アクション

ミューテーションを記述する際には、ひとつ注意点があります。ミューテーションには、非同期処理を含んでは**いけません**。

というのも、非同期処理と状態（ステート）の更新とが絡み合うことで、状態の追跡が難しくなるからです。たとえば、状態更新メソッド（ミューテーション）が非同期であるような状況を考えてみましょう。これらが続けて呼び出される場合、それらがいつ、どの順番で値を更新するかは予測できません。

357

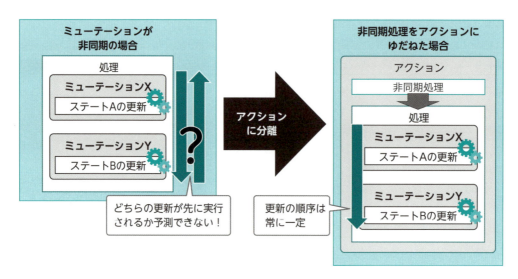

▲ 図9-5　アクションの必要性

　そこで、ミューテーションは常に同期処理として表し、非同期処理は**アクション**として切り出すわけです。非同期処理（アクション）で得た結果でもって、関連するミューテーションを呼び出す（＝コミットする）ことで、状態（値）を意図した順序で更新できますし、値の変化も追跡しやすくなります。

　これでVuexに特有のキーワードがあらかた出揃ったので、Vuexを利用したアプリの全体像をまとめておきます。非同期処理を表すのがアクションなので、外部サービスとの連携などを担うのもアクションの役割です。

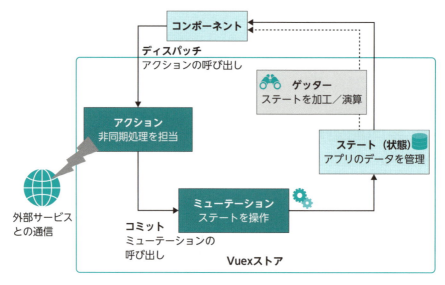

▲ 図9-6　Vuexの構成要素

9-3 Vuex ストアを構成する要素

> **Note アクション、ミューテーション**
>
> これまでにも見てきたように、非同期処理を含まないのであれば、コンポーネントからミューテーションを直接呼び出しても構いません。ただし、利用者が混乱しない、という意味では、ある程度の規模のアプリでは非同期の有無にかかわらず、アクション経由での更新で統一するのがお勧めです。

　以上を理解したところで、P.357 項で作成したミューテーションをボタンクリックから 5 秒後に（＝非同期に）実行してみましょう。

リスト 9-16 store.js（vuex-books プロジェクト）　　　　　　　　**JS**

```js
actions: {
  addAsync(context, payload) {
    // 5000ミリ秒後にミューテーション（ADD_BOOK）をコミット
    setTimeout(function() {
      context.commit(ADD_BOOK, payload)
    }, 5000)
  }
}
```

　アクションでは、引数としてコンテキストオブジェクト（context）を受け取ります。コンテキストオブジェクトは、Vuex ストアのインスタンスによく似たオブジェクトで、ストア配下の主な要素にアクセスするために、以下のようなメンバーを提供しています。

メンバー	概要
commit	ミューテーションをコミット
dispatch	アクションをディスパッチ（後述）
getters	ゲッターを取得
rootGetters	ルートのゲッターを取得
state	ステートを取得
rootState	ルートステート（9-4-4 項）を取得

▲ 表 9-3　コンテキストオブジェクトの主なメンバー

　この例では、setTimeout メソッド[7] の中で commit メソッドを呼び出して、ミューテーショ

---

[7] あくまで便宜的な非同期処理の例です。一般的には、fetch メソッドなどで外部サービスにアクセスすることになるでしょう。

ンをコミットしていますが、同じようにステート、ゲッターにアクセスすることも可能です。

アクションの第2引数（ここでは payload）では、ミューテーションと同じく、任意の引数を受け取れます。

> **Note** **ES2015 の分割代入**
>
> ES2015 の分割代入を利用すれば、少しだけアクション内のコードを簡単化できます。
>
> ```
> addAsync ({ commit }, payload) {
>   setTimeout(function() {
>     commit(ADD_BOOK, payload)
>   }, 5000)
> }
> ```
>
> 太字部分が分割代入のコードです。渡されたオブジェクト（コンテキスト）からプロパティ（こ
> こでは commit）を取り出して、同名の変数に再割り当てします。これで、アクション内では
> （context.commit ではなく）単なる commit と書けるようになるので、コードがわずかながら
> シンプルになります。

▶ コンポーネントからアクションを呼び出す

準備した addAsync アクションを、コンポーネントから呼び出してみましょう。これには、P.353 のリスト 9-8 を、以下のように書き換えます。

┃リスト 9-17　App.vue（vuex-books プロジェクト）　　　　　　　　　　　**VUE**

```
export default {
  ...中略...
  methods: {
    onclick() {
      ...中略...
      this.$store.dispatch('addAsync', {
        book: {
          isbn: this.isbn, title: this.title, price: this.price
        }
      })
    }
  }
}
```

9-3 Vuex ストアを構成する要素

アクションを呼び出すことを**ディスパッチする**と言い、dispatch メソッドを利用します。dispatch メソッドの用法は、commit メソッドにも似ており、

- アクションの型
- ペイロード（追加の引数）

の順で指定するだけです。すべての引数をオブジェクトリテラルにまとめて、以下のように表しても構いません。

```
this.$store.dispatch({
  type: 'addAsync',
  book: {
    isbn: this.isbn, title: this.title, price: this.price
  }
})
```

> **Note** **アクションを紐付ける mapActions 関数**
>
> ゲッターやミューテーションなどと同じく、アクションをコンポーネントに紐付けるための mapActions 関数もあります。たとえば、addAsync アクションを同名の addAsync メソッドに、同じく addAsync アクションを add メソッドに、それぞれ紐付けるならば、以下のように表します。
>
> ```
> import { mapActions } from 'vuex'
> ...中略...
> methods: {
>   // this.$store.dispatch('addAsync', ...)をthis.addAsync(...)に紐付け
>   ...mapActions([ 'addAsync' ]),
>   // this.$store.dispatch('addAsync', ...)をthis.add(...)に紐付け
>   ...mapActions({ add: 'addAsync' })
> }
> ```
>
> 上のように紐付けられたコードは、以下のように呼び出せます（addAsync は add としても構いません）。
>
> ```
> this.addAsync({
>   book: { isbn: this.isbn, title: this.title, price: this.price }
> })
> ```

361

9-4 巨大なストアを分割管理する 〜 モジュール

　Vuexでは、アプリのデータを一元管理するというその性質上、アプリの規模に比例して、ストアも肥大化し、見通しは劣化する傾向にあります。そのような場合に備えて、Vuexでは、ストアをモジュールとして、分割するための手段を提供しています。

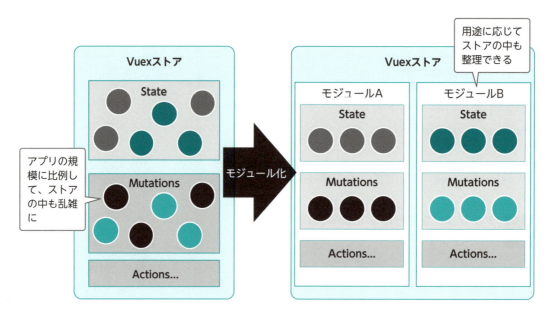

▲ 図9-7　Vuexストアのモジュール化

9-4-1　モジュールの定義

簡単な例で、モジュール化されたストアを確認してみましょう。

リスト9-18　main-store.js（vuex-module プロジェクト）　　　　JS

```js
export default {
  state: {
    // 現在の時刻で初期化
    updated: (new Date()).toTimeString(),
  },
  mutations: {
    // updatedを現在時刻で更新
    setUpdated(state) {
```

次ページへ続く

9-4 巨大なストアを分割管理する 〜 モジュール

```
      state.updated = (new Date()).toTimeString()
    }
  },
  getters: {
    // updatedを取得
    localUpdated(state) {
      return state.updated
    }
  }
}
```
①

リスト 9-19　sub-store.js（vuex-module プロジェクト）

```
export default {
  state: {
    // 現在の時刻
    updated: (new Date()).toLocaleTimeString(),
  },
  mutations: {
    // updatedを現在時刻で更新
    setUpdated(state) {
      state.updated = (new Date()).toLocaleTimeString()
    }
  }
}
```
②

リスト 9-20　store.js（vuex-module プロジェクト）　　JS

```
import MainModule from './main-store'
import SubModule from './sub-store'
...中略...
// 複数のモジュールを束ねたルートモジュール
export default new Vuex.Store({
  modules: {
    main: MainModule,
    sub : SubModule
  }
})
```
③

363

モジュール化されたストアは、それぞれ「オプション名： 値 ,...」形式のオブジェクトとして定義します（❶と❷）。オブジェクトの内容は、これまで Vuex.Store コンストラクターで指定していたものと同じです。

準備したモジュールは、最終的に Vuex.Store コンストラクターの modules オプションに登録することで、Vuex ストアに統合されます（❸）。ここでは、MainModule、SubModule モジュールを、それぞれ main、sub という名前で登録していますが、同名で登録するならば、以下のように表しても構いません（プロパティ名と値とが等しい場合は、プロパティ名を省略できるのでした）。

```
modules: {
  MainModule,
  SubModule
}
```

これでルートストアの配下に、main、sub モジュールストアが配置されたことになります。

ここでは一階層のモジュールを定義しているだけですが、modules オプションをモジュールストア（ここでは main、sub）に持たせることで、モジュールそのものをネストすることも可能です。

9-4-2 モジュールへのアクセス

では、モジュール化されたストアに対してコンポーネントからアクセスしてみましょう。

リスト 9-21 App.vue（vuex-module プロジェクト） **VUE**

```
<template>
  <div id="app">
    メイン：{{mainUpdated}} <br />
    サブ：{{subUpdated}} <br />
    <input type="button" value="更新" v-on:click="setUpdated" />
  </div>
</template>

<script>
export default {
  name: 'app',
  computed: {
    // mainモジュールの時刻を取得
```

次ページへ続く

9-4　巨大なストアを分割管理する ～ モジュール

```
    mainUpdated() {
      return this.$store.state.main.updated
    },
    // subモジュールの時刻を取得
    subUpdated() {
      return this.$store.state.sub.updated
    }
  },
  methods: {
    // main／subモジュールの時刻（updated）を更新
    setUpdated() {
      this.$store.commit('setUpdated')      ❷
    }
  }
}
</script>
```

❶

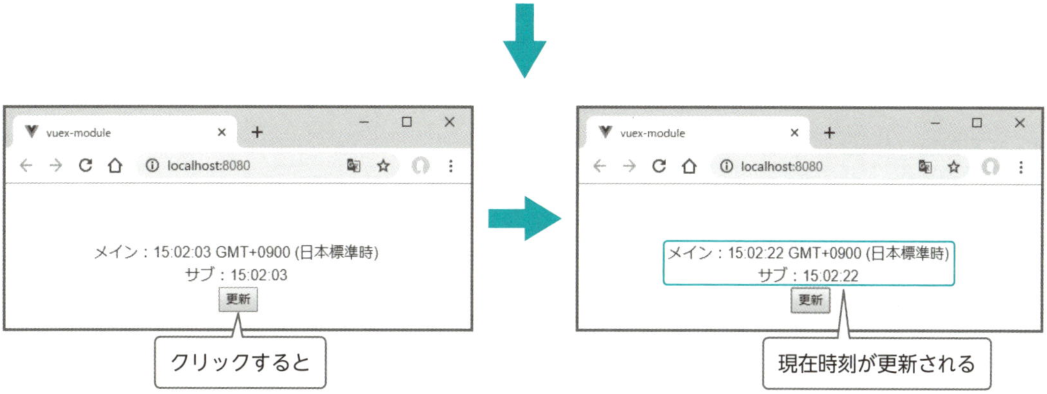

▲ 図 9-8　ボタンクリックで現在時刻を更新

　モジュール内のステートには、「$store.state.モジュール名.ステート名」でアクセスできます（❶）。

　一方、ゲッターやミューテーション、アクションは、既定ではグローバルな名前空間に登録されます。つまり、呼び出しに際しても、非モジュールなストアと同じ構文でアクセスできます（❷）。このため、モジュール間で同名のミューテーションやアクションが存在する場合には、**合致するものすべて**が呼び出される（＝この例では、main、sub 双方の時刻が更新される）点に注目してください[8]。

---

[8]　同名のゲッターだけが不可で、「duplicate getter key: localUpdated」のようなエラーとなります（いずれを取得してよいか判断できないからです）。

9-4-3 名前空間を分離する

　ゲッター、ミューテーション、アクションの名前がモジュールによって区別されないのは、一般的には不都合です。ゲッターはそもそも名前の衝突が許されませんし、ミューテーション、アクションにしても同期を意図しないならば、同様です。せっかくモジュールで分離しているのに、これは本末転倒です。

　そこで Vuex では、**名前空間（ネームスペース）** を明確に分離することができます。これには、個々のモジュールで namespaced オプションを true に設定してください。

リスト 9-22 main-store.js（vuex-module プロジェクト）　　　`JS`

```js
export default {
  namespaced: true,
  ...中略...
}
```

※ sub-store.js も同じなので、紙面上は割愛します。

　名前空間を分離した場合、ミューテーションなどへのアクセスは「名前空間 / 型名」の形式で表します。

リスト 9-23 App.vue（vuex-module プロジェクト）　　　`VUE`

```vue
mathods: {
  setUpdated() {
    this.$store.commit('main/setUpdated')
    this.$store.commit('sub/setUpdated')*9
  }
}
```

　モジュールをネストしている場合にはスラッシュを連ねて、「store.commit('main/child/setUpdated')」のようにも表せます。

9-4-4 名前空間付きモジュールから他のモジュールへアクセスする

　モジュールに名前空間を付けた場合にも、配下のゲッター、アクションなどの記述は変化しません。たとえば、以下は updated プロパティ（ステート）を取得する localUpdated ゲッター

---

*9　ゲッターであれば、「this.$store.getters['main/localUpdated']」のようにブラケット構文を利用します。

9-4 巨大なストアを分割管理する ～ モジュール

の例です。

リスト 9-24 main-store.js（vuex-module プロジェクト） `JS`

```js
getters: {
  localUpdated(state) {
    return state.updated
  }
}
```

ゲッター関数が受け取る引数 state は、厳密には、現在のモジュール配下のステート（ローカルステート）を表すからです。もしもルートモジュールのステートやゲッターにアクセスしたい場合には、以下のように第3引数（rootState）、第4引数（rootGetters）を利用してください。

以下は、ルートモジュールから hoge プロパティを取得する例です[10]。

```js
getters: {
  hoge(state, getters, rootState, rootGetters) {
    return rootState.hoge
  }
}
```

同じくアクションであれば、P.359 の表 9-3 でも触れたように、コンテキストオブジェクトが rootState、rootGetters プロパティを提供しているのでした。同じく、これらを介して、ルートモジュールにアクセスできます。

ただし、ルートモジュールのアクションやミューテーションにアクセスするには、rootCommit、rootDispatch などのメソッドがあるわけではないので注意してください。代わりに commit、dispatch メソッドの第3引数に対して、{ root: true } オプションを追加してください。これで（ローカルのアクション、ミューテーションではなく）ルートモジュールのアクション、ミューテーションをディスパッチ、コミットします[11]。

```js
actions: {
  hogeAction(context) {
```

次ページへ続く

---

[10] ルートモジュールのゲッターにアクセスするならば、rootGetter を利用します。

[11] この例では commit メソッドの例を挙げていますが、dispatch メソッドでも同様です。

```
    // ルートモジュールのhogeミューテーションをコミット
    context.commit('hoge', null, { root: true })
  }
}
```

　第2引数にはペイロード（＝ミューテーションで利用する実データ）を渡すのでした。
rootオプションを利用する場合には、第2引数も省略できないので、ペイロードがなくとも
仮にnullを渡しておきます。

9-4-5　mapXxxxx関数によるストアのマッピング

名前空間付きモジュールを呼び出す場合、mapXxxxx関数の記法も変化します[12]。

リスト 9-25　App.vue（vuex-module-map プロジェクト）　　　　　　**VUE**

```
computed: mapState({
  updated: state => state.main.updated
}),
methods: {
  ...中略...
  ...mapMutations([ 'main/setUpdated', 'sub/setUpdated' ])
}
```

　ただし、この場合、ミューテーションの呼び出しは「this['main/setUpdated']()」のように
なり、見た目にもあまり美しくありません。明示的に、

```
...mapMutations({
  setUpdated: 'main/setUpdated',
  ...中略...
})
```

としても構いませんが、紐付けるべき要素が増えてくれば、冗長です。そのような場合には、
mapXxxxx関数の第1引数にモジュール名を宣言するのがシンプルです。

---

[12] ステートは名前空間付きであるかどうかにかかわらず、名前を区別します。

9-4 巨大なストアを分割管理する ～ モジュール

```
...mapMutations('main', [ 'setUpdated', ... ]),
```

この場合、呼び出し側も「this.setUpdated()」となります。

さらに、第1引数でのモジュール指定すら略記したいならば、createNamespacedHelpers 関数で名前空間対応の mapXxxxx 関数を作成しても構いません。

```
import { createNamespacedHelpers } from 'vuex'
// mainモジュール対応のmapState／mapMutationsを準備
const { mapState, mapMutations } = createNamespacedHelpers('main')
...中略...
// main/setUpdatedに紐付け
methods: {
  ...中略...
  ...mapMutations([ 'setUpdated', ... ]),
}
```

コンポーネントの中で複数の mapXxxxx 関数を呼び出している場合には、こちらの方法がより便利です。

Chapter

10 テスト

本章のポイント

- Vue CLI では、単体テスト／ E2E テストのためのしくみを標準で備えています。
- 単体テストは、コンポーネントなどの要素個々の動作をチェックするためのテストです。Jest ＋ vue-test-utils を利用して、テストコードを記述／実行できます。
- E2E（End to End）テストは、エンドユーザーのアプリ操作をシミュレートする総合テストです。Nightwatch などで実装／実行できます。

アプリ開発の過程で、テストは欠かせません。もっとも、テストと言っても、そのアプローチはさまざまで、たとえばできあがったアプリを手元で動かして、結果を目視で確認するのも一種のテストです。アプリの状態（変数）を確認するために、ブラウザーのデベロッパーツールを利用することもできます。

ただ、このような方法は小規模なアプリならば通用しますが、ある程度の規模になってくると、「問題個所を特定しにくい」「問題を見落としがち」「修正都度の確認は、工数も膨らみやすい」などの問題も出てきます。

そこで昨今の開発では、テストのためのコードを準備し、テストそのものを自動化するのが一般的です。もちろん、自動化したからといって、人間がまったくテストしなくてもよいわけではありませんが、少なくとも、その範囲は限定できます。

本書でも、単にテストと言った場合には、自動化されたテストを指すものとします。Vue.js（Vue CLI）でも自動テストは重要視しており、以下のようなテストをサポートしています。

テストの種類	概要
単体テスト	ユニットテストとも言う。コンポーネント、JavaScript オブジェクト（メソッド）など要素単体の動作をテスト
E2E（End to End）テスト	シナリオテスト、インテグレーションテストとも言う。複数のコンポーネントにまたがって、エンドユーザーの実際の操作に沿った挙動の正否をテスト

▲ 表 10-1　Vue.js が対応しているテストの種類

本章では、前半で単体テストについて、後半で E2E テストについて、それぞれ具体的な準備から記法までを解説していきます。

10-1 単体テスト

単体テスト（ユニットテスト） とは、アプリを構成する個々の要素――コンポーネントをはじめ、JavaScript で用意されたオブジェクト、関数――が、それ単体として正しく動作するかどうかを確認するためのテストです。ここで学んだ考え方は、後半の E2E テストでも有効なので、テストの基本を学ぶという意味でも、きちんと内容を理解しておいてください。

10-1-1 単体テストの準備

Vue CLI を利用している場合、プロジェクト作成時に［Manually select features］（カスタムインストール）を選択することで、単体テストのためのライブラリや設定を組み込むことが可能です。

カスタムインストールの途中で、まず「Unit Testing」を有効にします。すると後ほど以下のように組み込むべき単体ライブラリを訊かれるので、本書では Jest を選択します（❶）。

```
? Pick a unit testing solution: (Use arrow keys)
  Mocha + Chai
> Jest ─────── ❶
```

Jest（**https://jestjs.io/ja/**）は、Facebook 社が開発を進めているテスティングフレームワークです。公式サイトでも zero config と謳われているように、他ライブラリの導入はもちろん、初期設定などの手間を掛けずに、即座にテストを書き始められる手軽さが特徴です。Vue.js の世界では、Vue コンポーネントをテストするための vue-test-utils と、この Jest を組み合わせてテストするのが一般的です。

Jest を有効にした場合、Vue CLI プロジェクトには、以下のようなフォルダー／ファイルが追加されます[*1]。

▲ 図 10-1 Jest を導入した場合のフォルダー構造

[*1] 標準のプロジェクト構造については 7-1-2 項も参照してください。

zero config を謳う Jest ですが、もちろん、独自の設定ができないわけではありません。Vue CLI でも、jest.config.js から設定を加えることは可能です。本書では詳細は割愛するので、興味のある人は本家サイトから「Configuring Jest」(**https://jestjs.io/docs/ja/configuration**)を参照してください。

10-1-2 テストスクリプトの基本

Jest 環境を準備できたところで、動作確認の意味も含めて、具体的なテストコードを書いて、実際にテストを実行してみましょう。

[1] テストコードを準備する

テストコードは、/tests/unit フォルダー配下に intro.spec.js のような名前で保存します。「intro」の部分は、一般的には、テスト対象のファイル名とするのが、見た目にもわかりやすいでしょう[*2]。

リスト 10-1 intro.spec.js（test-unit プロジェクト） JS

```
describe('Jestの基本', () => {                          ❶
  beforeEach(() => {                                    ❷
    console.log(new Date().toLocaleString())
  })

  it('はじめてのテスト', () => {                          ❸
    expect(1 + 1).toBe(2)                               ❹
  })
})
```

Jest によるテストコードでは、まず全体を describe メソッドで囲みます（❶）。

▼ 構文：describe メソッド

describe(*name*, *specs*)

name ：テストスイートの名前
specs ：テストケース（群）

*2 ここでは、テスト対象のコードはありませんが、intro.spec.js であれば、intro.vue をテストする、という対応関係がわかりやすいはずです。ただし、本章では本文との対応関係を優先して、テストの内容に即した命名をしています。

テストスイートとは、関連するテストを束ねる入れ物のようなものです。具体的なテスト（＝テストケース）は、引数 specs（関数オブジェクト）の配下で宣言します。

❷の beforeEach メソッドは、個々のテストケースが実行される前に呼び出されるべき初期化処理を表します。今回の例では、単に現在時刻を表示しているだけですが、一般的には、テストで利用するリソース（たとえばテスト対象のオブジェクト）を準備するのに利用します。初期化すべきものがない場合には、省略しても構いません。終了処理には、同じように afterEach メソッドを利用します。

❸の it メソッドが、個々のテストケースです[*3]。

▼ 構文：it メソッド

it(*name, test*)

name：テストケースの名前
test　：テストの内容

ここでは「はじめてのテスト」という名前で、テストケースをひとつだけ定義していますが、もちろん、必要に応じて、複数のテストを列記しても構いません。その場合は、it メソッドも複数記述します。

引数 test の中では、以下の構文でコードの結果を検証していきます（❹）。

▼ 構文：テスト検証

expect(*resultValue*).*matcher*(*expectValue*)

resultValue：テスト対象のコード（式）
matcher　　：検証メソッド
expectValue：期待する値

リスト 10-1 の例では、「1 + 1」の結果が 2 に等しい（toBe）ことを確認しています。もちろん、実際のテストでは、「1 + 1」の部分がテスト対象コードの呼び出しになります。

toBe は Matcher とも呼ばれ、expect メソッドで示された結果値（*resultValue*）が期待したものであるかを確認するためのメソッドです[*4]。Jest では、標準で以下の表のような Matcher を用意しています。

[*3] test メソッドとしても同じ意味ですが、Vue CLI のテストコードでは it が優先して利用されています。

[*4] テスティングフレームワークによっては**アサーションメソッド**と呼ばれることもあります。

分類	Matcher	概要
一般	toBe(*value*)	値が *value* と等しいか
	toEqual(*value*)	値が *value* と等しいか（配列、オブジェクト配下の要素も再帰的に判定）
真偽	toBeNull()	値が null であるか
	toBeUndefined()	値が undefined であるか
	toBeDefined()	値がなんらかの値を持つか（＝ undefined でないか）
	toBeTruthy()	値が true と評価できるか
	toBeFalsy()	値が false と評価できるか
数値	toBeCloseTo(*value, digits*)	値が *value* と等しいか（小数点以下 *digits* 桁までを比較）
	toBeGreaterThan(*value*)	値が *value* よりも大きいか
	toBeGreaterThanOrEqual(*value*)	値が *value* 以上か
	toBeLessThan(*value*)	値が *value* 未満か
	toBeLessThanOrEqual(*value*)	値が *value* 以下か
文字列	toMatch(*reg*)	値が正規表現 *reg* にマッチするか
配列	toContain(*value*)	値に候補値 *value* が含まれるか
例外	toThrow([*err*])	指定されたコードが例外を発生するか（引数 *err* は例外オブジェクト、文字列、正規表現のいずれか。文字列／正規表現はエラーメッセージにマッチするか）

▲ 表 10-2　Jest 標準で用意されている主な Matcher

　ちなみに、否定——たとえば「等しくない」——を表現するならば、以下のように not メソッドを利用してください。いかにも英文のように表現できるのが Jest の良いところです。

```
expect(1 + 1).not.toBe(2)
```

[2] テストを準備する

　準備したテストコードを実行するには、プロジェクトルートで npx vue-cli-service test:unit コマンドを実行します[5]。以下では引数として intro.spec.js を指定しているので、intro.spec.js だけを実行しますが、引数なしですべてのテストをまとめて実行することもできます。

---

[5]　別名として npm run test:unit コマンドも利用できます。

10-1　単体テスト

```
> npx vue-cli-service test:unit intro.spec.js ⏎
 PASS  tests/unit/intro.spec.js
  Jestの基本
    ✓ はじめてのテスト (232ms)


  console.log tests/unit/intro.spec.js:3
    2019-2-23 16:57:27 ────────❷

Test Suites: 1 passed, 1 total ┐
Tests:       1 passed, 1 total ┘────❶
Snapshots:   0 total
Time:        2.341s
Ran all test suites matching /intro.spec.js/i.
```

　テストスイートやテストケースともにひとつのうちひとつが成功した（＝ 1 passed, 1 total）
ことを確認してください（❶）。beforeEach メソッドで出力されたログは、❷で確認できます。
　試しに、先ほどのリスト 10-1 を、あえてテストが失敗するように、以下のように修正して
みましょう。

```
expect(1 + 1).toBe(15)
```

　テストを再実行した結果が、以下です。15 を期待しているのに、受け取った結果は 2 であ
ることが通知されています。

```
> npx vue-cli-service test:unit intro.spec.js ⏎
...中略...

 FAIL  tests/unit/intro.spec.js
  Jestの基本
    × はじめてのテスト (36ms)

  10-2　Jestの基本 › はじめてのテスト

    expect(received).toBe(expected) // Object.is equality
```

次ページへ続く

375

```
    Expected: 15
    Received: 2

  5 |
  6 |   it('はじめてのテスト', () => {
> 7 |     expect(1 + 1).toBe(15)
    |                   ^
  8 |   })
  9 | })
    at Object.toBe (tests/unit/intro.spec.js:7:19)


console.log tests/unit/intro.spec.js:3
  2019-2-23 18:49:08


Test Suites: 1 failed, 1 total
Tests:       1 failed, 1 total
Snapshots:   0 total
Time:        2.333s
Ran all test suites matching /intro.spec.js/i.
```

10-1-3 コンポーネントのテスト

　Jest の基本を確認したところで、ここからは Vue アプリを構成する要素（コンポーネント）をテストする方法について学びます。以下は、Vue CLI 標準で用意された HelloWorld コンポーネント（P.289）をテストするための example.spec.js です。Jest 組み込み時に、既定で用意されたサンプルテストです。

┃リスト 10-2　example.spec.js（test-unit プロジェクト）　　　　　　　　　　`JS`

```js
import { shallowMount } from '@vue/test-utils'
import HelloWorld from '@/components/HelloWorld.vue'    ❶

describe('HelloWorld.vue', () => {
  it('renders props.msg when passed', () => {
    const msg = 'new message'
```

次ページへ続く

---

*6　パス先頭の「@」は /src フォルダーのエイリアスです。

```
    const wrapper = shallowMount(HelloWorld, {
      propsData: { msg }
    })                                          ❷
    expect(wrapper.text()).toMatch(msg) ———— ❸
  })
})
```

コンポーネントのテストには、まず、vue-test-utils モジュール（配下の shallowMount メソッド）と、テスト対象のコンポーネント（ここでは HelloWorld.vue）をインポートしておきましょう（❶）。

コンポーネントを描画（マウント）するのは、shallowMount メソッドの役割です（❷）。

▼ 構文：shallowMount メソッド

shallowMount(*comp*, *opts*)

comp：マウントすべきコンポーネント
opts ：コンポーネントに渡すオプション（主なオプションは表 10-3 参照）

オプション	概要
context	コンテキスト情報（関数型コンポーネントのみ）
slots	スロット情報（「名前：コンテンツ , ...」形式）[7]
scopedSlots	スコープ付きスロット情報
stubs	スタブ（10-1-4 項）
mocks	追加のインスタンスプロパティ（「名前：値 , ...」形式）
localVue	createLocalVue で作成された Vue のローカルコピー（11-3-4 項）
attrs	コンポーネントの属性（$attrs）情報
propsData	コンポーネントのプロパティ（props）情報
parentComponent	親として利用するコンポーネント
sync	コンポーネントを同期的に描画するか（既定は true）

▲ 表 10-3　マウントオプション（引数 *opts* の主なオプション）

リスト 10-2 の例では、HelloWorld コンポーネントを「msg="new message"」属性を指定してマウントしなさい、という意味になります。

shallowMount メソッドの戻り値は、名前のとおり、Vue コンポーネントのラッパー（Wrapper）で、コンポーネントを取得／テストするための種々のメソッドを提供します。以下は、その

---

[7]　コンテンツには、HTML 文字列、コンポーネント（オブジェクト）、またはそれらの配列を渡せます。

主なメンバーです。

分類	メンバー	概要
基本	vm	Vue インスタンス（データオブジェクトなどへのアクセスに利用）
	element	ルート要素
	attributes()	要素の属性情報を取得 [8]
	classes()	要素の class 名を取得（配列）
	emitted()	カスタムイベントの情報を取得（「イベント名：[値 ,....],....」形式）
	html()	DOM ノードを HTML 文字列で取得
	name()	コンポーネント名、またはタグ名を取得
	props()	props オブジェクトを取得
	text()	テキストを取得
検索	find(*selector*)	指定されたセレクターで配下の要素を取得（単一）
	findAll(*selector*)	指定されたセレクターで配下の要素を取得（複数）
判定	contains(*selector*)	指定されたセレクターに合致する要素を含んでいるか
	exists()	中身が空でないか
	is(*selector*)	セレクターと一致しているか
	isEmpty()	子ノードを含んでいないか
	isVisible()	表示状態にあるか
	isVueInstance()	Vue インスタンスか
設定	setChecked()	チェックボックス、ラジオボタンをチェック状態に
	setData(*data*)	データオブジェクトを設定
	setMethods(*methods*)	メソッドを設定、更新
	setProps(*props*)	プロパティを設定、更新
	setValue(*value*)	テキスト、選択要素の値を設定、更新
その他	trigger(*event* [, *opts*])	イベントを発生（引数 *opts* はイベント情報）
	destroy()	インスタンスを破棄

▲ 表 10-4　Wrapper オブジェクトの主なメンバー

　リスト 10-2 の例であれば、text メソッドで配下のテキストを取得し、そこに msg（new message）が含まれているかを判定しています（❸）。

　より限定的に、配下のコンポーネントから <h1> 要素を取り出し、そのテキストが msg に等しいかを確認することもできます。それには以下のように find メソッドを利用してください。

---

*8　戻り値はオブジェクトなので、個々の属性には「wrapper.attributes().title」のようにしてアクセスします。

10-1 単体テスト

```
expect(wrapper.find('h1').text()).toMatch(msg)
```

findメソッドには任意のセレクター式を指定できるので、コンポーネントの特定の要素を確認したい場合に、今後もよく用います。

コンポーネントのテストでは、まず、

- コンポーネントをマウント
- 値を取り出し
- その値を検証

という流れが基本です。

➤ setProps メソッド

コンポーネントのプロパティ（属性）は、マウント時にpropsDataオプションで設定するばかりではありません。setPropsメソッドで、属性値を変更し、結果の変化を確認することも可能です。

試しに、リスト10-2に、以下のようなコードを追加してみましょう。setPropsメソッドには、propsDataオプションと同じく、「プロパティ名：値,...」形式のオブジェクトを引き渡します。

■ リスト10-3　example.spec.js（test-unit プロジェクト）　　　　　　　　　`JS`

```
describe('HelloWorld.vue', () => {
  it('renders props.msg when passed', () => {
    ...中略...
    const new_msg = 'こんにちは、Vue!!'
    wrapper.setProps({ msg: new_msg })
    expect(wrapper.find('h1').text()).toBe(new_msg)
  })
})
```

10-1-4　shallowMount メソッドと mount メソッド

vue-test-utilsモジュールは、コンポーネントをマウントするためにshallowMountとmountの、2種類のメソッドを提供しています。具体的な例を示すために、標準で用意されているAppコンポーネントをshallowMount、mountメソッドそれぞれでアクセスし、コンソールに出力してみましょう。

テスト **10**

379

リスト 10-4 mount.spec.js[9]（test-unit プロジェクト）　　　　　　　　　`JS`

```js
import { shallowMount, mount } from '@vue/test-utils'
import App from '@/App.vue'

describe('Mountの基本', () => {
  it('shallowMount vs mount', () => {
    let shallow = shallowMount(App)
    let deep = mount(App)
    // それぞれのマウント結果を確認
    console.log(shallow.html())
    console.log(deep.html())
  })
})
```

　このテストコードを実行した結果は、以下のとおりです。結果は見やすいように整形しています。

```
> npx vue-cli-service test:unit mount.spec.js ⏎
 PASS  tests/unit/mount.spec.js
...中略...
console.log tests/unit/mount.spec.js:8
<div id="app">
  <img alt="Vue logo" src="./assets/logo.png">
  <helloworld-stub msg="Welcome to Your Vue.js App"></helloworld-stub>  ───────❷
</div>

console.log tests/unit/mount.spec.js:9
<div id="app">
  <img alt="Vue logo" src="./assets/logo.png">
  <div class="hello">
    <h1>Welcome to Your Vue.js App</h1>
    <p>For a guide and ...</p>
    ...中略...
  </div>
</div>
```

❶

---

[9] 動作確認のためだけのテストコードなので、Matcher は含まれていません。

380

shallowMount、mount メソッドの結果は、子コンポーネントの描画で現れます。

mount メソッドの挙動は素直です。子コンポーネントもそのまま解釈し、その結果を描画します（**❶**）。

一方、shallowMount メソッドは、子コンポーネントが <helloworld-stub> で置き換わって、そのまま描画されます（**❷**）。**スタブ**（stub）とは、テストのための「ダミーのオブジェクト」という意味です[*10]。

親コンポーネントをテストするうえで、子コンポーネントの解釈は必ずしも必要でしょうか。むしろ、子コンポーネントが他のサービスに依存しているなどの理由で、

- テストが無用に複雑になる
- 結果、思わぬエラーの原因となる（その対処にテストコードがさらに複雑化する）
- テストの処理時間が長くなる

など、種々のデメリットが想定されます。子コンポーネントとの連携に着目したいのでなければ、子コンポーネントはスタブ化し、親コンポーネントだけを描画するのがスマートです[*11]。

▶ 補足：独自のスタブで置き換える

shallowMount メソッドは、子コンポーネントを既定で <helloworld-stub>[*12] のようなスタブで置き換えます（既定のスタブは、そこにあるだけでなにもしません）。

しかし、テストのためにスタブそのものを自分で用意しても構いません。たとえば、HelloWorld.vue のスタブとして、以下のような .vue ファイルを用意してみましょう[*13]。

リスト 10-5 HelloStub.vue（test-unit プロジェクト）　　　　　　　　　　　`VUE`

```
<template>
  <div class="hello">
    <h1>{{ msg }}</h1>
  </div>
</template>
```

次ページへ続く

[*10] この場合であれば、スタブはなにもしませんし、ただ、本来の子コンポーネントの代わりに、そこに在るだけです。

[*11] shallowMount の shallow とは、まさに「浅い」（＝配下まで解釈しない）という意味であったわけです。

[*12] helloworld の部分は、元々のコンポーネント名です。

[*13] tests/unit フォルダーの配下に保存します。

```
<script>
export default {
  name: 'hello-stub',
  props: {
    msg: String
  }
}
</script>

<style scoped>
h3 {
  margin: 40px 0 0
}
</style>
```

　スタブとは言っても、オリジナルの.vueファイルを簡単化しただけで、特筆すべき点はありません。一般的にも、コード部分を取り払って（または簡単化して）、簡単な出力を生成することになるでしょう。

　このようなスタブを組み込むのは、shallowMountメソッドのstubsオプションの役割です。

リスト10-6　mount.spec.js（test-unitプロジェクト）　`JS`

```
import { shallowMount, mount } from '@vue/test-utils'
import HelloStub from './HelloStub.vue'
import App from '@/App.vue'

describe('Mountの基本', () => {
  ...中略...
  it('Custom Stub', () => {
    let shallow = shallowMount(App, {
      stubs: {
        'HelloWorld': HelloStub
      }
    })
    // コンポーネントの処理結果を出力
    console.log(shallow.html())
```

次ページへ続く

382

10-1 単体テスト

```
  })
})
```

stubs オプションには「コンポーネント名：スタブ,...」形式のハッシュとして、スタブ
を指定します。これまでと同じく、既定のスタブを割り当てるだけであれば、

```
'HelloWorld': true
```

とするだけです。

テストを実行してみると、以下のように HelloStub の結果が、本来の HelloWorld コンポーネントの代わりに反映されていることが見て取れます（結果は見やすいように改行を入れています）。

```
> npx vue-cli-service test:unit mount.spec.js ⏎
...中略...
console.log tests/unit/mount.spec.js:20
<div id="app">
  <img alt="Vue logo" src="./assets/logo.png">
  <div class="hello">
    <h1>Welcome to Your Vue.js App</h1>
  </div>
</div>
```

10-1-5 算出プロパティのテスト

算出プロパティをテストする際にも、マウントして、要素を取得、結果判定という流れは
同じです。ただし、算出プロパティの値を確認するだけであれば、算出プロパティを直接実
行し、結果を確認することもできます。

たとえば以下は、email 属性で与えられたメールアドレスからローカル部分を取得し、すべ
て小文字で表示する MyCompute コンポーネントの例です。

リスト 10-7 MyCompute.vue（test-unit プロジェクト）　　　　**VUE**

```
<template>
```

次ページへ続く

```
  <div id="email">{{ localEmail }}</div>
</template>
<script>
export default {
  // 文字列型のemail属性
  props: {
    email: String
  },
  // メールアドレスの「@」以前を取得
  computed: {
    localEmail: function() {
      return this.email.split('@')[0].toLowerCase()
    }
  }
}
</script>
```

この localEmail 算出プロパティをテストするためのコードが、以下です。

リスト 10-8 compute.spec.js（test-unit プロジェクト） **JS**

```
import MyCompute from '@/components/MyCompute.vue'
...中略...
it('Computed Test', () => {
  const that = { email: 'HOGE@example.com' }
  expect(MyCompute.computed.localEmail.call(that)).toBe('hoge')
})
```

ポイントとなるのは太字の部分です。算出プロパティには「コンポーネント名 .computed. プロパティ名」でアクセスできます。その call メソッド[14] を呼び出すということは、**変数 that が this になるように localEmail メソッドを呼び出す**という意味です。that（this）には、props ／ data オプションに渡すべき内容を列挙しておきます。

これで localEmail プロパティの結果を得られるので、後は、これまでと同じく、Matcher で結果を判定するだけです。

---

[14] 標準的な JavaScript の Function オブジェクトで定義されたメソッドで、引数を this として関数を呼び出します。

384

10-1 単体テスト

10-1-6 イベントを伴うテスト

vue-test-utils モジュールでは、ユーザー操作（イベント）を伴うテストも可能です。た
とえば以下のようなコンポーネントを想定してみましょう。メールアドレスを登録すると、
登録完了メッセージが表示される例です[15]。

リスト 10-9　MyEvent.vue（test-unit プロジェクト）　　　　　　　　　　　　　　**VUE**

```vue
<template>
  <div id="event">
    <form v-on:submit.prevent="onsubmit">
      <label>メールアドレス：
        <input id="email" v-model="email" /></label>
      <input type="submit" value="登録" />
    </form>
    <div id="result">{{result}}</div>
  </div>
</template>


<script>
export default {
  data() {
    return {
      email: '',        // メールアドレス
      result: ''        // 結果メッセージ

    }
  },
  methods: {
    // サブミット時にメッセージを生成
    onsubmit() {
      this.result = '登録完了：' + this.email

    }
  }
}

</script>
```

---

[15] 本来であれば、メールアドレスをサーバーに送信するなどの処理が発生しますが、本項では割愛します。

385

このイベントハンドラーをテストするためのコードが以下です。

リスト 10-10 event.spec.js （test-unit プロジェクト）　　　**JS**

```js
import MyEvent from '@/components/MyEvent.vue'
...中略...
it('Event Test', () => {
  const email = 'hoge@example.com'
  const wrapper = shallowMount(MyEvent)

  // テキストボックスへの入力＆サブミット
  wrapper.find("#email").setValue(email)
  wrapper.find("form").trigger('submit.prevent')      ❶

  // 結果の確認
  expect(wrapper.find('#result').text())
    .toContain('登録完了：' + email)
})
```

　このコードで注目すべきは、❶の部分です。find メソッドで、テキストボックス、フォームを取得し、これを操作しています。値を設定するのが setValue、イベントを発生させるのが trigger メソッドの役割です。trigger メソッドの引数には「submit.prevent」のような修飾子も含んだ形式で、イベント名を指定できます。

10-1-7　カスタムイベントを伴うテスト

　親から子方向への情報の伝播を表す Props に対して、子から親方向の伝播を担うのが $emit（カスタムイベント）でした。vue-test-utils モジュール（Wrapper オブジェクト）では、これらカスタムイベントの情報を監視し、その発生回数、授受されたデータの内容などをテストすることもできます。

　たとえば以下は、ボタンをクリックすると、カスタムイベント update が発生するようなコンポーネントの例です。

リスト 10-11 MyEmit.vue （test-unit プロジェクト）　　　**VUE**

```vue
<template>
  <div id="emit">
```

次ページへ続く

```
      <input type="button" value="送信" v-on:click="onupdate" />
    </div>
</template>

<script>
export default {
  methods: {
    // ボタンクリック時にカスタムイベントを生成
    onupdate() {
      this.$emit('update')
      this.$emit('update', { name: 'Vue.js', version: '2.6.10' })
    }
  }
}
</script>
```

　このようなコンポーネントで、ボタンクリック時に意図したイベントが発生しているかどうかを判定するのは、以下のテストコードです。

リスト 10-12　emit.spec.js（test-unit プロジェクト）　　　　　　　　　　`JS`

```
import MyEmit from '@/components/MyEmit.vue'
...中略...
it('$emit Test', () => {
  const wrapper = shallowMount(MyEmit)
  // ボタンをクリック
  wrapper.find('input').trigger('click')              ——①
  // カスタムイベントを取得
  const emit = wrapper.emitted()                                  ┐
  console.log(emit)    // 結果：{ update: [ [], [ [Object] ] ] }  ┘——②

  // updateイベントが発生しているか
  expect(emit.update).toBeTruthy()                               ┐
  // updateイベントが何回発生したか                               │
  expect(emit.update.length).toBe(2)                             ├——③
  // 2回目のupdateイベントのデータを確認                          │
  expect(emit.update[1][0].version).toBe('2.6.10')    ——④       ┘
})
```

前項と同じく、ボタンクリックをシミュレートするのは trigger メソッドです（❶）。この
タイミングで、my-emit コンポーネントの onupdate メソッドが呼び出され、カスタムイベン
トの情報が Wrapper オブジェクトに格納されます。カスタムイベント情報を取得するのは、
emitted メソッドの役割です（❷）。

イベント情報が取得できたら、後はこれまでと同じく、その内容を検証していきます（❸）。
emitted メソッドの戻り値は「イベント名：送信された値 , ...」です。「送信された値」は配
列形式で、ひとつの要素がひとつのイベントで送信された値を表し、さらに、個々の要素が「引
数 , ...」の配列となっている点に注目です（特に❹の記述がわかりにくいので、構造を❷の
結果で確認しておきましょう）。

10-2 E2E テスト

E2E（End to End）テストは、複数のコンポーネントにまたがって、エンドユーザーの実
際の操作をシミュレートするような用途で利用します。ユニットテストで個々のコンポーネン
トの動作を確認した後、アプリをより本番環境に近い環境——クライアントサイドからサー
バーサイドまで通して（= End to End）——で、最終的な動作を確認します。**インテグレーショ
ンテスト**、**シナリオテスト**とも呼ばれ、リリース前の最終段階のテストです。

10-2-1 E2E テストの準備

Vue CLI を利用している場合、プロジェクト作成時に［Manually select features］（カス
タムインストール）を選択することで、E2E テストのためのライブラリ、設定を組み込むこ
とが可能です。

カスタムインストールの途中で、まず「E2E Testing」を有効にします。すると後ほど以下
のように組み込むべき E2E ライブラリを訊かれるので、本書では Nightwatch を選択します
（❶）。

```
? Pick a E2E testing solution: (Use arrow keys)
  Cypress (Chrome only)
> Nightwatch (Selenium-based) ————————❶
```

Nightwatch（**https://nightwatchjs.org/**）は、内部的に WebDriver API（**https://
www.w3.org/TR/webdriver/**）を利用しており、ブラウザーに文字を入力する、ボタンを

クリックする、ページを遷移する、などといった操作のしくみを標準で備えています[*16]。

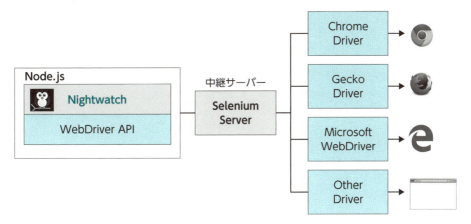

▲ 図 10-2　Nightwatch とは？

Nightwatch をインストールした場合、Vue CLI のプロジェクトには、以下のようなフォルダー／ファイルが追加されます[*17]。

▲ 図 10-3　Nightwatch を導入した場合のフォルダー構造

Nightwatch そのものの設定は、Vue CLI の Nightwatch プラグインが既定で用意しているので、まずは特別な設定なく、テストを実施できます。

[*16] Nightwatch を実行するには、Java が必要です。Java（OpenJDK）のインストール手順については、著者サポートサイト［サーバーサイド技術の学び舎 -WINGS］－［サーバーサイド環境構築設定］（**https://wings.msn.to/index.php/-/B-08/**）を参照してください。

[*17] 標準のプロジェクト構造については 7-1-2 項も参照してください。

10-2-2 テストコードの基本

まずは、既定で用意されたテストコードを読み解いてみましょう。

リスト 10-13 test.js `JS`

```js
module.exports = {
  'default e2e tests': browser => {
    browser
      .url(process.env.VUE_DEV_SERVER_URL)
      .waitForElementVisible('#app', 5000)
      .assert.elementPresent('.hello')
      .assert.containsText('h1', 'Welcome to Your Vue.js App')
      .assert.elementCount('img', 1)
      .end()
  }
}
```

テストコードは、module.exports = {...} の配下に記述するのが基本です（❶）。module. exports は Node.js のモジュール定義の構文ですが、Nightwatch ではこれをひとつのテストスイートとして扱うわけです（ここでは test.js なので、Test テストスイートが定義されたことになります）。

個々のテストケースは、配下のメソッドとして表します（❷）。もちろん、テストケースは必要に応じて複数列記しても構いません。

▼ 構文：テストケース

`'name': browser => { test }`
name：テストケースの名前 *test*　：テストコード

引数 browser は Nightwatch オブジェクトで、ブラウザー操作、テスト実施のためのメソッドを提供します。url メソッドは、その中でもよく利用する（そして、基点となる）機能で、指定された URL にアクセスして、ページを開きます。

その他、browser オブジェクト経由でアクセスできるメソッドには、以下の表のようなものがあります。

分類	メソッド	概要
基本	url(*url*)	指定のページに移動
	back()	ひとつ前のページに戻る
	forward()	ひとつ次のページに進む
	refresh()	現在のページを更新
	end()	セッションを終了
要素	waitForElementVisible(*selector* ,*wait*)	指定の要素が有効になるまで *wait* ミリ秒待機
	waitForElementPresent(*selector* ,*wait*)	指定の要素が存在するかを *wait* ミリ秒待機
	element(*selector*)	セレクターに合致する要素を取得
	title()	現在のページタイトルを取得
マウス、キーボード	click(*selector*)	指定された要素をクリック
	setValue(*selector*, *value*)	指定された入力要素に値を設定
	clearValue(*selector*)	指定された入力要素の値をクリア
	submit(*id*)	指定のフォームをサブミット

▲ 表 10-5　browser オブジェクトの主なメソッド

ページの内容を検証するのは、assert メソッドの役割です。assert.*name*(...) の形式で表します（❸）。*name* には、以下の表のようなアサーションメソッドを指定できます。

メソッド	概要
attributeEquals(*elem*, *attr*, *expected* [, *msg*])	要素 *elem* の属性 *attr* に期待値 *expected* が含まれているか
attributeEquals(*elem*, *attr*, *expected* [, *msg*])	要素 *elem* の属性 *attr* が期待値 *expected* と等しいか
containsText(*elem*, *text*, [,*msg*])	要素 *elem* が指定のテキスト *text* を含むか
cssClassPresent(*elem*, *clazz*, [,*msg*])	要素 *elem* が指定のクラス *clazz* を持っているか
cssClassNotPresent(*elem*, *clazz*, [,*msg*])	要素 *elem* が指定のクラス *clazz* を持っていないか
cssProperty(*elem*, *prop*, *expected* [, *msg*])	要素 *elem* の *css*プロパティ *prop* が期待値 *expected* を持っているか
elementPresent(*elem* [, *msg*])	指定の要素 *elem* が存在するか
elementNotPresent(*elem* [, *msg*])	指定の要素 *elem* が存在しないか
hidden(*elem* [, *msg*])	要素 *elem* が非表示状態か
title(*expected* [, *msg*])	ページタイトルが指定の値 *expected* と等しいか
urlContains(*expected* [, *msg*])	URL に指定の値 *expected* が含まれているか
urlEquals(*expected* [, *msg*])	URL が指定の値 *expected* と等しいか
value(*elem*, *expected* [, *msg*])	要素 *elem* の値が期待値 *expected* と等しいか
valueContains(*elem*, *expected* [, *msg*])	要素 *elem* の値が期待値 *expected* を含んでいるか
visible(*elem* [, *msg*])	要素 *elem* が表示されているか

▲ 表 10-6　主なアサーションメソッド（*msg* はログ表示用のエラーメッセージ）

すべてのアサートが完了したら、最後に end メソッドでブラウザーを閉じて、テストを終了します（❹）。

10-2-3 E2E テストの実行

Vue CLI 環境で E2E テストを実行するには、npx vue-cli-service test:e2e コマンドを実行します[18]。

```
> npx vue-cli-service test:e2e ⏎
...中略...
Starting selenium server... started - PID:  8664

[Test] Test Suite
========================
Running:  default e2e tests
 ✓ Element <#app> was visible after 34 milliseconds.
 ✓ Testing if element <.hello> is present.
 ✓ Testing if element <h1> contains text: "Welcome to Your Vue.js App".
 ✓ Testing if element <img> has count: 1

OK. 4 assertions passed. (10.632s)
```

テストスイート内の、waitForElementVisible を含むすべてのアサートが成功したことが確認できます。

テスト失敗の場合も確認しておきましょう。test.js のテストをあえて失敗するように書き換えておきます[19]。

```
.assert.elementPresent('.bye')
```

以下が、テストを再実行した結果です。

```
> npx vue-cli-service test:e2e ⏎
```

次ページへ続く

---

[18] 別名として npm run test:e2e コマンドも利用できます。

[19] 「.bye」に合致する要素は存在しません。

10-2 E2E テスト

```
...中略...
Starting selenium server... started - PID:  8664


[Test] Test Suite
========================
Running:  default e2e tests


 ✓ Element <#app> was visible after 35 milliseconds.
 ✕ Testing if element <.bye> is present.  - expected "present" but got: ⤶
"not present"
  at Object.default e2e tests (D:¥xampp¥htdocs¥vue-app¥test¥test-e2e¥tests¥e2e ⤶
¥specs¥test.js:9:15)
  at _combinedTickCallback (internal/process/next_tick.js:131:7)


FAILED:  1 assertions failed and 1 passed (8.36s)

 --------------------------------------------------

 TEST FAILURE:  1 assertions failed, 1 passed. (8.446s)
 ✕ test
  - default e2e tests (8.36s)
...後略...
```

　失敗したアサートが通知され、テストが中断していることが確認できます。

　ちなみに、アサートが失敗したときに中断せずに、そのまま後続のアサートを実施する場合には、「.assert」の代わりに「.verify」を利用します。

```
.verify.elementPresent('.bye')
```

「.verify」に書き換えてテストを再実行した結果は、以下です。

```
> npx vue-cli-service test:e2e ⏎
...中略...
Starting selenium server... started - PID:  8664


[Test] Test Suite
```

次ページへ続く

```
========================
Running:  default e2e tests
 ✓ Element <#app> was visible after 36 milliseconds.
 × Testing if element <.bye> is present.  - expected "present" but got: "not
present"
   at Object.default e2e tests (D:\xampp\htdocs\vue-app\test\test-e2e\tests ↩
\e2e\specs\test.js:11:15)
   at _combinedTickCallback (internal/process/next_tick.js:131:7)
 ✓ Testing if element <h1> contains text: "Welcome to Your Vue.js App".
 ✓ Testing if element <img> has count: 1

FAILED:  1 assertions failed and 3 passed (3.627s)
...後略...
```

アサート失敗の後もテストは継続することが確認できます。

> **Note** **--test、--filter オプション**
>
> ここでは、特になんの指定もなくコマンドを実行しているので、/specs フォルダー配下のすべてのテストスイートを実行しますが、--test、--filter オプションを利用することで、特定のテストスイートだけを実行することも可能です。
>
> ```
> > npx vue-cli-service test:e2e --test ./tests/e2e/specs/test.js
> ```
> **test.js だけを実行**
> ```
> > npx vue-cli-service test:e2e --filter test*.js
> ```
> **testXX.js だけを実行**

10-2-4 expect アサーション

Nightwatch では、assert アサーションともうひとつ、expect アサーションも標準で提供しています。assert に比べると、より英文に近い感覚で読めるメリットがあります。assertのようにアサートを連結できない、カスタムのエラーメッセージを設定できない、などの制約もありますが、テストコードがそのまま自然言語に近い仕様を表せるというメリットは得難いものです。用途に応じて、使い分けるとよいでしょう。

expect アサーションの一般的な構文は、以下です。

394

10-2 E2E テスト

▼ 構文：expect アサーション

browser.expect.element(*selector*).*name*(...)

- -

selector：セレクター
name　：アサーション

利用できるアサーションには、以下の表のようなものがあります。

分類	メソッド	概要
文字列	equal(*value*)	指定された値と等しいか
	contain(*value*)	指定された値を含むか
	match(*regex*)	指定された正規表現にマッチするか
	startsWith(*value*)	指定された値で開始するか
	endsWith(*value*)	指定された値で終了するか
要素、属性	a(*type*)、an(*type*)	要素が指定の型であるか
	attribute(*name*)	指定された属性が存在するか
	css(*prop*)	指定されたスタイルプロパティが存在するか
状態	enabled	要素が有効な状態か
	visible	要素が表示状態にあるか
	present	要素が存在するか
	selected	選択状態にあるか（option）
取得	text	配下のテキストを取得
	value	要素の値を取得
その他	not	後続のアサーションを否定
	before(*ms*)	指定された時間（ミリ秒）で再試行

▲ 表 10-7　expect アサーションの主なメソッド

　また、expect アサーションでは、コードの読みやすさのためだけに用意された Language Chains と呼ばれるメソッドもあります。指定できるのは以下のものです。これらはアサーション機能を持つものではなく、記述の順序も関係ありません。

- to
- be
- been
- is
- that
- which
- and
- has
- have
- with
- at
- does
- of

395

では、これらのexpectアサーションを利用して、もうひとつ、テストコードを用意してみましょう。テスト対象となるのは、Vue Routerを利用したページ移動を伴うアプリです[20]。

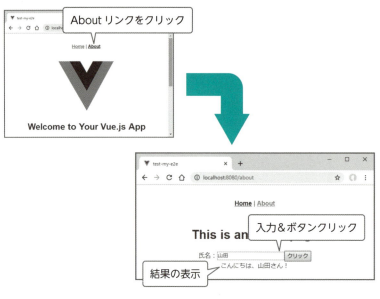

▲ 図10-4　テスト対象のアプリ

以下は、そのテストコードです。

リスト10-14　test.js（test-my-e2eプロジェクト）　　JS

```js
module.exports = {
  'Router tests': browser => {
    browser
      .url(process.env.VUE_DEV_SERVER_URL)
      .pause(1000)
    // id="app"である要素が存在するか
    browser.expect.element('#app').to.be.present.before(1000)
    // Aboutページへのリンクをクリック
    browser
      .click('a[href="/about"]')
      .pause(1000)
```

次ページへ続く

---

[20] テスト対象となるコードは、ダウンロードサンプルの test-my-e2e プロジェクトから参照してください。

```
    // id="name"である要素が「class="search"」属性を持つか
    browser.expect.element('#name').to.have.attribute('class')
      .which.contains('search')
    // テキストボックスへの入力＆ボタンクリック（結果を検証）
    browser
      .setValue('#name', '山田')
      .click('#send')
    browser.expect.element('#result').text
      .to.equal('こんにちは、山田さん！')
    // 終了
    browser.end()
  }
}
```

　構文を知らない人でも、英文を読み解く要領でテストコード（仕様）が理解できるかと思います。Language Chains にあたるメソッドは省略しても、挙動には影響しません。

Chapter 11 応用アプリ

本章のポイント

- Vuex ストアをストレージに保存するには、vuex-persistedstate を利用します。
- Google Books API で、Google ブックの書籍情報データベースをアプリに組み込めます。
- Element を利用することで、検証機能付きのリッチなフォームを定義できます。
- 非同期通信を伴うコードをテストするには、通信結果を偽装するためのモックを準備します。

いよいよ最終章です。ここまでは、Vue.js の基本的な構文を理解する目的でなるべく小粒の用例を中心に解説を進めてきましたが、用例だけではなかなか実用のイメージがつかめないという方も多いでしょう。そこで本書のまとめとなる本章では、「Reading Recorder」という少し大きめのアプリケーションを読み解く中で、Vue.js プログラミングの具体的なイメージをつかんでみましょう。

Reading Recorder は、読書の感想や読了日を記録しておくためのアプリです[*1]。たくさん本を読むという人は、このようなアプリで読んだ本を記録しておくと、後から読書の軌跡を見返すのにも便利ですね。

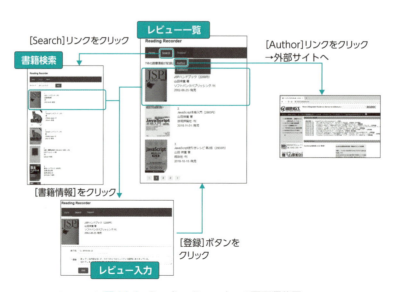

▲ 図 11-1 Reading Recorder の画面遷移図

[*1] 有名なサービスである「読書メーター」（**https://bookmeter.com/**）の超簡易版であると考えると、わかりやすいかもしれません。

11-1 アプリの構造を概観する

前章までで紹介してきたサンプルと違って、本章で作成するReading Recorderはいくつものファイルから構成される複雑なアプリです。いきなり個々のコードに踏み込んでも、全体像が見えないと、なかなか理解しにくい点も多いはずです。

そこで、まずはアプリを構成するファイル、外部サービスについて全体像を把握してみましょう。また、コードの細部に踏み込む前に、ここでいったんアプリを実際に動かしてみるのもよいかもしれません[2]。

最初はおおまかに、それからだんだんと細部にブレイクダウンしていくこと——これがちょっと大きなアプリを理解するためのコツです。

11-1-1 ファイル関係図

Reading Recorderは、次の図のようなファイルから構成されています。以降でも、まずはアプリ全体の基盤となる「設定／起動ファイル」を解説した後、ルートコンポーネントとなるApp.vue、個別のサブコンポーネントの順で解説していきます。

当然、これまでの章で学んだことを含んでいますので、各章の内容を参照しながら、本章独自のポイントに絞って解説していきます。

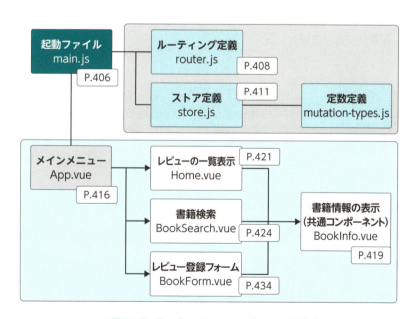

▲ 図11-2 Reading Recorderのファイル構成

---

[2] アプリの実行方法については、P.ivの「本書の読み方」も参照してください。

11-1-2 利用しているサービス、ライブラリ

Reading Recorderでは、Vue.js本体に加えて、以下のようなライブラリ、サービスを利用しています。

- Vue Router
- Vuex
- vue-test-utils
- Google Books API
- Element
- vuex-persistedstate

このうち、Vue Router、Vuex、vue-test-utilsについては以前の章で準備の手順を解説しているので、ここでは割愛します（Vue CLI標準のコマンドで組み込めます）。以下では、それ以外のライブラリやサービスについて補足しておきます[3]。

▶ Google Books API

Google Books API（**https://developers.google.com/books/**）とは、Googleブックス（**https://books.google.com/**[4]）が提供するサービスの一種で、これを利用することで、Googleブックスが提供する書籍検索エンジンを、あたかも自分のアプリの一部であるかのように利用できるようになります。

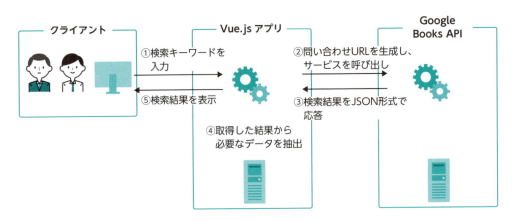

▲ 図11-3 Google Books APIの利用イメージ

---

[3] ただし、以下で解説するのは、一からプロジェクトに組み込むための手順です。サンプルアプリをそのまま利用する場合には、既に組み込まれているので、特別な手順は不要です。

[4] Googleが提供する書籍の全文検索サービス。書籍内の全文を検索対象にでき、検索結果では書籍の一部までを表示可能です。

11-1 アプリの構造を概観する

　Google Books APIのしくみは簡単で、あらかじめ決められたURLに対して、検索に必要なパラメーター[5]を引き渡すだけです。まずは試しに、ブラウザーからGoogle Books APIにアクセスしてみましょう。

```
https://www.googleapis.com/books/v1/volumes?q=vuejs
```

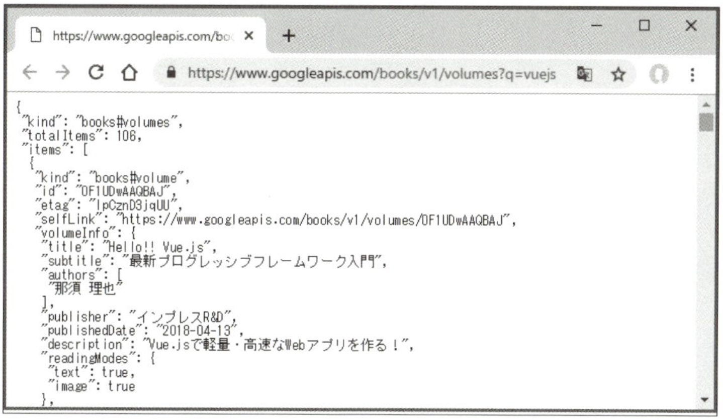

▲ 図11-4　問い合わせ結果はJSON形式[6]で返される

　「?」より前の部分がGoogle Books APIを利用するための固定のURLで、後ろの部分が検索に必要なパラメーターです。指定できるパラメーターはさまざまなので、以下の表に主なものをまとめておきます。

パラメーター	概要
q	検索キーワード
langRestrict	書籍の言語
startIndex	取得開始位置（先頭は0）
maxResults	結果数の上限（0～40）
orderBy	並び順（newest：新しい順／relevance：キーワードとの関連性）
printType	書籍の種類（all／books／magazines）

▲ 表11-1　Google Books APIの主なパラメーター

---

[5] クエリ情報と言います。URLの末尾に「?キー名=値&...」の形式で表します。

[6] JSON（JavaScript Object Notation）は、JavaScriptにおけるオブジェクトリテラルの形式に準じた記法です。JavaScriptとの親和性が高いことから、非同期通信などでよく利用されています。

アクセスした結果、先ほどの図 11-4 のような結果を得られれば、まずは成功です。結果の JSON には、以下のような情報が含まれます[*7]。

▲ 図 11-5　Google Books API が返す主な情報

もちろん、実際のアプリでは、取得した JSON データをそのまま表示しても意味がないので、ここから適宜必要な情報を取り出し、適切な形式に整形したうえで、ページに出力することになります。

▶ Element

Element は、Vue.js アプリで利用できるコンポーネントを集めたライブラリです。既に 6-3-2 項でも解説していますが、Vue CLI を前提にした場合、導入の方法も変化するので、

[*7]　あくまでごく一部です。実際には膨大な情報が含まれているので、詳細は以下の Web ページも参照してください。
　　https://developers.google.com/books/docs/v1/reference/volumes

11-1 アプリの構造を概観する

ここで解説しておきます。

　既存の Vue CLI プロジェクトに Element を組み込むには、プロジェクトルートで以下のコマンドを実行します。

```
> vue add element ↵
📦  Installing vue-cli-plugin-element...
...中略...
? How do you want to import Element? Fully import  ──────────❶

? Do you wish to overwrite Element's SCSS variables? Yes  ────────❷

? Choose the locale you want to load ja  ────────❸
...中略...
✔  Successfully invoked generator for plugin: vue-cli-plugin-element
   The following files have been updated / added:

     src/element-variables.scss
     src/plugins/element.js
     package-lock.json
     package.json
     src/App.vue
     src/main.js

   You should review these changes with git diff and commit them.
```

　❶は、Element を完全インストール（Fully）するか、オンデマンドインストールするかを選択します。オンデマンドは、特定の指定されたコンポーネントだけを導入します。限定されたコンポーネントを利用する場合はアプリを軽量にできますが、利用するコンポーネントを明示的に宣言しなければならない分、導入は面倒になります。本書では、より手軽に利用できる完全インストールを選択しておきます。

　❷は、Element 既定のスタイル情報（SCSS）を上書きするかどうかを指定します。Yes とした場合、スタイル（変数）情報を列挙するための element-variables.scss というファイルが生成されます。

　そして、❸は Element で有効にする言語情報です。一般的には ja を選択することになるでしょう。

　Element を導入した場合、Vue CLI のプロジェクトには、以下のようなフォルダー／ファ

応用アプリ 11

403

イルが追加されます[8]。

▲ 図11-6　Element プロジェクトのフォルダー構造

　Elementによって、App.vueも上書きされ、既定のトップページには［el-button］のようなボタンが追加されます。

▲ 図11-7　Element 追加後のトップページ

▶ vuex-persistedstate

　Vuexのプラグインです。Vuexを利用することで、アプリで扱うデータを一元的に管理できますが、それはあくまでメモリー上のものです。その証拠に、アプリをリロードすると、

---

[8]　標準のプロジェクト構造については 7-1-2 項も参照してください。

ストアの内容は初期化されてしまいます。

そこでVuexストアの内容を永続化するのがvuex-persistedstateです。具体的には、Vuexストアの内容をブラウザーのWeb Storage[9]（ストレージ）と同期化します。

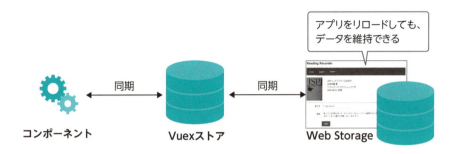

▲ 図11-8 vuex-persistedstateとは？

一般的には、アプリのデータは、サーバーサイドで用意したデータベースに保存するのが普通ですが、本アプリでは簡単化のために、ストレージ保存にとどめます。Web Storageはあくまでブラウザーのデータストアなので、異なるブラウザー、デバイスでデータを共有することはできません。

vuex-persistedstateを使用するには、あらかじめプロジェクトルートで以下のコマンドを実行し、プロジェクトにライブラリをインストールしておく必要があります。

```
> npm install vuex-persistedstate --save ⏎
```

11-2 アプリの共通機能を読み解く

ここまで、Reading Recoderアプリの概略について説明しました。ここからは、具体的なコードについて見ていきます。既存の章で解説した内容は割愛するので、大まかなコードの流れは、コード内コメントも参照してください。

まずは、main.js（起動スクリプト）、router.js（ルーティング情報）をはじめとした、アプリ全体にかかわるファイルからです。

---

[9] モダンなブラウザーに搭載されている内部的なデータストアです。容量は限られるものの、簡易なデータ保存の手段を提供します。

11-2-1 起動スクリプト

まずは、起動時に呼び出されるエントリーポイント（main.jsやelement.js）からです。element.jsは、main.jsからインポートされ、Elementの初期化を担います。

リスト11-1　main.js　　JS

```js
import Vue from 'vue'
import App from './App.vue'
import router from './router'
import store from './store'
import './plugins/element.js'         ❷

Vue.config.productionTip = false

// $httpプロパティを追加
Vue.prototype.$http = (url, opts) => fetch(url, opts)    ❹

// アプリを起動
new Vue({
  router,
  store,             ❶
  render: h => h(App)
}).$mount('#app')
```

リスト11-2　element.js　　JS

```js
import Vue from 'vue'
import Element from 'element-ui'  *10
import '../element-variables.scss'
import locale from 'element-ui/lib/locale/lang/ja'
                                              ❸
// Elementを起動
Vue.use(Element, { locale })
```

❶でVue Router（第8章）、Vuex（第9章）を組み込んでいます。これで、アプリ全体で

---

*10 Elementをオンデマンドインストールした場合は、この行がButtonのみのインポートに変化します。適宜、利用するコンポーネントを列挙する必要があります。

this.$router、this.$store で、それぞれの機能にアクセスできるようになります。

Element の起動設定は element.js に別ファイル化されているので、❷でインポートしています。element.js に目を転じてみると、スタイル定義ファイル（element-variables.scss）、言語ファイル（element-ui/lib/locale/lang/ja）などをインポートし、use メソッドで起動していることが見て取れます（❸）。

と、ここまではウィザードによって自動生成されたコードなので、あまり意識することはありません。ポイントとなるのは、❹です。

「Vue.prototype. 名前 ＝ ～」で、Vue オブジェクト共通で利用できるメンバーを追加できます。今回の例であれば、$http 経由で JavaScript 標準の fetch メソッド[11] を呼び出せるように紐付けています。標準メソッドであれば、そのまま fetch メソッドを呼び出してもよいではないかと思われるかもしれませんが、Vue オブジェクトのメソッドとしておくことで、

- ユニットテストに際してモック（ダミーオブジェクト）への差し替えもしやすい
- axios（**https://github.com/axios/axios**）のような、別の非同期通信ライブラリに切り替える際にも、影響を最小限に抑えられる

などのメリットがあります。

▶ 補足：Vue メンバー追加の際の注意点

Vue オブジェクトに独自のメンバーを追加する際には、以下の点に注意してください。

(1) 接頭辞は「$」で

Vue オブジェクトにインスタンスプロパティを追加する場合、「$」で始まる名前を付けてください。これは、P.36 でも触れた Vue 標準のプロパティ／メソッドとも共通の命名規約です。このような取り決めによって、配下のデータオブジェクト、算出プロパティ、メソッドなどとの衝突を避けているわけです。

もちろん、標準プロパティ、メソッド、あるいは、プラグインとの衝突リスクは残りますが、不特定のコンポーネントとの競合に比べれば、回避は容易です。あるいは $_http のように、独自の接頭辞を加えても構いません。

(2) 標準メソッドのエイリアスは不可

単に、fetch メソッドのエイリアスであれば、「Vue.prototype.$http = fetch」としてもよいように思えますが、これは不可です。「Illegal invocation」（不正な呼び出し）のような、あ

---

[11] 非同期通信のためのメソッドです。本章では、Google Books API へのアクセスに利用します。

まり見慣れないエラーが返されます。

　この原因は、ネイティブなメソッドの別名（エイリアス）をブラウザーが禁止しているためです。よって、今回の例ではその回避策として、$http プロパティに関数リテラル（アロー関数）を渡しています。

```
Vue.prototype.$http = (url, opts) => fetch(url, opts)
```

　アロー関数は、受け取った引数をそのまま fetch メソッドに渡しているだけの内容ですが、これでエラーは回避できます。

　なお、たとえば axios のような外部ライブラリであれば、単に「Vue.prototype.$http = axios」で登録できます。

> **Note　アプリに Vue インスタンスはひとつだけ？**
>
> 構文上、ひとつのアプリに複数の Vue インスタンスをマウントすることは可能です。ですが、避けるべきです。
>
> 一般的には、アプリで制御すべき領域全体を、ルートコンポーネント（ここでは App）で囲んでおいて、その配下で入れ子にコンポーネントを配置することをお勧めします。そのほうが、コンポーネント間の連携も容易ですし、なにより Vue Router、Vuex などの紐付けも単一の Vue インスタンスに対して行えばよいからです。

11-2-2　ルーティングの定義

　ルーティング定義については、8-2-1 項でも触れたとおりで、それ単体では、ほぼ特筆すべき点はありません。まずは、コードを確認してみましょう。

リスト 11-3　router.js　　　　　　　　　　　　　　　　　　　　　　　　　　　　**JS**

```js
import Vue from 'vue'
import Router from 'vue-router'
import BookSearch from './components/BookSearch.vue'
import BookForm from './components/BookForm.vue'
import Home from './components/Home.vue'

Vue.use(Router)

export default new Router({
```

次ページへ続く

11-2 アプリの共通機能を読み解く

```
  mode: 'history',
  base: process.env.BASE_URL,
  routes: [
    // トップページ（登録済みレビューの一覧）
    {
      path: '/',
      name: 'home',
      component: Home
    },
    // Googleブックスの検索フォーム
    {
      path: '/search',
      name: 'search',
      component: BookSearch
    },
    // 書籍レビューのためのフォーム
    {
      path: '/form',
      name: 'form',
      component: BookForm
    },
    // 最終的な受け皿
    {
      path: '*',
      redirect: '/'
    }
  ]
}))
```

　最後の「*」（最終的な受け皿）とは、未登録のパスへのアクセスがあった場合の処理です。この場合は、すべて「/」（トップページ）にリダイレクトします[12]。

---

[12] 特定のパスだけを捕捉するならば、「path: '/books-*'」のような記述も可能です。

> **Note** **redirect パラメーター**
>
> redirect パラメーターには、文字列を指定する他、オブジェクトや関数を指定することもできます。
>
> ```
> { path: '/hoge', redirect: { name: 'home' }} ──────  オブジェクト
> { path: '/hoge', redirect: to => '/' ──────  関数
> ```
>
> 関数は、引数として対象のルート情報（P.318）を受け取ります。一般的には、その情報をもとにリダイレクト先を組み立てることになるはずです。

　以上終わり、としてもよいのですが、少しだけ補足しておきます。History モードで生成される URL は、「**http://example.com/search**」のように、なんらかの実体を持った普通の（＝自然な）パスに見えます。しかし、それが故に問題があります。

　エンドユーザーが「**http://example.com/search**」に直接アクセスした場合は、どうでしょう。サーバーは /search というフォルダー／ファイルが存在しないので、404 Not Found エラーを返します。

　このような問題を回避するために、アプリをサーバーに配置する際には、若干の設定が必要です[13]。以下は Apache HTTP Server での設定例です。

┃リスト 11-4 httpd.conf

```
<IfModule mod_rewrite.c>
  RewriteEngine On
  RewriteBase /
  RewriteRule ^index\.html$ - [L]
  RewriteCond %{REQUEST_FILENAME} !-f
  RewriteCond %{REQUEST_FILENAME} !-d
  RewriteRule . /index.html [L]
</IfModule>
```

　詳しいディレクティブ（命令）の意味は割愛しますが、これで、指定のリソースが存在しない場合には index.html にリダイレクトしなさい、という意味になります。アプリをサーバーに配置する際のイディオムです。

---

[13] Vue CLI プロジェクトをサーバーに配置する方法については、7-1-2 項も参照してください。

11-2 アプリの共通機能を読み解く

> **Note** **サブフォルダーに配置する場合**
>
> アプリを（ルートフォルダーではなく）任意のサブフォルダーに配置する場合には、設定も変化します。以下のパス設定を書き換えてください（以下は、配置先のフォルダーが /reading-recorder の場合）。

リスト 11-5 httpd.conf

```
RewriteBase /reading-recorder/
RewriteRule ^reading-recorder/index\.html$ - [L]
...中略...
RewriteRule . /reading-recorder/index.html [L]
```

リスト 11-6 vue.config.js[14]　`JS`

```js
module.exports = {
  publicPath: '/reading-recorder/'
}
```

リスト 11-7 router.js　`JS`

```js
export default new Router({
  mode: 'history',
  base: '/reading-recorder/',
  ...
})
```

11-2-3 Vuex ストアの定義

　続いて、Vuex ストアを定義します。Vuex では、アプリで扱うデータそのもの、および、その操作をストア定義から一望できる点が大きなメリットです。最初に、Reading Recorder アプリがどんなデータと機能を持っているのかを、大雑把に把握しておきましょう[15]。

リスト 11-8 store.js　`JS`

```js
import Vue from 'vue'
import Vuex from 'vuex'
import createPersistedState from 'vuex-persistedstate'
```

次ページへ続く

---

[14] vue.config.js は、@vue/cli-service によって自動的にロードされる設定ファイルです。その他の設定値については
「Configuration Reference」（**https://cli.vuejs.org/config/**）も参照してください。

[15] ここで細部を理解する必要はありません。後で実際に機能が登場した際に、ここへ立ち戻って再確認してもよいでしょう。

411

```javascript
import { UPDATE_CURRENT, UPDATE_BOOK } from './mutation-types'

Vue.use(Vuex)

export default new Vuex.Store({
  strict: true,
  state: {
    // レビュー＋書籍情報
    books: [],
    // 現在編集／選択中の書籍
    current: null
  },
  getters: {
    // 登録済みのレビュー数
    bookCount(state) {
      return state.books.length
    },
    // すべてのレビュー情報
    allBooks(state) {
      return state.books
    },
    // 指定されたページのレビュー情報（引数はページ番号）
    getRangeByPage(state) {
      return page => {
        const SIZE = 3
        return state.books.slice((page - 1) * SIZE, (page - 1) * SIZE + SIZE)
      }
    },
    // 指定されたidのレビュー情報
    getBookById(state) {
      // 引数idをキーに配列booksを検索
      return id => {
        return state.books.find(book => book.id === id)
      }
    },
    // 現在編集中の書籍
    current(state) {
```

①

11-2 アプリの共通機能を読み解く

```
      return state.current;
    }
  },
  mutations: {
    // 編集中の書籍（current）を更新
    [UPDATE_CURRENT](state, payload) {
      state.current = payload
    },
    // レビュー情報を更新（引数payloadは更新された書籍情報）
    [UPDATE_BOOK](state, payload) {
      // id値（payload.id）で既存のレビューを検索
      let b = this.getters.getBookById(payload.id)
      if (b) {
        // 既存のレビュー情報がある場合は、更新情報（payload）で上書き
        Object.assign(b, payload)
      } else {
        // 既存の情報がなければ、新規としてstate.booksに追加
        state.books.push(payload)
      }
    }
  },
  // ミューテーションに対応する同名のアクション
  actions: {
    [UPDATE_CURRENT]({ commit }, payload) {
      commit(UPDATE_CURRENT, payload)
    },
    [UPDATE_BOOK]({ commit }, payload) {
      commit(UPDATE_BOOK, payload)
    }
  },
  // ストレージ保存のためのプラグインを有効化
  plugins: [createPersistedState({
    key: 'reading-recorder',
    storage: localStorage
  })]
})
```

❷

❸

応用アプリ **11**

413

> **リスト11-9** mutation_types.js　　　　　　　　　　　　　　　　　　　　`JS`

```js
export const UPDATE_CURRENT = 'updateCurrent';
export const UPDATE_BOOK = 'updateBook';
```

それぞれの機能の細部は、コード内コメントを確認していただくとして、以下ではポイントのみ解説しておきます。

❶ ページング対応のためのゲッター

getRangeByPage は、指定されたページ番号（page）に対応するレビュー情報（state.books）を取り出すためのゲッターです。ページあたりの表示件数は、あらかじめ定数SIZEとして決めておきます。

これには Array#slice メソッドを利用するのが便利です。slice メソッドは、配列全体から $m \sim n$ 件目までを切り出します。

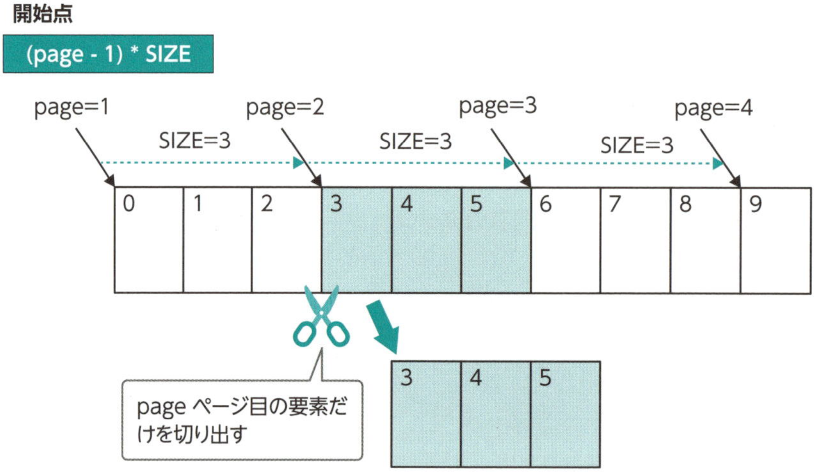

▲ **図11-9** slice メソッド

今回の例であれば、「(page - 1) * SIZE」で開始点を、「(page - 1) * SIZE + SIZE」で終了点を求めています。

❷ ミューテーションとアクションの関係

基本的に、同期的にステートを更新するのがミューテーション、外部サービスとの非同期処理を伴う更新にはアクション、という役割分担です。本章では扱いませんが、外部サービ

スとは、たとえばデータベースです（本章では、レビュー情報をブラウザーのストレージに
保存しますが、一般的にはデバイスに依らず、同じ情報を共有するためにデータベースに保
存するのが普通です）。

そのような場合には、アクションでデータベースへの保存（非同期処理）を終えた後、ミュー
テーションを呼び出す、という流れになるでしょう。

もっとも、非同期処理を挟むかどうかによって、ミューテーション／アクションいずれを
呼び出すかを意識するのは、意外と間違いのもとです。であれば、最初からアプリ（コンポー
ネント）からは常にアクションを呼び出す、とするのがシンプルです。本章でも、その方針
でミューテーションには常に対となる(同名の)アクションを準備しておきます[16]。これによっ
て、後から非同期処理を追加する際にも、ストア定義の修正だけで済みます。

同じ理由で、ステートへのアクセスも常にゲッターを介することをルールとします。

❸ ストアとストレージを同期する「vuex-persistedstate」

P.404 でも触れたように、Vuex ストアの内容はアプリのリロードによってクリアされてし
まいます。そこで本章では、最低限、Vuex ストアの内容をストレージに保存しておきます。
その役割を担うのが、vuex-persistedstate プラグインです。

プラグインを登録するのは、plugins オプションの役割です。配列となっているのは、複数
のプラグインを受け入れるためです。

今回の例では、createPersistedState メソッドで vuex-persistedstate プラグインを生成／
初期化しています。「オプション： 値 ,...」の形式でプラグインの挙動を設定できます。指
定できるオプションには、以下の表のようなものがあります。

オプション	概要
key	ストレージのキー
paths	保存するステートのパス（配列。author.name なども可）
storage	使用するストレージ（既定は localStorage）

▲ 表 11-2 createPersistedState メソッドの主なオプション

ストレージ（Web Storage）には、sessionStorage と localStorage とがあります。双方
の相違点は、有効範囲／有効期限で、大雑把には、ブラウザーを閉じた後も情報を維持した
いならば localStorage を、さもなくば sessionStorage を、それぞれ利用します。既定は
localStorage なので、今回の例であれば、storage オプションを省略しても同じ意味です。

---

[16] 中身は、ミューテーションを呼び出すだけの、実質、空のアクションです。

ストレージ	有効範囲	有効期限
sessionStorage	同一のタブ	ブラウザーの起動中のみ
localStorage	異なるタブ／ウィンドウ間	オリジン[17] 単位

▲ 表 11-3 Web Storage の種類

11-3 アプリの実装を理解する

以上、アプリ共通のファイルを把握できたところで、ここからは個々のページ（機能）を読み解いていきます。

11-3-1 メインメニュー（メインコンポーネント）

まずは、起動スクリプトから最初に呼び出される app コンポーネントです。メインメニューを持ち、メニュー選択に応じて個別のページを表示する領域を準備しているのも、このコンポーネントです。

▲ 図 11-10 メインメニューと個別機能の表示領域

リスト 11-10 App.vue　　　　　　　　　　　　　　　　　　　　　　　　　　**VUE**

```
<template>
  <div id="app">
    <h2>Reading Recorder</h2>
```

次ページへ続く

---

[17] オリジンとは、「https://wings.msn.to:81/」のように「プロトコル:// ホスト:ポート番号」の組み合わせのことです。

11-3　アプリの実装を理解する

```
    <!--メインメニューを定義-->
    <el-menu mode="horizontal" background-color="#545c64"
      text-color="#fff" active-text-color="#ffd04b">
      <el-menu-item index="1"><router-link to="/">
        Home</router-link></el-menu-item>
      <el-menu-item index="2"><router-link to="/search">
        Search</router-link></el-menu-item>
      <!--サブメニューを定義-->
      <el-submenu index="3">
        <template v-slot:title>Support</template>         ——— ❸
        <el-menu-item index="3-1">
          <a href="https://wings.msn.to/" target="help">Author</a>
        </el-menu-item>
        <el-menu-item index="3-2">
          <a href="https://www.sbcr.jp/" target="help">Publisher</a>
        </el-menu-item>
      </el-submenu>
    </el-menu>
    <!--ルーティング時の表示領域を準備-->
    <router-view/>
  </div>
</template>

<script>
export default {
  name: 'app'
}
</script>

<style scoped>
...中略...
</style>
```

　ここでは、メインメニューの作成に注目します。Element の el-menu コンポーネントを利用することで、サブメニュー付きのメニューを生成できます。el-menu、el-menu-item で、メニュー全体と個々のメニュー項目を表します（❶）。

　el-menu、el-menu-item コンポーネントで利用できる主な属性は、以下の表のとおりです。

417

コンポーネント	属性	概要
el-menu	mode	表示モード（horizontal、vertical）
	collapse	メニューが開閉可能か（vertical モードのみ。既定は false）
	background-color	メニューの背景色
	text-color	テキスト色
	active-text-color	アクティブなメニューのテキスト色
	default-active	既定でアクティブとなるメニュー（インデックス）
	menu-trigger	サブメニューが開くタイミング（horizontal モードのみ。既定は hover）
el-menu-item	index	固有の id 値（メニュー内で一意であること）

▲ 表 11-4　el-menu、el-menu-item コンポーネントの主な属性

サブメニュー（入れ子のメニュー）を持つこともできます。これには、el-submenu コンポーネント（❷）を利用し、その配下に el-menu-item を配置してください。サブメニュー自体の表示は、名前付きスロット（title）で表します（❸）。

11-3-2　書籍情報の表示

続いて、書籍情報を表示するための book-info コンポーネントです。レビュー一覧（/）、書籍検索（/search）、レビュー入力（/form）の各ページから利用される共通コンポーネントです。

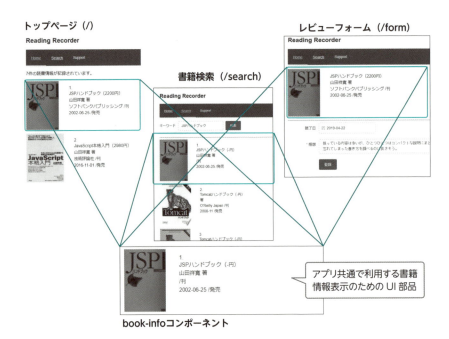

▲ 図 11-11　book-info コンポーネント

book-info コンポーネントでは、以下の属性（プロパティ）を利用できるものとします。

属性	概要
index	インデックス番号
linkable	マウスクリックで入力フォームに移動するか
book	表示する書籍情報

▲ 表 11-5　book-info コンポーネントで利用できる属性

では、具体的なコードを見ていきます。なお、ここからはより本格的なコーディングを意識して、v-bind は「:」、v-on は「@」と、省略構文を積極的に活用していきます。

リスト 11-11　BookInfo.vue　　　　　　　　　　　　　　　　　　　　　　VUE

```vue
<template>
<div class="clearfix" :class="{ linkable }" @click="onclick">  ─────①
  <div class="image"><img :src="book.image" /></div>
  <div class="details">
    <ul>
      <li v-if="index">{{ index }}.</li>
      <li>{{book.title}}（{{ book.price }}円）</li>
      <li>{{book.author}} 著</li>
      <li>{{book.publisher}} /刊</li>
      <li>{{book.published}} /発売</li>
    </ul>
  </div>
</div>
</template>

<script>
import { mapActions } from 'vuex'
import { UPDATE_CURRENT } from '@/mutation-types'

export default {
  name: 'book-info',
  props: {
    index: { type: Number },
```

次ページへ続く

```
    linkable: { type: Boolean, default: false },
    book: { type: Object }
  },
  methods: {
    // UPDATE_CURRENTアクションを同名のメソッドに紐付け
    ...mapActions([UPDATE_CURRENT]),
    // クリック時に現在の書籍情報をステートに保存＆フォームに移動
    onclick() {
      if (this.linkable) {
        this[UPDATE_CURRENT](this.book)          ③
        this.$router.push('/form')
      }
    }
  }
}
</script>

<style scoped>
.linkable:hover {
  cursor: pointer;
  background-color: #ff9;            ②
}
...中略...
</style>
```

　もっとも、book-info コンポーネントで特筆すべき点はさほどありません。プロパティ経由
で渡された情報を、レイアウトに反映させているだけです。

　一点のみ、linkable プロパティの値を class 属性にバインドしている点に注目です（❶）。
{ linkable } は、{ linkable: linkable } の省略構文です。これによって、linkable プロパ
ティが true の場合にだけ、linkable スタイルプロパティ（❷）を適用しなさい、という意味
になります。linkable スタイルプロパティは、マウスホバー時にポインターを切り替え、背
景色を付与することでリンクであることを表現します。

アクションへのアクセス

Note

　ストア（アクション）へのアクセスは「this.$store.dispatch(...)」でも可能ですが、メ
ソッドへの登録を規則付けることで（❸）、ローカルなプロパティ／メソッドへのアクセスと
Vuex へのそれを区別しなくても済むため、コードの見通しも改善します。

11-3-3 レビュー情報の一覧表示

続いて、トップページです。レビュー登録済みの書籍情報をリスト表示します。該当の書籍をクリックすることで、レビュー登録フォームに移動できます。

また、レビュー情報は 3 件を上限に表示するものとし、それ以上のレビューが登録されている場合は、ページを分割して表示します。

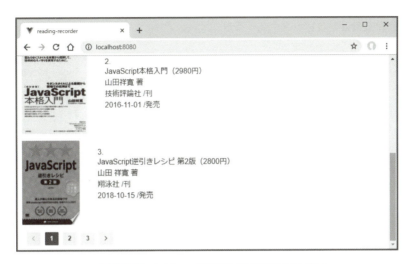

▲ 図 11-12　レビュー登録済みの書籍をリスト表示

リスト 11-12　Home.vue　　　　　　　　　　　　　　　　　　　　　　　VUE

```
<template>
  <div class="list">
    <p>{{ bookCount }}件の読書情報が記録されています。</p>
    <!--書籍情報を一覧表示（キーはid）-->
    <BookInfo v-for="(b, i) of books"
      :linkable="true" :book="b" :index="i + 1" :key="b.id"></BookInfo>
    <!--ページャーを生成-->
    <div>
      <el-pagination background layout="prev, pager, next"
        :total="bookCount" :page-size="3" @current-change="onchange">
      </el-pagination>
    </div>
  </div>
</template>
```
❶

次ページへ続く

```
<script>
import { mapGetters } from 'vuex';
import BookInfo from '@/components/BookInfo.vue'

export default {
  name: 'home',
  // booksは登録済みのレビュー情報（配列）
  data() {
    return {
      books: []
    }
  },
  // ローカルコンポーネントを登録
  components: {
    BookInfo
  },
  // ゲッター（9-3-1項）を算出プロパティに紐付け
  computed: mapGetters([ 'bookCount', 'getRangeByPage' ]),
  methods: {
    // ページが変更された場合に、現在ページ用のレビュー情報を再セット
    onchange(page) {
      this.books = this.getRangeByPage(page)        ❷
    }
  },
  // 初期化（マウント）時に1ページ目のレビュー情報を取得
  mounted() {
    this.books = this.getRangeByPage(1)
  }
}
</script>
```

　ここでは、ページングのためのリンク（ページャー）を生成するために、Element ライブラリの Pagination（el-pagination）コンポーネントを利用します（❶）。el-pagination で利用できる属性には、以下の表のようなものがあります。

属性	概要
background	ページャーのボタンに背景色を適用するか（既定は false）
page-size	ページサイズ（既定は 10）
total	要素の個数
pager-count	ページャーリンクの表示個数（5 ～ 21 の奇数。既定は 7）
current-page	現在のページ番号
layout	ページャーの表示スタイル（以下の表示項目をカンマ区切りで指定。sizes、prev、pager、next、jumper、total など）
prev-text	前ボタンのキャプション
next-text	次ボタンのキャプション
page-sizes	ページサイズ選択ボックスに表示するオプション（既定は [10, 20, 30, 40, 50, 100]）

▲ 表 11-6　el-pagination で利用できる主な属性

　el-pagination を利用すれば、ページサイズ（page-size）と要素数（total）に応じてページャーを自動生成できます。ただし、表示データの切り替えまでを自動化してくれるわけではありません。

　ページ移動時に発生するカスタムイベント current-change を捕捉して、表示データをリフレッシュしておきましょう。これを行うのが onchange メソッドです（❷）。onchange メソッドは引数として現在のページ番号を受け取ります。ここでは、getRangeByPage メソッドで指定されたページに応じた書籍情報を取得しています。

11-3-4 Googleブックス経由での書籍検索

書籍検索ページを表すbook-searchコンポーネントです。［Search］メニューから表示でき、入力したキーワードに応じて、合致する書籍をリスト表示します。

▲ 図11-13 書籍情報をキーワード検索

リスト11-13　BookSearch.vue　　　　　　　　　　　　　　　　　　　　　　　VUE

```
<template>
  <div id="search">
    <!--検索フォームを定義-->
    <el-form :inline="true">
      <el-form-item label="キーワード">
        <el-input type="text" size="large" v-model="keyword"></el-input>
      </el-form-item>
      <el-form-item>
        <el-button type="primary" @click="onclick">検索</el-button>
      </el-form-item>
    </el-form>
    <hr />
    <!--マッチした書籍情報をリスト表示-->
```
❷

次ページへ続く

11-3 アプリの実装を理解する

```
    <BookInfo v-for="(b, i) of books"
      :linkable="true" :book="b" :index="i + 1" :key="b.isbn"></BookInfo>
  </div>
</template>


<script>
import BookInfo from '@/components/BookInfo.vue'

export default {
  name: 'book-search',
  // ローカルコンポーネントを登録
  components: {
    BookInfo
  },
  data() {
    return {
      keyword: 'vuejs',  // 検索キーワード
      books: []  // 検索結果
    }
  },
  methods: {
    // ［検索］ボタンで書籍情報を検索
    onclick: function() {
      this.$http('https://www.googleapis.com/books/v1/volumes?q='
        + this.keyword)
        // 応答データをJSONデータとして取得
        .then((response) => {
          return response.json()
        })
        // JSON文字列の内容をbooksプロパティ（配列）に詰め替え
        .then((data) => {
          this.books = []
          for (let b of data.items) {
            let authors = b.volumeInfo.authors
            let price = b.saleInfo.listPrice
            let img = b.volumeInfo.imageLinks
```

ⓐ

ⓑ

❶

ⓒ

応用アプリ **11**

次ページへ続く

425

```
        this.books.push({
          id: b.id,  // id値
          title: b.volumeInfo.title,          // 書名
          author: authors ? authors.join(',') : '',          // 著者
          price: price ? price.amount : '-',        // 価格
          publisher: b.volumeInfo.publisher,        // 出版社
          published: b.volumeInfo.publishedDate,    // 刊行日
          image: img ? img.smallThumbnail : '',     // 表紙画像
        })
      }
    })
  }
 }
}
</script>

<style scoped>
#search form {
  margin-top: 15px;
}
}
</style>
```

❶非同期通信を担うのは fetch メソッド

11-2-1 項でも触れたように $http メソッドの実体は、今回のサンプルでは JavaScript 標準の fetch メソッドです（ⓐ）。

▼ 構文：fetch メソッド

fetch(*url* [, *opts*])
url ：取得したいリソース *opts* ：動作オプション（詳細は表 11-7 参照）

オプション	概要
method	使用する HTTP メソッド
headers	リクエストヘッダー（「ヘッダー名 : 値 ,....」形式）
body	リクエスト本体
mode	リクエストモード（cors:別オリジンへの通信を許可（既定）、same-origin：同一オリジンのみ許可、など）

▲ 表 11-7　fetch メソッドの主な動作オプション（引数 *opts*）

　fetch メソッドは、Google Books API への問い合わせ結果を Promise<Response> ── Response（応答）を含んだ Promise オブジェクト[18] ──として返します。これを処理するのが then メソッドです（❺）。
　アロー関数の引数 response は、Promise 経由で渡された Response オブジェクトです。ここでは、その json メソッドにアクセスして応答データを JavaScript オブジェクトとして取得しているわけです。後は、❻でさらに JavaScript オブジェクトから目的の書籍情報を取り出して、books プロパティ（配列）に詰め直しています[19]。books プロパティは、book-info コンポーネントに紐付いているので、これで検索結果がそのままリストに整形されるわけです。

> **Note** **クロスオリジン通信**
>
> CORS（Cross-Origin Resource Sharing）は、オリジンをまたがってデータを受け渡しするためのしくみです。fetch メソッドは、この CORS に標準対応しているので、サービス側が CORS に対応してさえいれば、クロスオリジンを意識する必要はありません。サービスが CORS に対応しているかどうかは、サービスからの応答ヘッダーに access-control-allow-credentials（CORS を許可するか）、access-control-allow-origin（CORS を許可するオリジン）が含まれているかで確認できます。

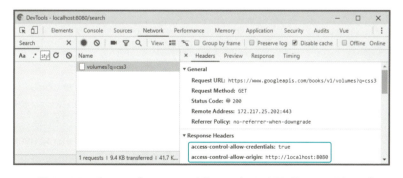

▲ 図 11-14　デベロッパーツールで応答ヘッダーを確認（[Network] タブ）

---

[18] JavaScript 標準のオブジェクトで、非同期通信の成功や失敗、完了を管理するための機能を提供します。
[19] Google Books API から得られた結果の構造は、11-1-2 項も参照してください。

❷ Element でフォームを整形する

Element では、リッチなフォームのためのコンポーネントを用意しており、ほぼマークアップだけの範囲で見栄えのするフォームを生成できます。

基本的なルールは簡単です。個々の入力要素は `<el-input>`、`<el-radio>`、`<el-button>` などの要素で表します。これを個々の項目単位にくくるのが `<el-form-item>`、それら項目全体をくくるのが `<el-form>` です。今回のサンプルでは、inline 属性で、個々の項目を横方向に並べていますが、既定は縦方向に並べます [20]。

また、入力値検証の機能を付与できるのも Element の強みです。具体的な方法は、11-3-5 項を参照してください。

コンポーネント	属性	概要
el-form	model	フォームで扱うモデル
	rules	検証ルール（後述）
	inline	インラインで要素を配置するか（既定は false）
	label-position	ラベルの表示位置（left、right、top）
	label-width	ラベルの表示幅
	label-suffix	ラベルの接尾辞
	hide-required-asterisk	必須項目の脇に「*」を表示するか（既定は false（表示））
	show-message	エラーメッセージを表示するか
el-form-item	prop	項目に紐付くキー（form に渡された model 配下のプロパティ）
	label	ラベル文字列
	label-width	ラベルの表示幅
	rules	検証ルール
	error	エラーメッセージ
el-input	type	入力の種類（text、textarea、その他標準の `<input>` 要素の type 属性）
	maxlength	入力できる最大長
	minlength	入力できる最小長
	placeholder	プレイスホルダー（未入力時のテキスト）
	disabled	true で入力不可（既定で false）
	rows	テキストエリアの行数（既定は 2）
	autosize	テキストエリアの高さを自動調整するか（既定は false）
	resize	リサイズ可能にするか（none、both、horizontal、vertical）
	autofocus	自動的にフォーカスするか
el-button	type	ボタンの種類（primary、success、warning、danger、info など）
	round	角丸ボタンにするかどうか（既定は false）
	disabled	ボタンを無効化するか（既定は false）

▲ 表 11-8　フォームコンポーネントの主な属性

---

[20] 具体的な例は、この後の項で触れます。

11-3 アプリの実装を理解する

➤ 補足：非同期通信のテスト

　Vue.js（正確には vue-test-utils）では、文書ツリーの更新を同期的に実施するため[21]、テストコードでラグを意識する必要はありません。ただし、一般的な非同期処理の面倒まで見てくれるわけではありません。特に、fetch メソッドを利用した問い合わせは、アプリでよく利用されるものでもあり、ここで、そのテストの方法について補足しておきます。以下は、その例です。

リスト 11-14 book-search.spec.js　　　　　　　　　　　　　　　　　　　`JS`

```js
import { mount, createLocalVue } from '@vue/test-utils'
import flushPromises from 'flush-promises'
import Element from 'element-ui'
import BookSearch from '@/components/BookSearch.vue'

// Elementプラグインをインストール
const localVue = createLocalVue()          ❶
localVue.use(Element)

describe('BookSearch.vue', () => {
  let $http;

  beforeEach(() => {
    // Promise<Response>オブジェクトを生成するモックを準備
    $http = () => Promise.resolve({
      // jsonメソッドを準備
      json: () => {
        return {
          totalItems: 5,
          items: [
            {
              id: 1,
              volumeInfo: {
                title: 'テスト1',
                authors: [ '山田太郎' ],
                publisher: 'WINGSプロジェクト',   ❸
```

次ページへ続く

---

[21] 本来のアプリでは若干のラグがあることは、2-3-3項でも触れました。

応用アプリ 11

429

```
                  publishedDate: '2018-04-11',
                  imageLinks: {
                    smallThumbnail: 'https://wings.msn.to/↵
books/978-4-7981-5757-3/978-4-7981-5757-3.jpg'
                  }
                },
                saleInfo: {
                  listPrice: { amount: 1001 }                              ③
                }
              },
              ...中略...
          }
        }
      })
    })


  it('fetch test', async () => {                    ⑦
    // book-searchコンポーネントをマウント
    const wrapper = mount(BookSearch, {
      // $httpプロパティにモックを設定
      mocks: {
        $http                          ④
      },
      localVue                         ②
    })
    // onclickメソッドを実行
    wrapper.vm.onclick()
    // 非同期処理の終了まで待機
    await flushPromises()              ⑥                      ⑤
    // 取得した結果の1番目のtitleプロパティを検査
    expect(wrapper.vm.books[0].title).toBe('テスト1')
  })
})
```

❶❷ テスト環境にプラグインを組み込む

本章のアプリのように、コンポーネントが Element、Vuex のようなプラグインに依存することはよくあります。ただし、異なるアプリ間で共有するコンポーネントを、ひとつのテス

トスイートでまとめてテストしているような状況では、グローバルな Vue インスタンスを特定のプラグインで汚染するのは望ましくありません（アプリによって、コンポーネントが動作しない可能性があります）。

一般的には、Vue のローカルコピーを用意しておいて、こちらにプラグインをインストールすることで、グローバルな Vue を汚染せずに済みます。ローカルコピーは、`createLocalVue` メソッドで作成できます（❶）。生成した `localVue` は、マウント時にマウントオプションとして組み込みます（❷）。

❸❹ fetch メソッドのモックを生成する

`fetch` メソッドによって外部サービスからデータを取得するような処理では、

- テストの実行がサービスの稼働に左右される
- 結果データが、その時々で変動する可能性がある

などの問題があります。これはテストの自動化を困難にするので、一般的には、`fetch` メソッドを利用した処理をテストする際には、`fetch` メソッドがダミーのデータを返すよう（＝実際には通信が発生しないよう）、モック[*22]を準備するのが一般的です。

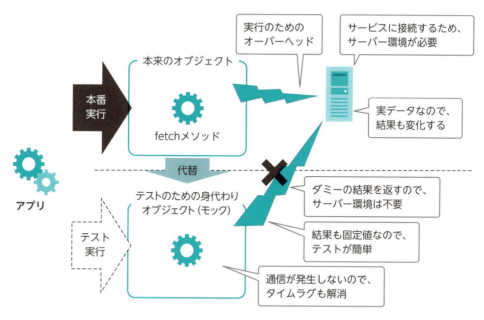

▲ 図 11-15　モックの必要性

[*22] テストに際して、テスト対象が依存しているコードを置き換えるダミーのコードを**テストダブル**と言います。モックはテストダブルの一種です。

これには、本来、fetchメソッドを割り当てていた$httpプロパティに対して、Promise<Response>を返すような関数を割り当てるだけです（fetchメソッドの戻り値はPromise<Response>型なのでした）。Promiseオブジェクトを生成するには、Promise.resolveメソッドに、本来の戻り値（Response）を渡すだけです。Responseは、この場合、最低限、結果データを返すjsonメソッドだけを実装していれば十分です（❸）。

後は、準備した$httpをマウント時にmocksオプションに引き渡すだけです（❹）。{ $http }は、{ $http: $http }の省略形でした。あらかじめ$httpプロパティにfetchを割り当てていたのも、このようなモックの入れ替えが簡単にできるためだったわけです。

❺保留中の非同期処理を終了させる

$httpモックを準備できたら、後は、book-searchコンポーネントのonclickメソッドを呼び出して、booksプロパティの変化を確認するだけです。ただし、非同期処理を伴うコードでは、onclickメソッドの結果はそのままではbooksプロパティに反映されない点に注意してください。

具体的には、太字部分のコードをコメントアウトすると、テストは失敗します。非同期処理の終了を待たずに、値の検証を実施しようとするからです（その時点では、まだbooksプロパティの内容は空です）。

そこで登場するのが、flushPromisesメソッドです。flushPromisesは、保留中のPromiseを完了し、そのコールバックを実行します。これで正しくbooksプロパティに結果データが反映されます。flushPromisesは標準のメソッドではないので、あらかじめプロジェクトルートで以下のコマンドを実行してライブラリをインストールしてください。

```
> npm install flush-promises --save ⏎
```

❻❼非同期処理を制御するasync／await構文

flushPromisesを利用する場合には、await演算子もセットで呼び出す点に注目です。非同期処理（＝Promiseを返す処理）にawait演算子を付与することで、JavaScriptは非同期処理の終了を待って待機するようになります。ただし、そのまま待機するわけではなく、「後続の処理をプールしておき、呼び出し元の処理を継続」します。そのうえで、非同期処理が完了したら、プールしておいた残りの処理を再開するのです。

await演算子を利用することで、非同期処理をそれと意識することなく表現できる点に注目です（await演算子を付与する以外は、ほとんど同期処理と同じようにコードを表せます！）。

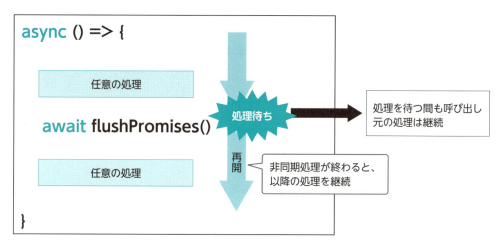

▲ 図 11-16　async／await の挙動

なお、await 演算子を利用する際には、親となる関数（この場合はテスト関数）でも非同期関数であることを明示しなければなりません。これを表すのが async キーワードです。

> **Note** **Vuex のテスト**
>
> Vuex を伴うテストもアイデアは同じで、localVue に対して use メソッドで組み込みます。後は、9-2-1 項で触れたのと同じように、store オプションにストアを登録します。
> コンポーネントのテストをするならば、ダミーのストアを用意しますし、Vuex ストアそのものをテストするならば、Vuex のストアを読み書きするだけのダミーのコンポーネントを準備して、これに本来のストアを登録するとよいでしょう。

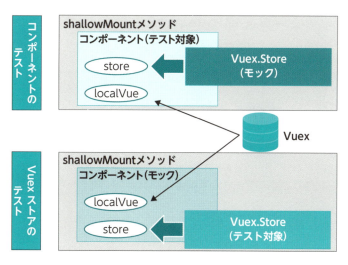

▲ 図 11-17　Vuex のテスト

11-3-5 レビュー登録フォーム

最後に、選択された書籍に対してレビュー情報を加えるためのbook-formコンポーネントです。book-search、またはhomeコンポーネントから、特定の書籍をクリックすることで表示されます。

▲図11-18　選択された書籍にレビューを登録

リスト 11-15　BookForm.vue　　　　　　　　　　　　　　　　VUE

```
<template>
  <div id="form">
    <!--選択中の書籍を表示-->
    <BookInfo :book="book"></BookInfo>
    <hr />
    <!--レビュー入力のためのフォームを準備-->
```

次ページへ続く

11-3　アプリの実装を理解する

```
      <el-form ref="form" :model="form" :rules="rules" label-width="120px">    ⓐ
        <el-form-item label="読了日">
          <el-date-picker type="date" v-model="form.read"></el-date-picker>    ⑤
        </el-form-item>
        <el-form-item label="感想" prop="memo">    ⓑ
          <el-input type="textarea" size="large" v-model="form.memo"></el-input>    ❶
        </el-form-item>
        <el-form-item>
          <el-button type="primary" @click="onsubmit">登録</el-button>
        </el-form-item>
      </el-form>
    </div>
</template>


<script>
import {mapGetters, mapActions } from 'vuex'
import BookInfo from '@/components/BookInfo.vue'
import { UPDATE_CURRENT, UPDATE_BOOK } from '@/mutation-types'


export default {
  name: 'book-form',
  // ローカルコンポーネントを登録
  components: {
    BookInfo
  },
  data() {
    return {
      book: {}, // 選択中の書籍
      form: {    // フォームの内容
        read: new Date(),        // 読了日
        memo: ''          // 感想
      },
      rules: {
        memo: [
          { required: true, message: 'メモが未入力です。', trigger: 'change' }    ❷
        ]
      } // 検証ルール
```

次ページへ続く

435

```
    }
  },
  computed: mapGetters([ 'current', 'getBookById' ]),
  // ページロード時の処理
  created() {
    // 選択中の書籍がない場合、トップページにリダイレクト
    if (!this.current) {
      this.$router.push('/')
    }
    // 選択中の書籍をbookプロパティに詰め替え
    this.book = Object.assign({}, this.current)
  },
  // マウント（初期化）時の処理
  mounted() {
    // 選択中の書籍でストア内の情報を検索
    let b = this.getBookById(this.book.id)
    // 既にレビューが存在する場合は、その内容をフォームに反映
    if (b) {
      this.form.read = b.read
      this.form.memo = b.memo
    }
  },
  methods: {
    // アクションとメソッドとを紐付け
    ...mapActions([UPDATE_BOOK, UPDATE_CURRENT]),
    // ［登録］ボタンでデータを登録
    onsubmit() {
      // 入力値の検証を実行
      this.$refs['form'].validate((valid) => {        ⎤
        // 検証に成功したらストアにも反映            ⎟────❸
        if (valid) {                                  ⎦
          this[UPDATE_BOOK](
            Object.assign({}, this.book, this.form)
          )
          // 選択中の書籍をクリア
          this[UPDATE_CURRENT](null)
```

次ページへ続く

```
            // 処理成功の通知メッセージを表示
            this.$notify({
              title: 'Reading Recorder',
              message: this.$createElement('p', { style: 'color: #009' },
                '読書情報の登録／更新に成功しました。'),
              duration: 2000
            })
            // フォームの内容をクリア
            this.form.read = new Date()
            this.form.memo = ''
            // トップページにリダイレクト
            this.$router.push('/')
          }
        })
      }
    }
}
</script>

<style scoped>
#form {
  margin-top: 15px;
}
</style>
```

❶ フォームの検証機能を有効化する

　Element のフォーム系コンポーネントは、見た目を整形できるだけではなく、入力値の検証機能も備えています。具体的なポイントは、以下です。まず、`<el-form>` 要素の model 属性で、フォームで扱うモデル（プロパティ）を指定します（ⓐ）。ここで指定するのは、あくまで入力項目を束ねるオブジェクトです。

　個々の入力項目は、`<el-form-item>` 要素の prop 属性で指定してください（ⓑ）。先ほどの model 属性からの相対的なパスとして表します。

❷ 検証ルールを準備する

　❶では、まだ検証機能を有効にしただけなので、検証ルールを準備します。一般的な構文は、以下です。

```
rules: {
  プロパティ名: [
    { 検証ルール: パラメーター,
      message: エラーメッセージ,
      trigger: 検証タイミング }
  ],...
}
```

　指定する検証ルールに応じて、パラメーターは変化します。たとえばrequired（必須検証）であればtrue（有効）固定ですし、len（文字列長検証）であれば10（10文字以内）のように表します。詳しくは、「async-validator」（**https://github.com/yiminghe/async-validator**）を参照してください。

　triggerオプションは、ここではchangeとしているので、値を変更したときに検証を実行しますが、たとえばblurとした場合はフォーカスを外したときに実行します。

　後は、定義済みのルール（rules[23]）を<el-form>要素のrules属性に割り当てるだけです。

| Note | **カスタムの検証ルール** |

validatorオプションを利用することで、独自の検証ルールを実装することもできます。たとえば以下は、サンプルのコードをvalidatorオプションで書き換えた例です。

```
rules: {
  memo: [{
    validator: (rule, value, callback) => {
      if (!value) {
        return callback(new Error('メモが未入力です。'))
      }
    },
    trigger: 'change'
  }]
}
```

検証関数は、引数としてルール情報、入力値、検証コールバックを受け取ります。エラー時には、この検証コールバック（callback）にエラー情報（Error）を渡すことで通知します。

---

[23] 名前は必ずしもrulesでなくても構いません。

❸サブミット時に検証を実行する

これだけでも検証機能は実行できます。まずは、[感想]欄になにかしら入力して、また空にすることで、エラーメッセージが表示されることを確認してみましょう。

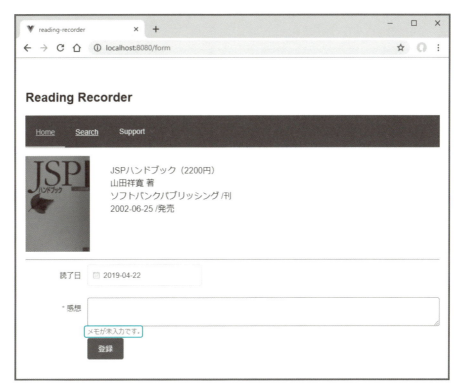

▲ 図 11-19 必須検証エラーを表示

ただし、これだけでは不十分です。この状態では、サブミット時に**エラーがあっても、そのまま処理が実行**されてしまいます。そこでサブミットの処理前に、検証エラーが残っているかを確認しておきましょう。

これを行うのが、validate メソッドです。validate メソッドは、テンプレート参照変数を経由して呼び出せます。引数のアロー関数は、検証終了時の処理を表します。引数 valid には検証の成否が渡されるので、ここでは valid が true（成功）の場合にだけ、後続の処理を実施します。

これで、検証エラー時にはサブミット処理をキャンセルできるわけです。

❹処理成功時にトーストを表示する

処理に成功した場合には、黙ってトップページにリダイレクトするのではなく、成功した

旨を通知してくれたほうがユーザーも安心します。これを行うのが Element の Notification（トースト[*24]）機能です。これまでのようなコンポーネントではなく、$notify メソッドとして呼び出せます。

$notify メソッドにはトーストの情報を「オプション名：値 ,...」形式で渡せます。以下は、その主なオプションです。

オプション	概要
title	トーストのタイトル
message	詳細メッセージ
dangerouslyUseHTMLString	message を HTML 文字列として扱うか（既定は false）
type	通知の種類（success、warning、info、error）
customClass	通知に適用するスタイルクラス
duration	通知を非表示にするまでの時間（ミリ秒。0 で自動では閉じない）
position	通知の表示位置（top-right、top-left、bottom-right、bottom-left。既定は top-right）
showClose	閉じるボタンを表示するか（既定は true）

▲ 表 11-9　$notify メソッドの主なオプション

レビュー登録時に、以下のようなトーストが表示されることも確認してみましょう。

▲ 図 11-20　登録成功時にトーストを表示

[*24] ユーザーに簡易な通知をするためのポップアップのこと。一般的には、一定時間で自動的に非表示になるので、成功（完了）などの簡易な通知に用いるのが普通です。

❺ 日付入力ボックスを設置する

Element のフォーム系コンポーネントには、日付入力ボックス（el-date-picker）のようなリッチなカレンダー付きボックスを生成するものもあります[25]。

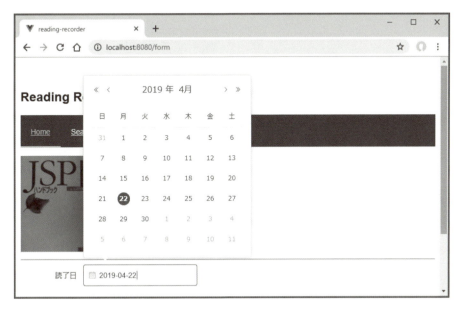

▲ 図 11-21　入力時にカレンダーから日付を選択できる

el-date-picker で利用できる主な属性は、以下の表のとおりです。

属性	概要
type	ピッカーの種類（year、month、date、dates、datetime など）
format	表示される日付形式（既定は yyyy-MM-dd）
align	表示場所（left、center、right）

▲ 表 11-10　el-date-picker コンポーネントの主な属性

---

[25] 時刻入力用の el-time-picker もあります。

INDEX

記号

# （v-slot の省略構文）	171
$attrs プロパティ	155
$el プロパティ	42
$emit メソッド	160
$event （イベントオブジェクト）	65
$http メソッド	407
$mount メソッド	295
$nextTick メソッド	43
$notify メソッド	441
$options プロパティ	244
$parent プロパティ	164
$refs プロパティ	164
$router.push メソッド	314
$router.replace メソッド	315
$route オブジェクト	318
$set メソッド	40, 104
$store	346
$validator プロパティ	255
$watch メソッド	48
.alt 修飾子	137
.camel 修飾子	109
.capture 修飾子	124, 131
.ctrl 修飾子	137
.d.ts ファイル	300
.exact 修飾子	138
.lazy 修飾子	81
.left 修飾子	138
.meta 修飾子	137
.middle 修飾子	138
.native 修飾子	162
.number 修飾子	79
.once 修飾子	124, 127
.passive 修飾子	124
.prevent 修飾子	124
.prop 修飾子	109
.right 修飾子	138
.self 修飾子	124, 130
.shift 修飾子	137
.stop 修飾子	124, 130
.sync 修飾子	189
.trim 修飾子	80
@ （/src フォルダー）	376

@ （v-on の省略構文）	55
@Component デコレーター	302
@Emit デコレーター	304
@keyframes	199
@vue/cli	274
@Watch デコレーター	305
_.debounce メソッド	46
{{...}} 構文	21
<component> 要素	177
<el-carousel> 要素	260
<el-carousel-item> 要素	260
<el-date-picker> 要素	441
<el-form> 要素	428
<el-form-item> 要素	428
<el-menu> 要素	417
<el-menu-item> 要素	417
<el-pagination> 要素	422
<input> 要素	68
<keep-alive> 要素	183
<router-link> 要素	313, 332
<router-view> 要素	314, 323
<script> 要素	286
<slot> 要素	166
<style> 要素	286
<template> 要素	100, 170, 285
<transition> 要素	193, 336

A

active-class 属性	332
addEventListener メソッド	237
after-appear 属性	208
afterEach （ガード）	328
afterEach メソッド	373
after-enter 属性	208
after-leave 属性	208
Ajax	3
alias プロパティ	311
all メソッド	253
altJS	297
and メソッド	395
Angular	9
Animate.css	206
animation プロパティ	200

an メソッド 395
Apache HTTP Server 410
appear-cancelled 属性 208
appear 属性 200, 208
append 属性 333
append メソッド 78
arg プロパティ 236
assert メソッド 391
async-validator 438
async キーワード 433
attributeEquals メソッド 391
attributes オプション 257
attributes メソッド 378
attribute メソッド 395
at メソッド 395
await 演算子 432
a メソッド 395

B

Babel 275
back メソッド 391
base オプション 311
base プロパティ 311
been メソッド 395
before-appear 属性 208
beforeCreate フック 34
beforeDestroy フック 34
beforeEach（ガード）................................... 328
beforeEach メソッド 373
beforeEnter（ガード）.................................. 328
before-enter 属性 208
before-leave 属性 208
beforeMount フック 34
beforeResolve（ガード）............................. 328
beforeRouteEnter（ガード）....................... 328
beforeRouteLeave（ガード）....................... 328
beforeRouteUpdate（ガード）.................... 328
beforeUpdate フック 34
before メソッド 395
be メソッド 395
binding（フック関数が受け取る引数）......... 227
bind フック 226
blur イベント 55
Bootstrap 93

C

call メソッド 384
caseSensitive プロパティ 311
CDN（Content Delivery Network）.............. 16
change イベント 55
children パラメーター 326
children プロパティ 311
classes メソッド 378
clearValue メソッド 391
click イベント 55
click メソッド 391
clientX プロパティ 62
clientY プロパティ 62
collect メソッド 253
commit メソッド 346, 354, 359
components オプション 324
components プロパティ 311
componentUpdated フック 226
component プロパティ 311
component メソッド 144
computed オプション 29
containsText メソッド 391
contains メソッド 378
contain メソッド 395
contextmenu イベント 56
CORS（Cross-Origin Resource Sharing）... 427
created フック 34
createElement メソッド 220
createLocalVue メソッド 431
createNamespacedHelpers 関数 369
createPersistedState メソッド 415
CSS Animation 197
CSS Transition 197
cssClassNotPresent メソッド 391
cssClassPresent メソッド 391
cssProperty メソッド 391
css メソッド 395

D

data-vv-as 属性 251
data オプション 20, 145
dblclick イベント 55
default（検証ルール名）.............................. 155
default キーワード 289
describe メソッド 372
destroyed フック 34

443

destroy メソッド	378
devtools プロパティ	295
dictionary オプション	256
directives オプション	227
directive メソッド	226
dispatch メソッド	359, 361
does メソッド	395
done 関数	209

E

E2E テスト	388
ECMA International	3
ECMAScript	3, 15
el（フック関数が受け取る引数）	227
Element	258, 402
elementNotPresent メソッド	391
elementPresent メソッド	391
element プロパティ	378
element メソッド	391
el オプション	20
emitted メソッド	378, 388
enabled メソッド	395
endsWith メソッド	395
end メソッド	391
enter-active-class 属性	206
enter-cancelled 属性	208
enter-class 属性	206
enter-to-class 属性	206
enter 属性	208
equal メソッド	395
errorHandler プロパティ	295
errors プロパティ	253
error イベント	56, 60
ESLint	275
event 属性	334
exact 属性	332
exclude 属性	184
exists メソッド	378
expect アサーション	394
export キーワード	288
extend メソッド	255

F

fallback オプション	311
false-value 属性	71
fetch メソッド	426

FileList オブジェクト	78
filters オプション	242
filter メソッド	241
findAll メソッド	378
find メソッド	378
first メソッド	253
flushPromises メソッド	432
focus イベント	55
FormData オブジェクト	78
forward メソッド	391
fullPath プロパティ	318
functional オプション	221

G

getMessage メソッド	255
getters プロパティ	359
Google Books API	400

H

hash プロパティ	318
has メソッド	253, 395
have メソッド	395
hidden メソッド	391
History API	308
history モード	308
HTML5	4
html メソッド	378
httpd.conf	410

I

ignoredElements プロパティ	295
import 命令	289
include 属性	184
inheritAttrs オプション	154
inserted フック	226
install メソッド	261
IoC（Inversion of Control）	10
isEmpty メソッド	378
isVisible メソッド	378
isVueInstance メソッド	378
is 属性	180
is メソッド	378, 395
it メソッド	373

J

JavaScript	2

JavaScript フレームワーク	6
Jest	371
jQuery	5
jQuery プラグイン	6
JSX	221

K

KeyboardEvent.key プロパティ	135
keyCodes プロパティ	295
keydown イベント	56
keypress イベント	56
keyup イベント	56
key 属性	89, 106, 201

L

Language Chains	395
lang 属性	302
leave-active-class 属性	206
leave-cancelled 属性	208
leave-class 属性	206
leave-to-class 属性	206
leave 属性	208
linkActiveClass オプション	311
linkExactActiveClass オプション	311
localStorage	415
Lodash	46

M

mapActions 関数	361
mapGetters 関数	351
mapMutations 関数	357
mapState ヘルパー	347
marked メソッド	240
marked ライブラリ	238
matched プロパティ	318
Matcher	373
match メソッド	395
max 属性	184
meta プロパティ	311
methods オプション	30
mixins オプション	265
mixin メソッド	269
model オプション	188
mode オプション	311
mode 属性	204
modifiers プロパティ	234

module.exports	390
modules オプション	364
mounted フック	34
mount メソッド	379
mousedown イベント	55
mouseenter イベント	55, 57
mouseleave イベント	55, 57
mousemove イベント	56
mouseout イベント	56, 57
mouseover イベント	55, 57
mouseup イベント	56
Mustache 構文	21
mutations オプション	343
mutation-types.js	356

N

namespaced オプション	366
name 属性	205
name プロパティ	311, 318
name メソッド	378
next 関数	331
Nightwatch	388
Node.js	273
Notification	440
not メソッド	374, 395
npm run build コマンド	278
npm run serve コマンド	277
npm run test:e2e コマンド	392
npm run test:unit コマンド	374
npx vue-cli-service test:e2e コマンド	392
npx vue-cli-service test:unit コマンド	374

O

Object.assign メソッド	41
Object.keys メソッド	97
offsetX プロパティ	62
offsetY プロパティ	62
of メソッド	395
oldValue プロパティ	232
oldVnode（フック関数が受け取る引数）	227
onError メソッド	331
optionMergeStrategies プロパティ	266, 295

P

pageX プロパティ	62
pageY プロパティ	62

Pagination コンポーネント	422
Pascal ケース記法	49, 144
Passive モード	124
path プロパティ	311, 318
performance プロパティ	295
present メソッド	395
preventDefault メソッド	62
productionTip プロパティ	295
Props down, Event up	149
props オプション	150, 322
props プロパティ	311
props メソッド	378

Q

query プロパティ	318

R

React	9
redirectFrom プロパティ	318
redirect プロパティ	311
ref 属性	77
refresh メソッド	391
remove メソッド	41
render オプション	218
replace 属性	333
required（検証ルール名）	155
resize イベント	56
RIA（Rich Internet Application）	4
rootGetters プロパティ	359
rootState プロパティ	359
routes オプション	311

S

Scoped CSS	291
scoped 属性	290
screenX プロパティ	62
screenY プロパティ	62
scrollBehavior オプション	311, 337
scroll イベント	56
selected メソッド	395
select イベント	55
sessionStorage	415
setChecked メソッド	378
setData メソッド	378
setInterval メソッド	38
setMethods メソッド	378

setProps メソッド	378, 379
setValue メソッド	378, 391
set メソッド	41, 104
SFC（Single File Component）	283
shallowMount メソッド	377, 379
silent プロパティ	295
slice メソッド	414
slot-scope 属性	174
slot 属性	170
SPA（Single Page Application）	4, 306
startsWith メソッド	395
state オプション	344
slale プロパティ	359
stopPropagation メソッド	62
strict オプション	345
stubs オプション	382
submit イベント	55
submit メソッド	391

T

tag 属性	333
target プロパティ	62
test メソッド	373
text メソッド	378, 395
that メソッド	395
this	297
timeStamp プロパティ	62
title メソッド	391
toBeCloseTo メソッド	374
toBeDefined メソッド	374
toBeFalsy メソッド	374
toBeGreaterThanOrEqual メソッド	374
toBeGreaterThan メソッド	374
toBeLessThanOrEqual メソッド	374
toBeLessThan メソッド	374
toBeNull メソッド	374
toBeTruthy メソッド	374
toBeUndefined メソッド	374
toBe メソッド	374
toContain メソッド	374
toEqual メソッド	374
toMatch メソッド	374
toThrow メソッド	374
to メソッド	395
transition プロパティ	194
trigger メソッド	378, 386

true-value 属性	71
truncate フィルター	244
tsconfig.json	300
type（検証ルール名）	155
TypeScript	297
type プロパティ	62

U

unbind フック	226
updated フック	34
update フック	226
urlContains メソッド	391
urlEquals メソッド	391
url メソッド	391
use メソッド	250

V

validate メソッド	255
validator（検証ルール名）	155
valueContains メソッド	391
value プロパティ	232
value メソッド	391, 395
v-bind:class ディレクティブ	119
v-bind:style ディレクティブ	115
v-bind ディレクティブ	25, 107, 152
v-cloak ディレクティブ	122
VeeValidate プラグイン	248
v-else ディレクティブ	85
v-else-if ディレクティブ	86
v-enter-active スタイルクラス	193
v-enter-to スタイルクラス	193
v-enter スタイルクラス	193
verify メソッド	393
Vetur	284
v-for ディレクティブ	93
v-html ディレクティブ	112
v-if ディレクティブ	84
visible メソッド	391, 395
v-leave-active スタイルクラス	193
v-leave-to スタイルクラス	193
v-leave スタイルクラス	193
v-model ディレクティブ	68, 185
v-move スタイルクラス	213
vm プロパティ	378
vnode（フック関数が受け取る引数）	227
v-once ディレクティブ	114

v-on ディレクティブ	54
v-pre ディレクティブ	25
v-show ディレクティブ	90
v-slot ディレクティブ	169
v-text ディレクティブ	24
vue add コマンド	279
Vue CLI	273
vue create コマンド	274
Vue Router	307
vue serve コマンド	280
Vue UI	282
vue ui コマンド	282
vue.config.js	411
Vue.config オブジェクト	294
Vue.js	2
Vue.js Devtools	141
vue-test-utils	371
Vuex	340
Vuex.Store オブジェクト	344
vuex-persistedstate	404, 415
Vue クラス	19
Vue コンストラクター	20
Vue プロジェクトマネージャー	282

W

waitForElementPresent メソッド	391
waitForElementVisible メソッド	391
warnHandler プロパティ	295
watch オプション	44
Web Storage	405
which メソッド	395
with メソッド	395
Wrapper オブジェクト	377

X

x-template	215

あ

アクション	358
アクティブスタイル	332
アサーションメソッド	373
アニメーション	190
アプリケーションフレームワーク	8
アロー関数	296

い

イベント	53
イベントオブジェクト	61
イベント修飾子	123
イベントの伝播	128
イベントハンドラー	53
入れ子のビュー	325
インテグレーションテスト	388
インラインテンプレート	216

う

ウォッチャー	44

か

カスタムイベント（$emit）	158
片方向データバインディング	67
可変長パラメーター	320
関数型コンポーネント	221

き

キーコード	135
キー修飾子	133
キーフレーム	197
〜の定義	199
キャメルケース記法	49

く

クエリ情報	314, 318
組み込みコンポーネント	177
グローバルガード	328
グローバル登録	147
グローバルミックスイン	267
クロスオリジン通信	427
クロスサイトスクリプティング	112

け

ゲッター	349
ケバブケース記法	49, 147

厳密モード	344

こ

コンテキストオブジェクト（Vuex）	359
コンテキストオブジェクト（関数型コンポーネント）	223
コンポーネント	142
コンポーネントガード	328
コンポーネント指向	13

さ

算出プロパティ	28

し

シナリオテスト	388
修飾子	79
状態	344

す

スコープ	149
スコープ付きスロット	172
スタイルバインディング	115
スタブ	381
ステート	344
スネークケース記法	49
スプレッド演算子	347
スロット	165
スロットプロパティ	173

せ

制御の反転	10
選択ボックス	73

そ

双方向データバインディング	67

た

ターゲット	128
単一ファイルコンポーネント	283
単一要素トランジション	193
単体テスト	371

ち

チェックボックス	70

て

ディスパッチする	361
ディレクティブ	24, 52, 224
データオブジェクト	145
データバインディング	20
デコレーター	302
テストケース	390
テスト検証	373
デプロイ	278
テンプレート文字列	114

と

動的引数	110
トランジションフック	207

な

ナビゲーションガード	328
名前空間	366
名前付きスロット	169
名前付きルート	314

ね

ネームスペース	366

は

ハッシュ	318

ひ

引数	26
非同期ロード	312

ふ

ファイル入力ボックス	76
フィルター	240
ブール属性	27
フック関数	226
プラグイン	248
フレームワーク	8
プログレッシブフレームワーク	11
プロジェクト	274
プロパティ（Props）	150
プロパティバインディング	109
分割代入	174, 360

へ

ペイロード	352

ベジェ曲線	195
ベンダープレフィックス	118

ま

マウス修飾子	138
マウント	295
マルチビュー	323

み

ミックスイン	262
ミューテーション	344

め

メソッド	30
メタコンポーネント	177

も

モジュール	287

ゆ

ユニットテスト	371

ら

ライフサイクル	33
ライフサイクルフック	33
ライブラリ	10
ラジオボタン	69

り

リアクティブシステム	37
リアクティブデータ	36
リストトランジション	210

る

ルーター	307
ルーティング	307
ルートオブジェクト	311
ルートガード	328
ルートパラメーター	316

ろ

ローカルディレクティブ	227
ローカル登録	147
ローカルフィルター	242
論理属性	27

本書のサポートサイト

https://wings.msn.to/

本書のサンプルプログラムは、著者が運営するサポートサイト「サーバサイド技術の学び舎 - WINGS」
（https://wings.msn.to/）内の［総合 FAQ ／訂正＆ダウンロード］からダウンロードできます。

これからはじめる
Vue.js 実践入門

2019 年 8 月 30 日　初版第 1 刷発行

著　　者	山田 祥寛
発行者	小川 淳
発行所	SB クリエイティブ株式会社
	〒 106-0032 東京都港区六本木 2-4-5
	https://www.sbcr.jp/
印　　刷	株式会社シナノ

カバーデザイン　　小口 翔平＋山之口 正和（tobufune）
本文デザイン　　宮﨑 夏子（株式会社トップスタジオ）
制　　　　作　　株式会社トップスタジオ

落丁本、乱丁本は小社営業部（03-5549-1201）にてお取り替えいたします。
定価はカバーに記載されております。

Printed in Japan　ISBN978-4-8156-0182-9